国家公益性行业（农业）科研专项经费项目资助
项目编号：200803006和201103024

桃小……病原真菌的研究及应用

Entomopathogenic Fungi of *Carposina sasakii* and Their Application

熊　琦　谢映平　薛皎亮　范仁俊　李　捷　著
Compiled by Xiong Qi Xie Yingping Xue Jiaoliang Fan Renjun Li Jie

中国农业科学技术出版社
China Agricultural Science and Technology Press

图书在版编目（CIP）数据

桃小食心虫病原真菌的研究及应用 / 熊琦等著 . —北京：中国农业科学技术出版社，2015.12

ISBN 978-7-5116-2350-8

Ⅰ . ①桃… Ⅱ . ①熊… Ⅲ . ①桃小食心虫－动物病原真菌－研究 Ⅳ . ① S436.621.2

中国版本图书馆 CIP 数据核字（2015）第 262249 号

责任编辑 张志花
责任校对 马广洋

出 版 者 中国农业科学技术出版社
北京市中关村南大街 12 号 邮编：100081
电　　话（010）82106636（编辑室）（010）82109702（发行部）
（010）82109709（读者服务部）
传　　真（010）82106631
网　　址 http://www.castp.cn
经 销 者 各地新华书店
印 刷 者 北 京富泰印刷有限责任公司
开　　本 710mm × 1 000mm 1 /16
印　　张 10.5 **彩插** 32 面
字　　数 220 千字
版　　次 2015 年 12 月第 1 版 2015 年 12 月第 1 次印刷
定　　价 38.00 元

图 1.1 桃小食心虫及果实受害症状

Fig 1.1 *Carposina sasakii* and the damaged symptom of fruit

图 2.1 果园中收集桃小食心虫越冬茧

Fig. 2.1 The collection of overwintering cocoons of *Carposina sasakii* in the orchard

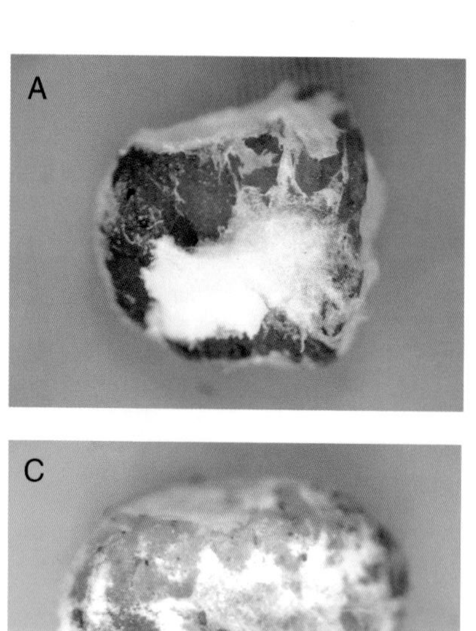

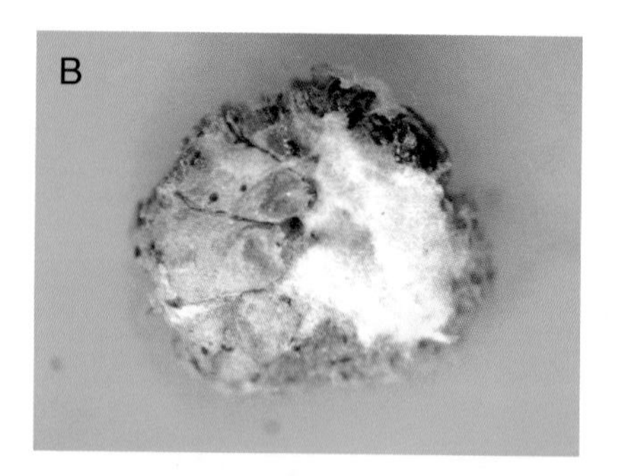

图 2.2 山西苹果园土壤中采集到的自然罹病桃小食心虫

Fig.2.2 *Carposina sasakii* larvae natural infected by the entomopathogenic fungus collected from the soil of the apple orchards in Shanxi Province

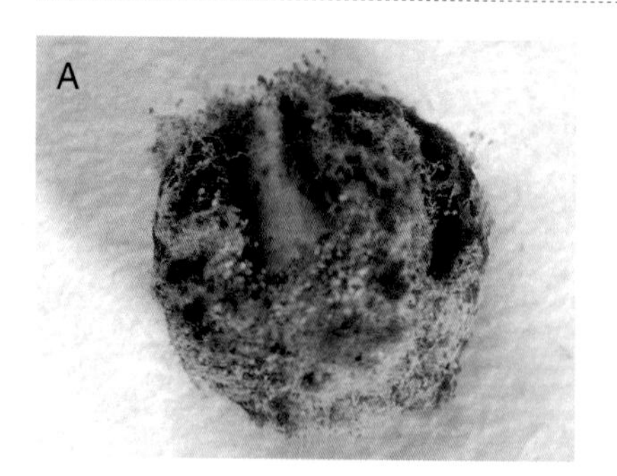

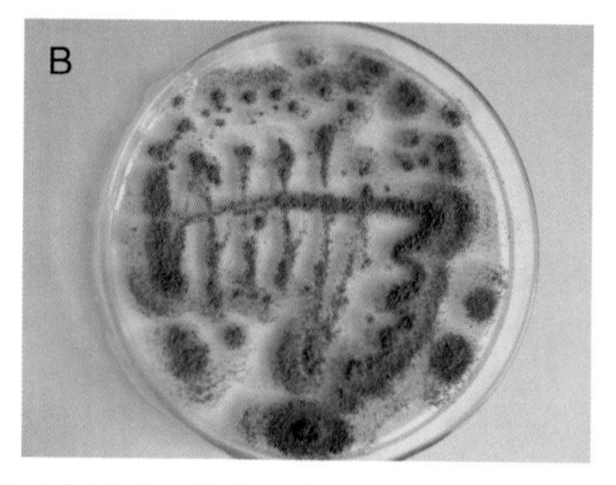

图 2.3 染菌的桃小食心虫幼虫和虫尸上分离纯化的菌株

A: 染菌幼虫 B: 纯化的菌株

Fig. 2.3 The diseased *C. sasakii* and the strain separated and purified from *C. sasakii*

A: The diseased C. *Sasakii* B: Purified strains

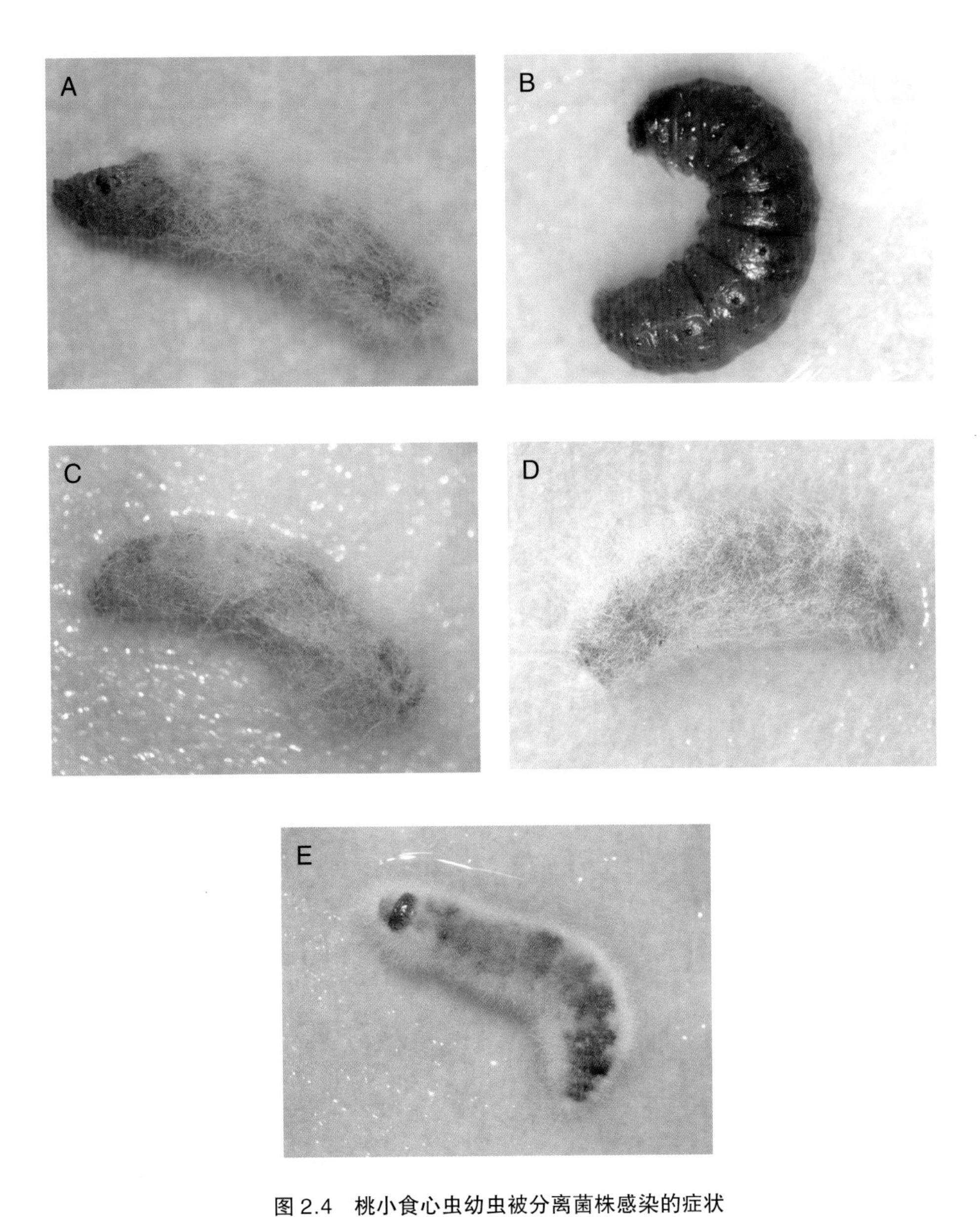

图 2.4　桃小食心虫幼虫被分离菌株感染的症状

A: 被菌株 TSL01 感染症状　B: 被菌株 TSL02 感染症状　C: 被菌株 TSL03 感染症状　D: 被菌株 TSL04 感染症状　E: 被菌株 TST05 感染症状

Fig.2.4　Symptom of *Carposina sasakii* larvae infected by the isolated strains of fungi

A: infected by the strain TSL01　B: infected by the strain TSL02　C: infected by the strain TSL03　D: infected by the strain TSL04 and E: infected by the strain TST05

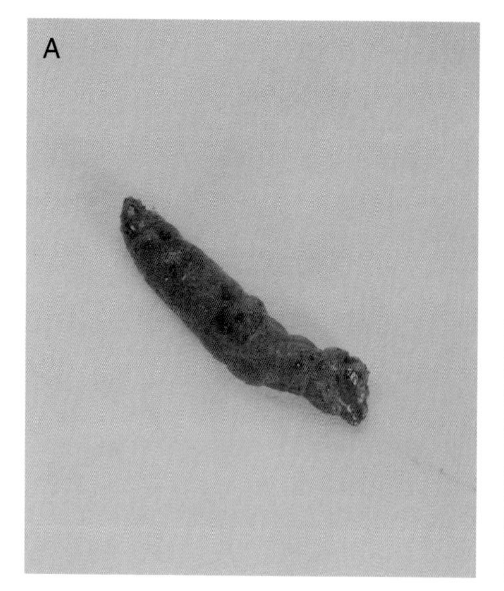

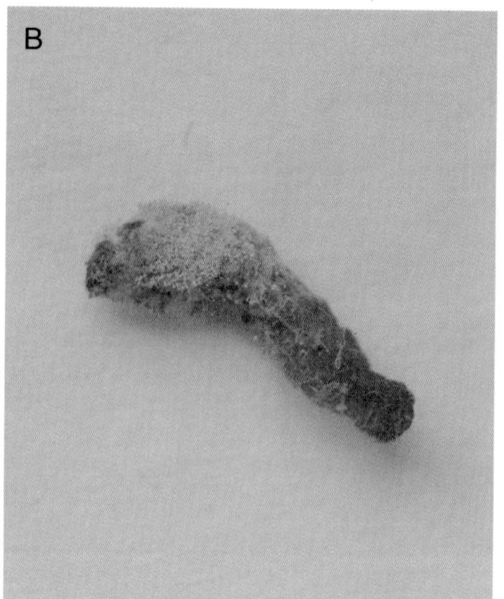

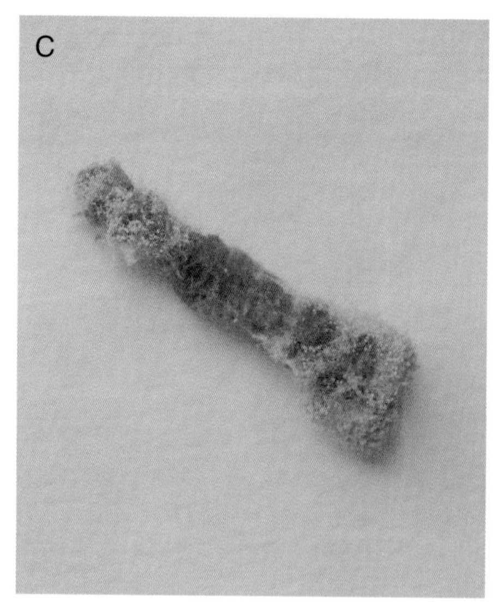

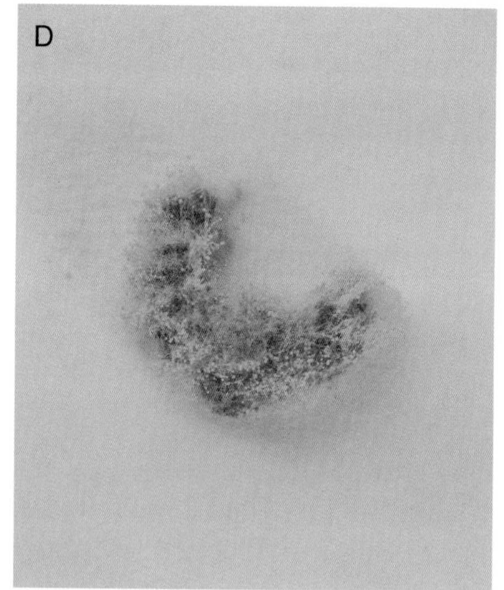

图 2.5　染菌桃小食心虫幼虫

A: 染菌 3 天虫体　B: 染菌 4 天虫体　C: 染菌 5 天虫体　D: 染菌 8 天虫体

Fig. 2.5　The diseased larvae of *C. sasakii*

A: The diseased *C.* ***sasakii*** for 3 days　B: The diseased *C.* ***sasakii*** for 4 days

C: The diseased *C.* ***sasakii*** for 5 days　D: The diseased *C.* ***sasakii*** for 8 days

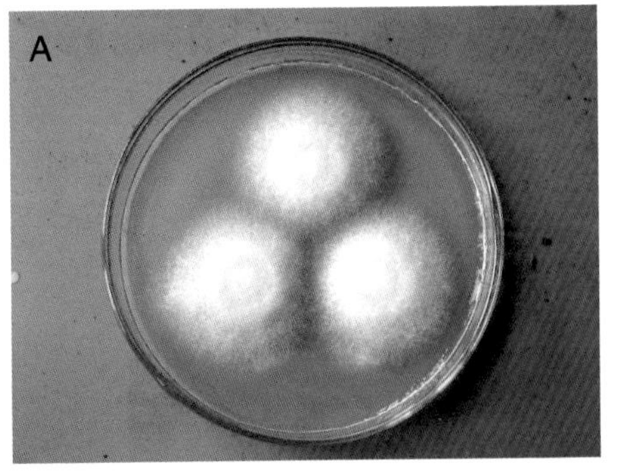

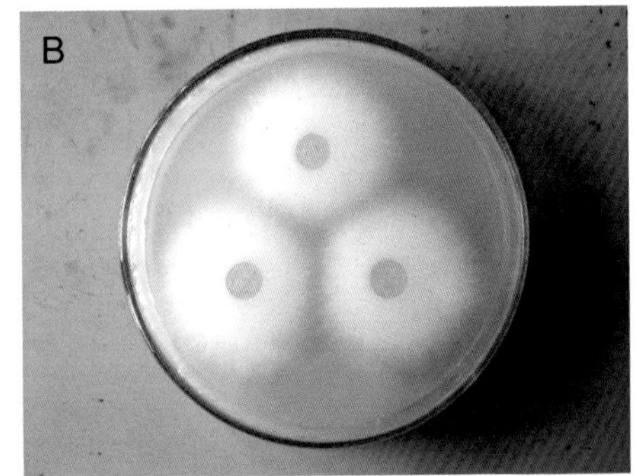

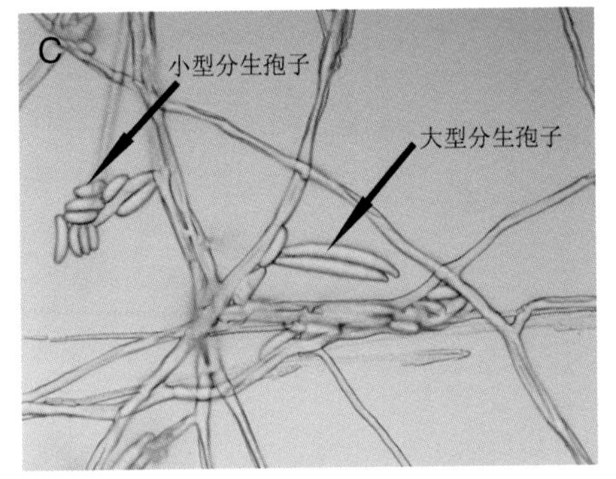

图 2.6　TSL01 菌株培养性状与形态特征

A: 菌落正面观　B: 菌落背面观

C: 菌株显微结构

Fig.2.6　Cultural and morphological characteristics of the strain TSL01

A: The front view of colony　B: The back view of colony　C: Micro-structure of the strain

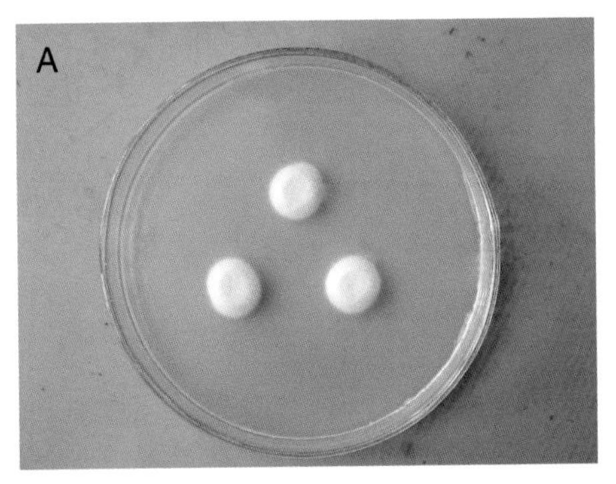

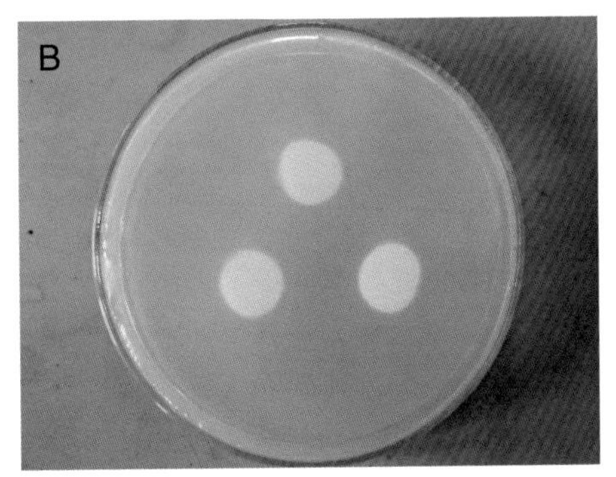

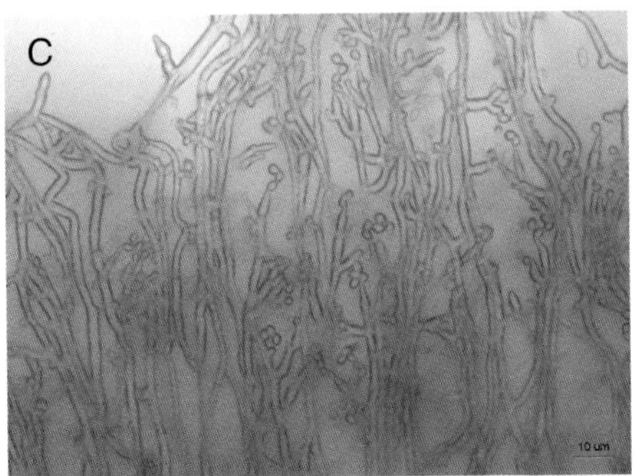

图 2.7　菌株 TSL02 培养性状与形态特征

A: 菌落正面观　B: 菌落背面观

C: 菌株显微结构

Fig.2.7　Cultural and morphological characteristics of the strain TSL02

A: The front view of colony　B: The back view of colony　C: Micro-structure of the strain

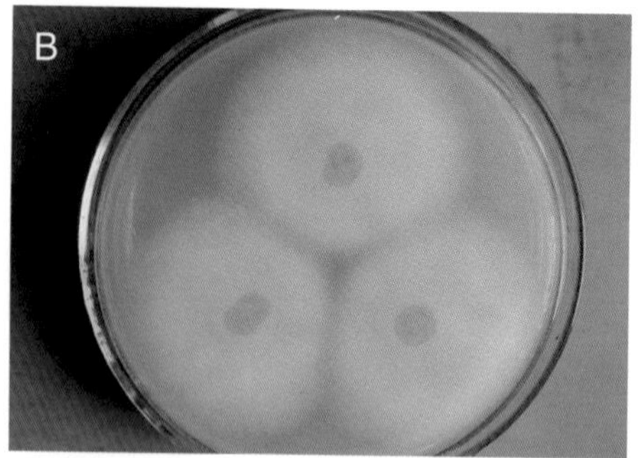

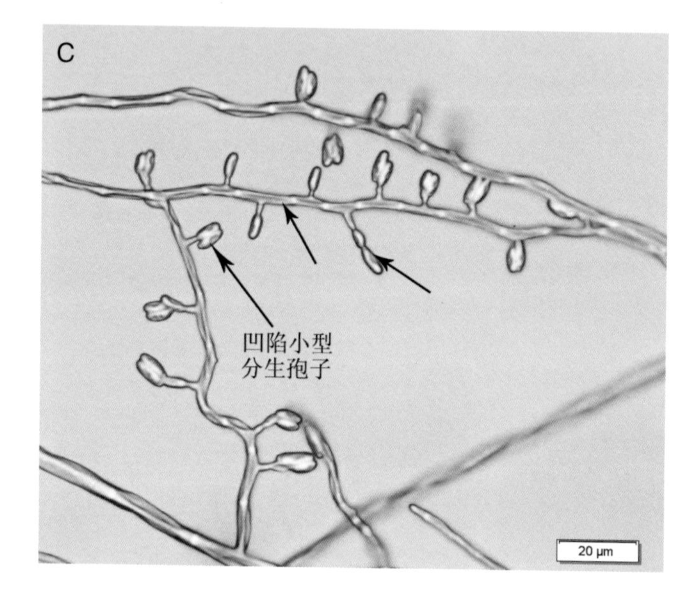

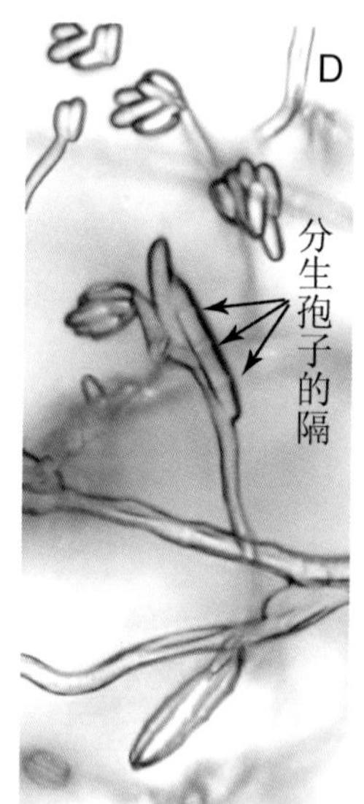

图 2.8　菌株 TSL03 培养性状与形态特征

A: 菌落正面观　B: 菌落背面观　C: 菌株显微结构显示小型分生孢子
D: 菌株显微结构显示大型分生孢子

Fig.2.8　Cultural and morphological characteristics of the strain TSL03

A: The front view of colony　B: The back view of colony　C: Micro-structure of the strain showing the small conidia　D: Micro-structure of the strain showing the big conidia

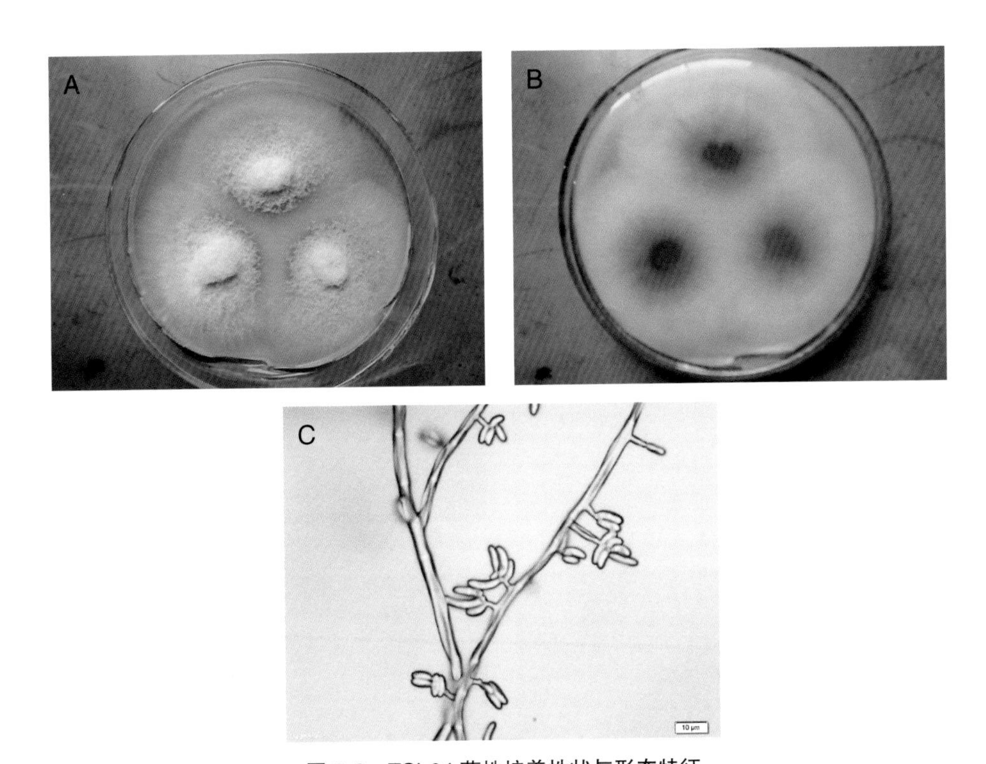

图 2.9　TSL04 菌株培养性状与形态特征

A: 菌落正面观　B: 菌落背面观　C: 菌株显微结构

Fig.2.9　Cultural and morphological characteristics of the strain TSL04

A: The front view of colony　B: The back view of colony　C: Micro-structure of the strain

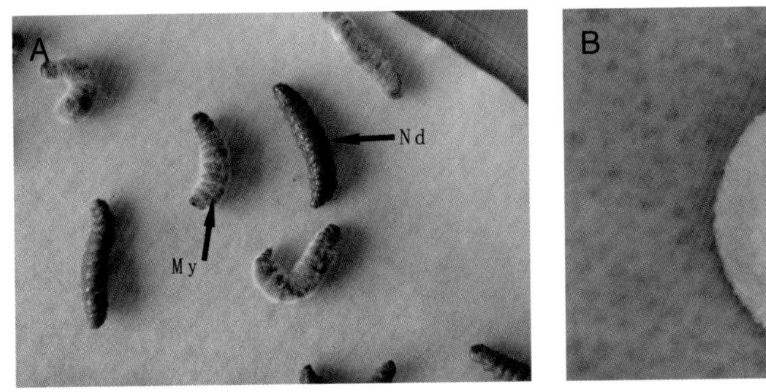

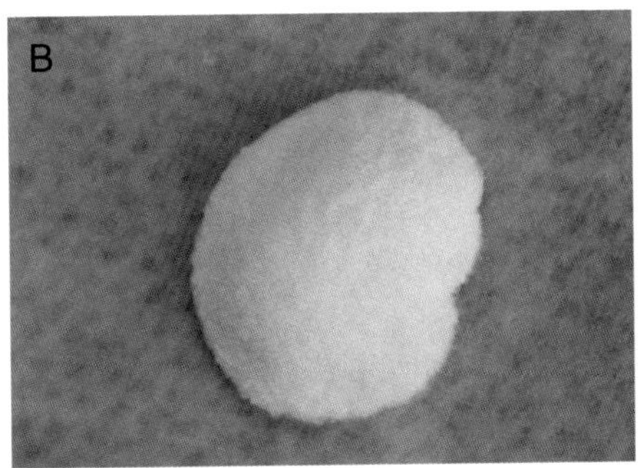

图 2.10　染菌后死亡的桃小食心虫幼虫

A: 刚死亡的幼虫（Nd）和死亡 24 h 后长出白色菌丝的虫尸，My: 菌丝

B: 72 h 后完全覆盖虫尸的菌丝已产生黄色孢子

Fig. 2.10　The dead larvae of *C. sasakii* infected with *B. bassiana* TST05

A: The newly dead larvae (Nd) and the larvae had died for 24 h, the white mycelia emerged on the cadaver surface　B: At 72 h after death, the thicker mycelia covered on the cadaver produced many yellow conidia

图 2.12　TST05 菌株的形态特征

A: 光学显微照片　B~D: 扫描电镜照片

Fig.2.12　Morphological characteristics of the strain TST05

A: light micrographs　B~D: scanning electron micrographs

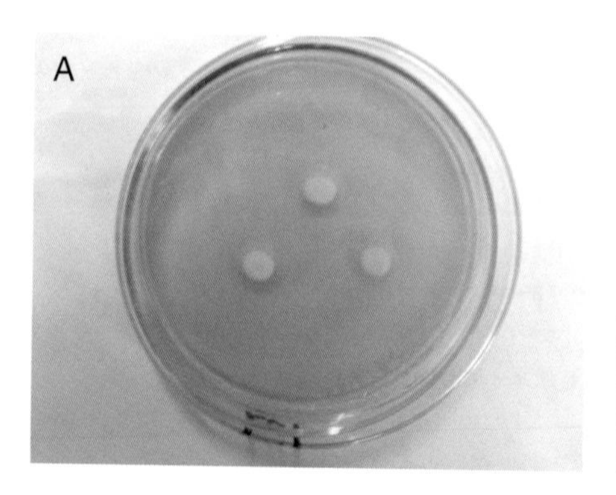

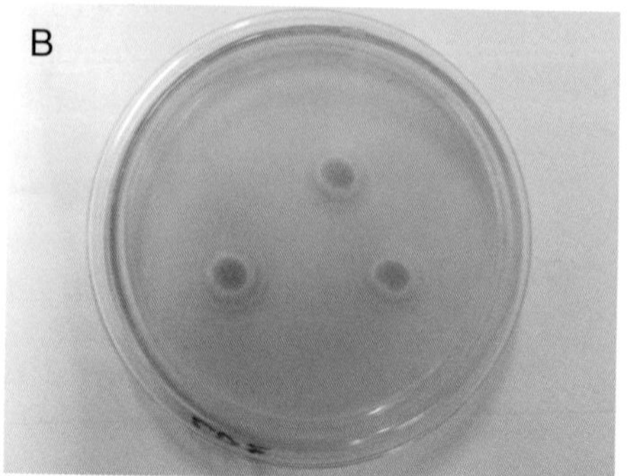

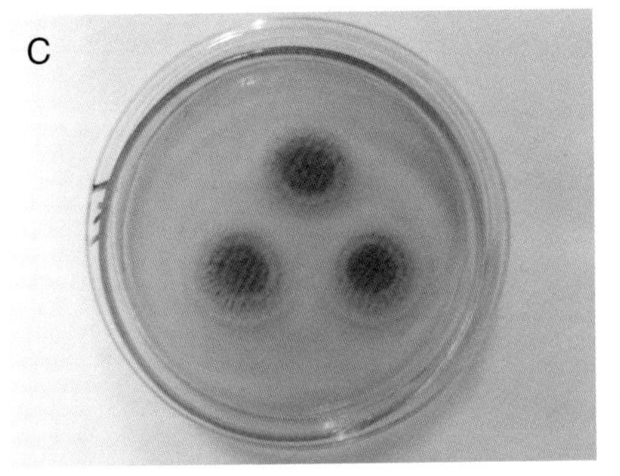

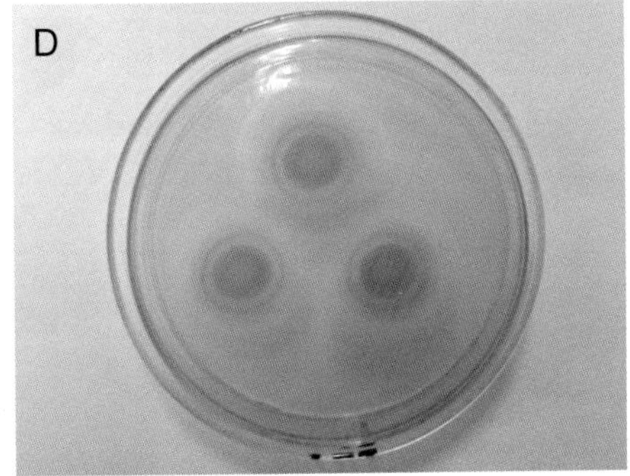

图 2.14 菌株培养性状

A: 第 3 天菌落正面观 B: 第 4 天菌落正面观

C: 第 7 天菌落正面观 D: 第 7 天菌落背面观

Fig. 2.14 Cultural characters of the strain

A: The front view of colony on the 3rd day B: The front view of colony on the 4th day

C: The front view of colony on the 7th day D: The back view of colony on the 7th day

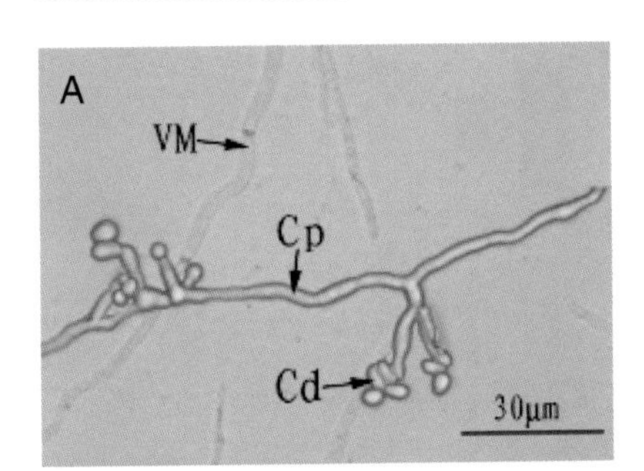

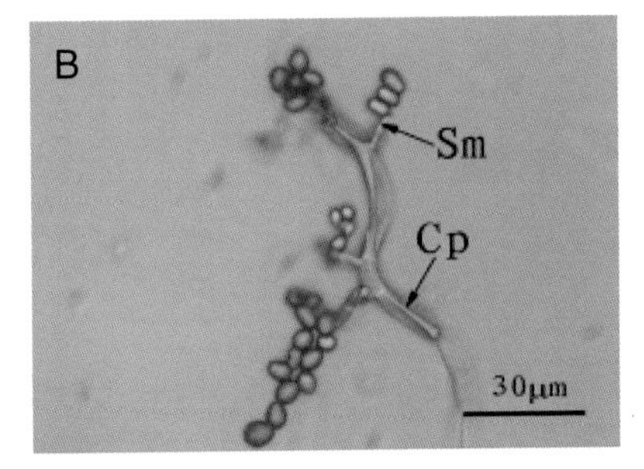

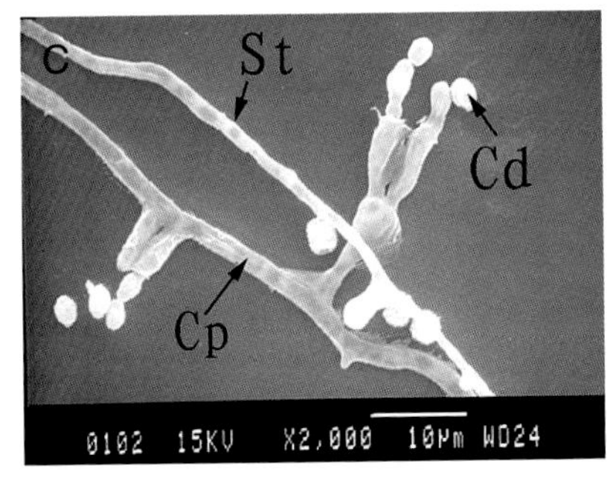

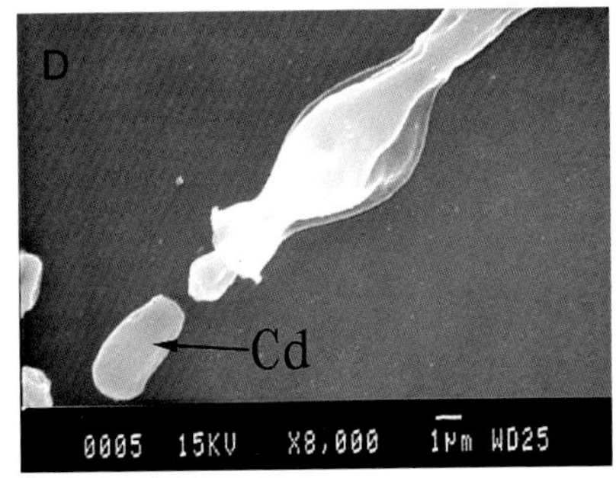

图 2.15 菌株形态特征

A~B: 光学显微形态结构 C~D: 扫描电镜超微结构（Cp 为分生孢子梗，Cd 为分生孢子，VM 为营养菌丝，Sm 为小梗，St 为隔）

Fig. 2.15 Morphological characteristics of the strain

A~B: Optical microscopic morphology C~D: Scanning electron ultrastructure（Cp = conidiophores，Cd = conidium，VM = vegetative mycelium，Sm = sterigma，St = septa）

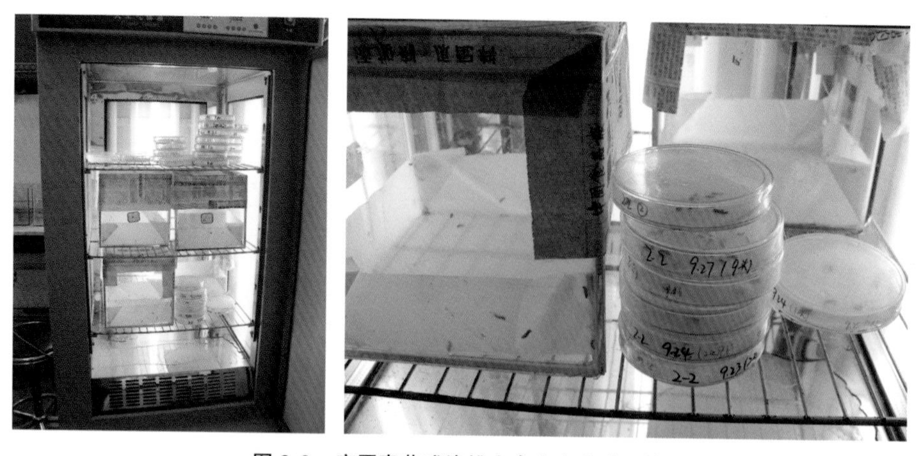

图 3.2 病原真菌感染桃小食心虫实验照片
Fig. 3.2 Photos of *Carposina sasakii* larvae infected by the entomopathogenic fungi

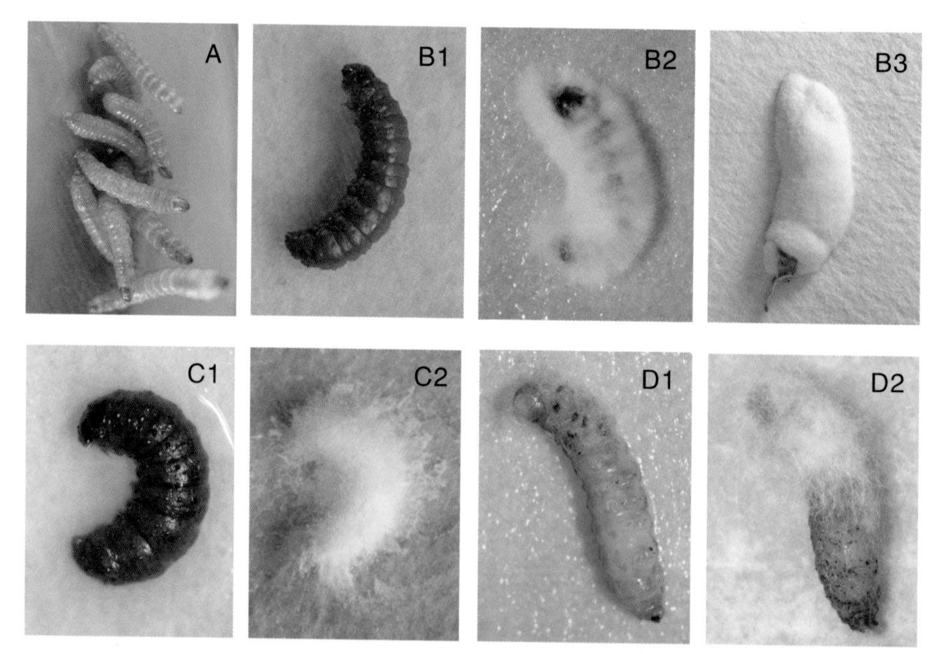

图 3.3 桃小食心虫幼虫感染病原真菌的症状
A: 健康的幼虫 B1~B3: 被球孢白僵菌 TST05 感染的症状
C1~C2: 被粉质拟青霉 TSL02 感染的症状 D1~D2: 被尖孢镰孢菌 TSL01 感染的症状
Fig. 3.3 Symptom of *Carposina sasakii* larvae infected by the entomopathogenic fungi
A: the healthy larvae B1~B3: the disease larvae infected by the ***Beauveria bassiana*** TST05
C1~C2: the disease larvae infected by the ***Paecilomyces farinosus*** TSL02
D1~D2: the disease larvae infected by the ***Fusarium oxysporum*** TSL01

图 4.1　枣果中收集健康的桃小食心虫

A: 大量的虫枣　B: 枣中的桃小食心虫

Fig. 4.1　Collected healthful *C. sasakii* from fallen fruit

A: A large number of diseased date by *C. sasakii*　B: *C. sasakii* in date

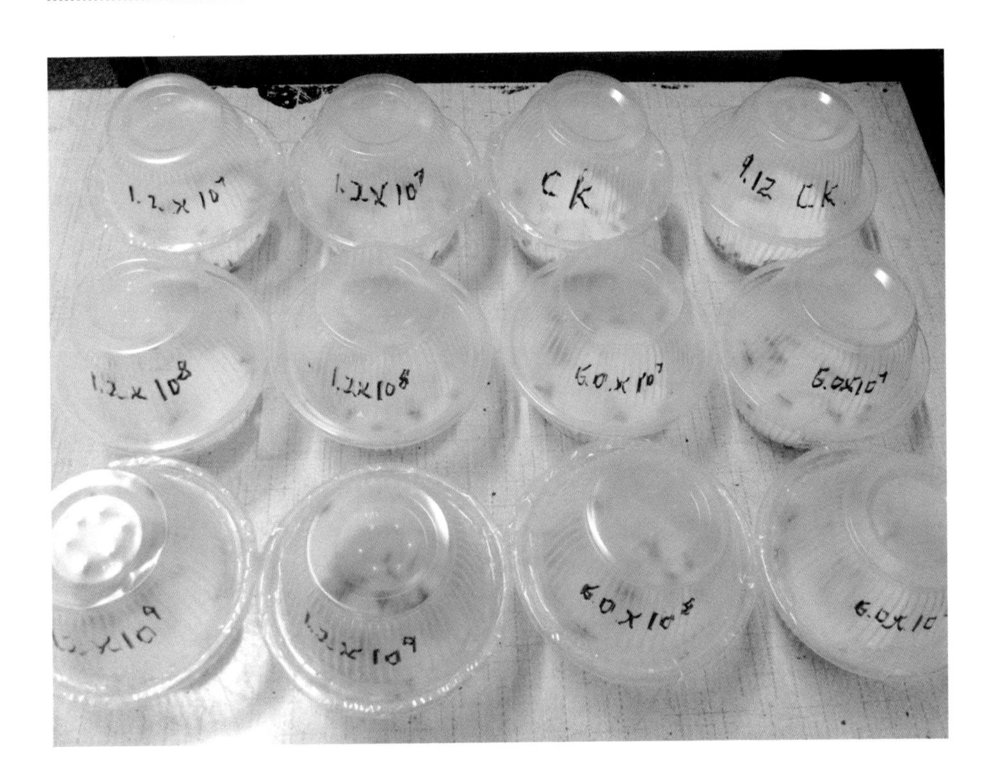

图 4.3　不同浓度 TSL06 孢子悬液侵染桃小食心虫的实验

Fig. 4.3　The infection experiment of the *C. sasakii* larvae infected with the conidial suspensions of TSL06 in five concentrations

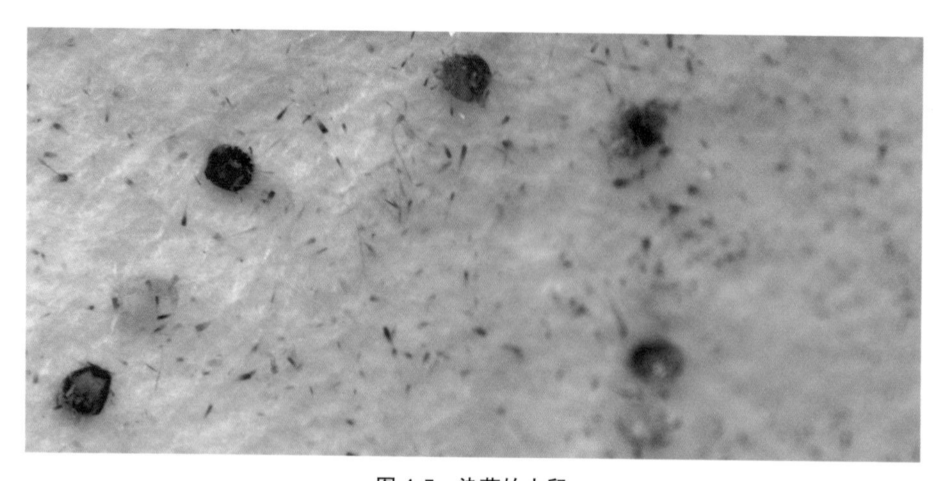

图 4.5　染菌的虫卵

Fig. 4.5　eggs infected by the conidial suspension

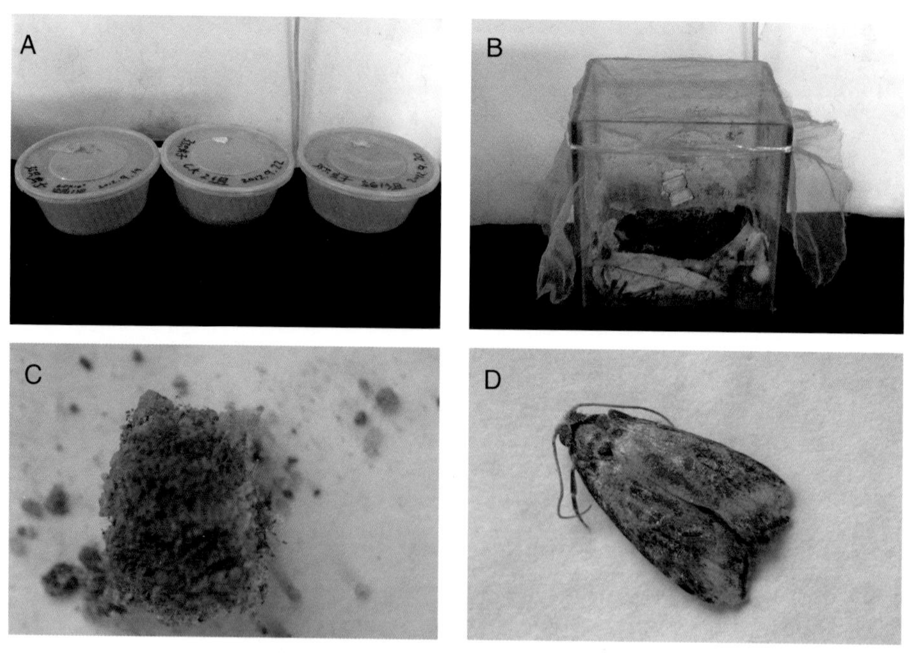

图 4.6　TSL06 菌株对结夏茧桃小食心虫的感染实验

A: 培养染菌桃小食心虫　B: 羽化后成虫在培养缸中交尾

C: 幼虫结茧后染菌死亡　D: 雌蛾产卵后死亡

Fig. 4.6　The infection experiment of *C. sasakii* of knotted summer cocoon infected by conidial suspension

A: Cultured *C. sasakii* infected by conidial suspension　B: Moths mating in the culture tank after emergence　C: The larvae death in cocoon　D: The female moths died after laid eggs

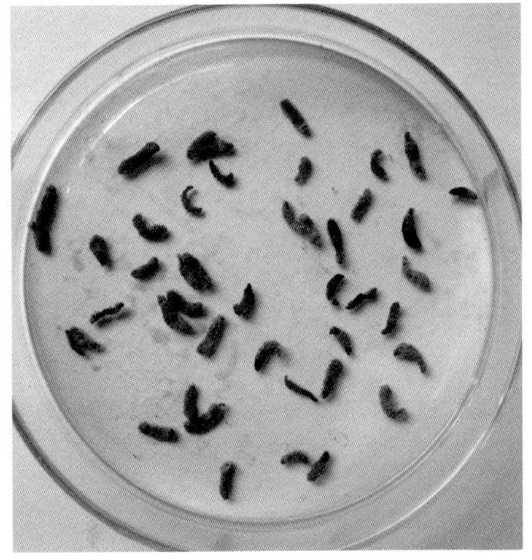

图 4.7 TSL06 菌株致死准备结冬茧的桃小食心虫
Fig. 4.7 *C. sasakii* of knotted winter cocoon infected by conidial suspension

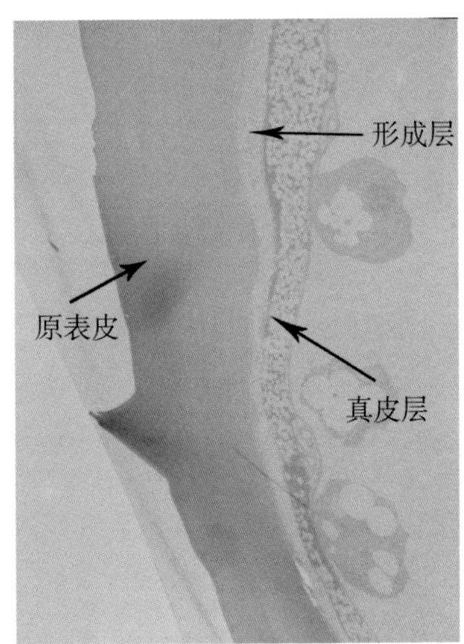

图 5.1 桃小食心虫体壁结构透射电镜图片
Fig. 5.1 Transmission electron micrographs of the cuticular structure of *Carposina sasakii*

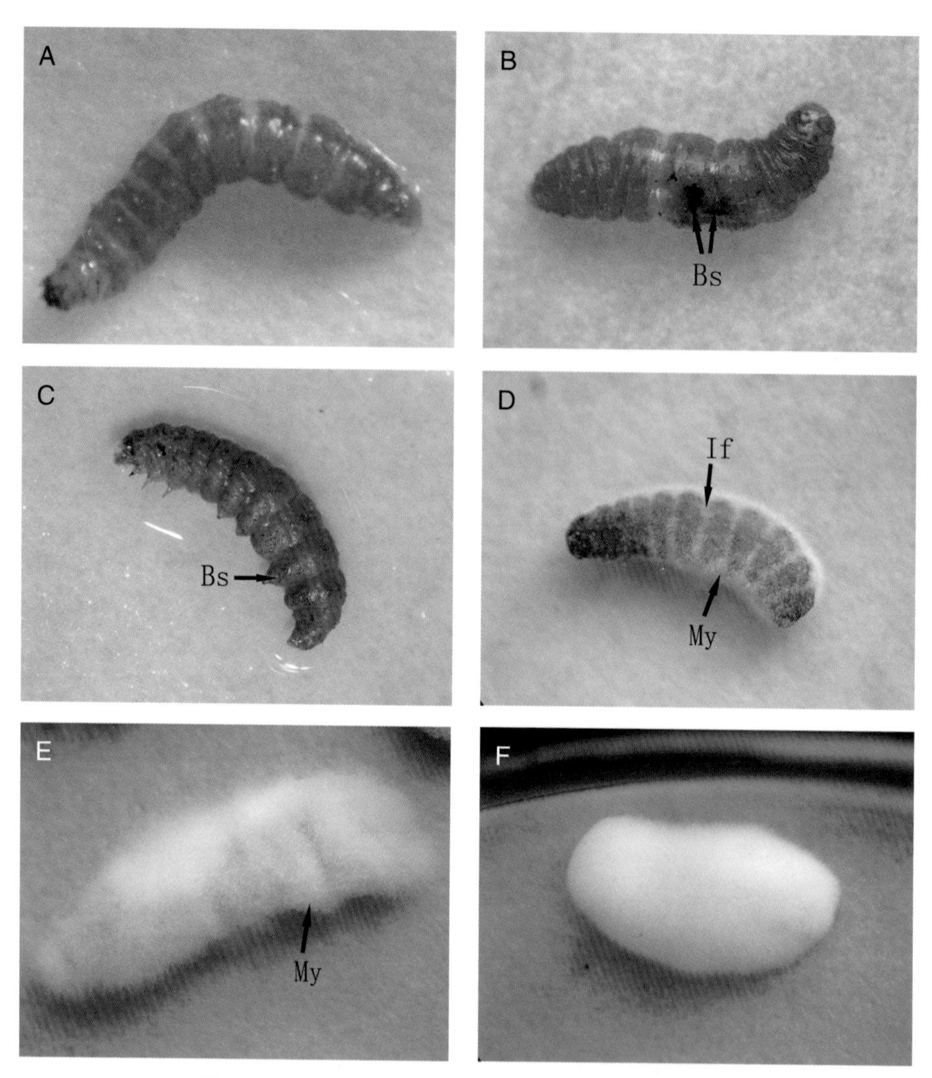

图 6.1　桃小食心虫幼虫感染 TST05 菌株后的外部症状

A: 健康幼虫　B: 感染 24 h 后，幼虫体表出现黑斑（Bs）　C: 感染 120 h 后，幼虫死亡，虫体颜色已由正常的橘红色变为黑红色，体表布满黑斑　1D: 感染 144 h 后，虫尸表面长出菌丝（My），在节间褶（If）处尤为密集　E: 感染 156 h 后，菌丝覆盖了虫尸体表　F: 感染 168 h 后，菌丝完全包裹了虫尸，并开始产生孢子

Fig. 6.1　The external symptoms of *Carposina sasakii* larvae infected by *Beauveria bassiana* TST05.

A: Healthy larvae　B: The infected larvae. At 24 h after inoculation, black spots (Bs) appeared in the cuticle　C: At 120 h after inoculation, the dark spots increased on body surface. And the larvae died with the body color changed to dark red　D: At 144 h after inoculation, mycelia (My) grew out the dead larvae's body, occurring more thickly in the intersegmental folds (If)　E: At 156 h after inoculation, the insect cadaver was covered by mycelia　F: At 168 h after inoculation, mycelia covered over the insect cadaver and began to produce conidium

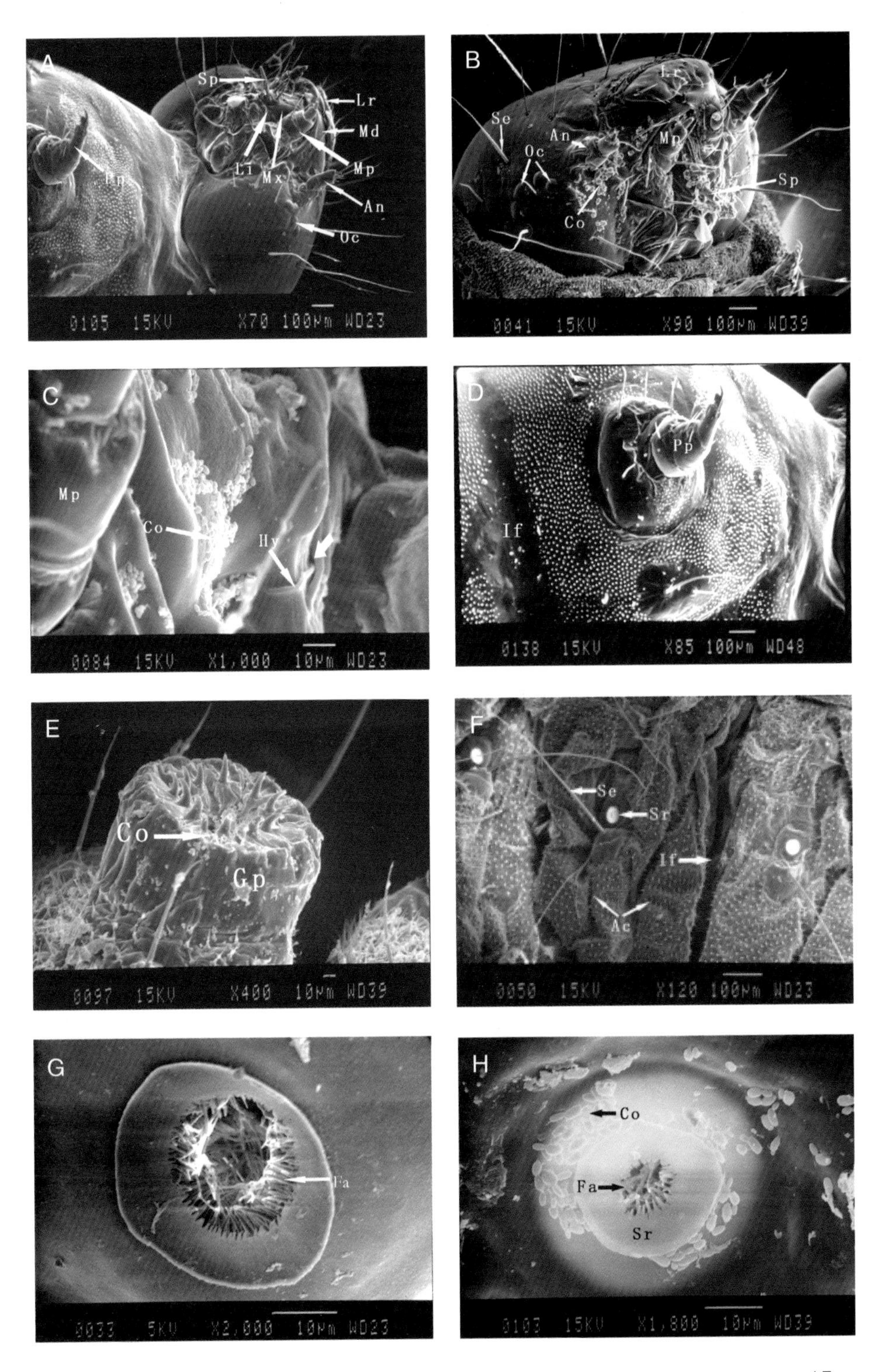
A
Sp
Lr
Md
Mp
An
Oc
Li
Mx
Pp
0105 15KV X70 100μm WD23
B
Lr
Se
An
Oc
Mp
Sp
Co
0041 15KV X90 100μm WD39
C
Mp
Co
Hy
0084 15KV X1,000 10μm WD23
D
Pp
If
0138 15KV X85 100μm WD48
E
Co
Gp
0097 15KV X400 10μm WD39
F
Se
Sr
If
Ac
0050 15KV X120 100μm WD23
G
Fa
0033 5KV X2,000 10μm WD23
H
Co
Fa
Sr
0103 15KV X1,800 10μm WD39

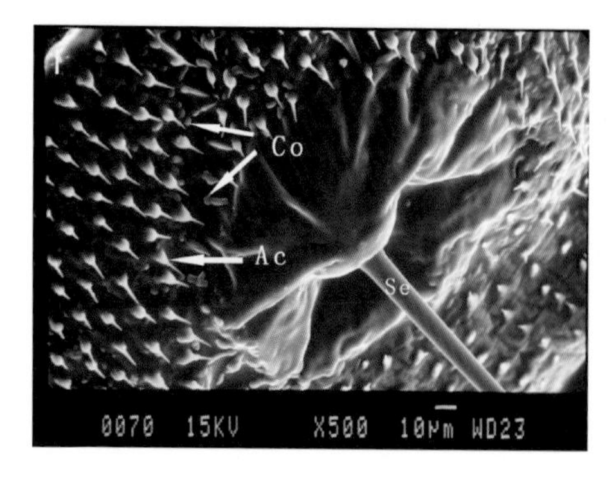
Co
Ac
Se
0070 15KV X500 10μm WD23

J
Gt
Co
Co
Se
0031 15KV X8,000 1μm WD24

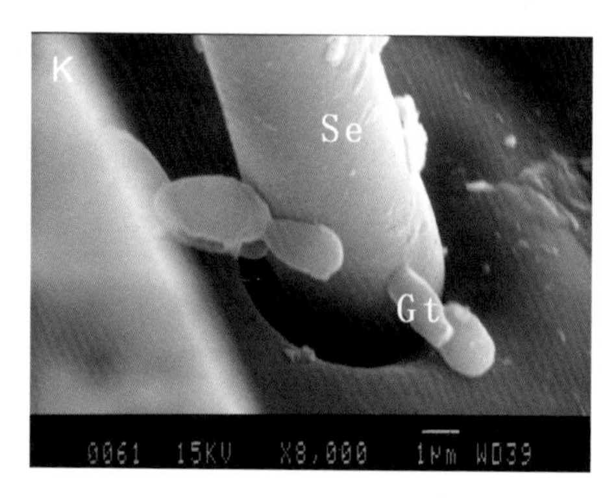
K
Se
Gt
0061 15KV X8,000 1μm WD39

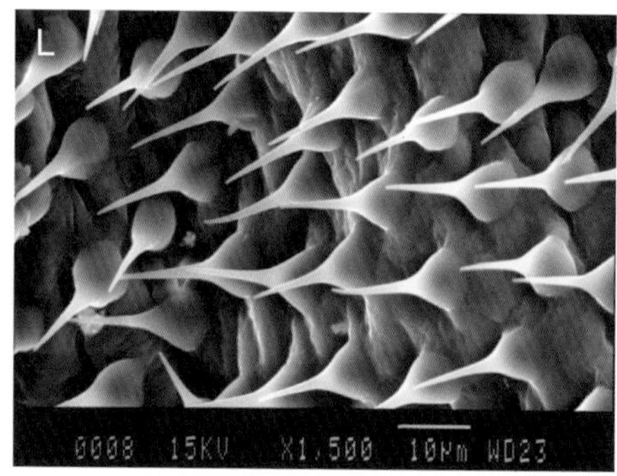
L
0008 15KV X1,500 10μm WD23

M
Co
Ac
0109 15KV X3,000 10μm WD39

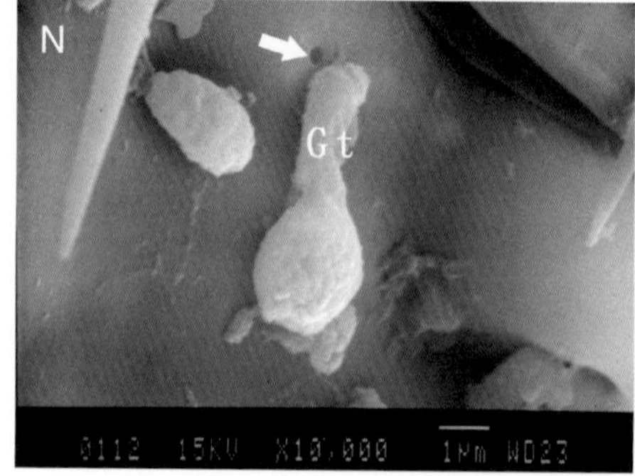
N
Gt
0112 15KV X10,000 1μm WD23

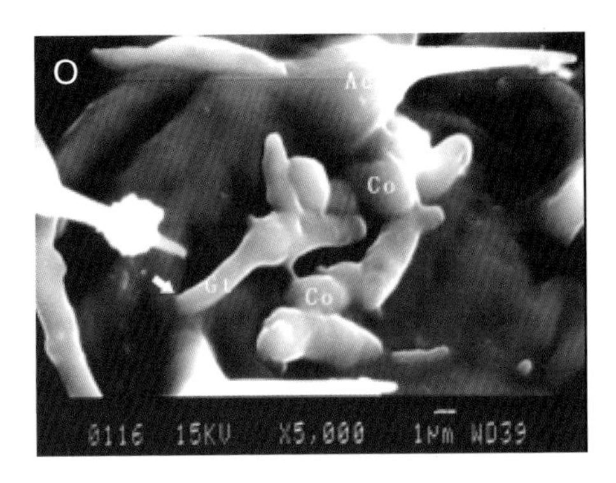

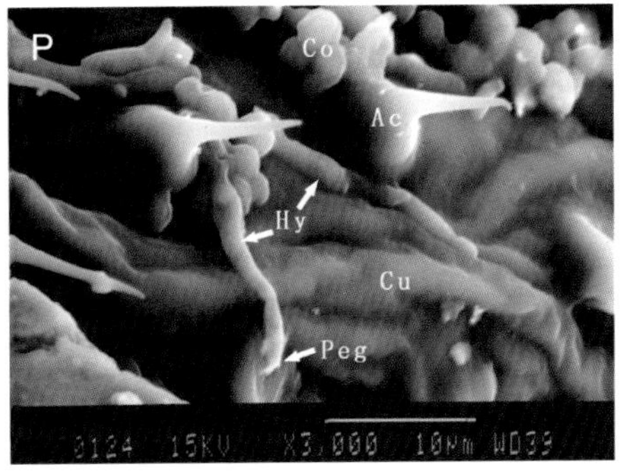

图 6.2　TST05 菌株在桃小食心虫幼虫体表的附着、萌发、穿透的扫描电镜照片

A: 头部。显示骨化的头壳和咀嚼式口器。An: 触角，Lr: 上唇，Md: 上颚，Mx: 下颚，Mp: 下颚须，Li: 下唇，Sp: 吐丝器，Oc: 单眼　B: 头部。显示孢子（Co）聚集在口器和触角（An）的基部　C: 放大图。显示孢子附着在下颚须和吐丝器间的沟槽内以及一个菌丝（Hy）延伸并穿入体壁，箭头处为明显的穿透位点　D: 胸足（Pp）　E: 腹足（Gp）　F: 腹部的 3 个体节。显示节间褶（If）、刚毛（Se）、气门（Sr）和体表上大量的棘刺（Ac）　G: 腹部的气门（Sr），显示气门的过滤结构（Fa）　H: 大量孢子附着在气门周围　I: 刚毛和棘刺（Ac）　J: 孢子附着在刚毛上，并萌发出芽管（Gt）　K: 芽管穿透进入刚毛　L: 棘刺的放大图　M: 大量孢子聚集在棘刺基部的体表上　N: 孢子表面产生黏液。箭头处为芽管前方出现的小孔　O: 孢子萌发，芽管直接穿透进入体壁　P: 菌丝在体表延伸，前端生成穿透钉（Peg）进攻体壁

Fig.6.2　SEM photographs of the attachment, germination and penetration of *B. bassiana* TST05 on the surface of *C. sasakii* larvae

A: The head, showing the sclerised head capsule and chewing mouthparts. An: antenna, Lr: labrum, Md: mandible, Mx: maxilla, Mp: maxillary palpus, Li: labium, Sp: spinneret, Oc: ocellus　B: The head of the larva, showing the conidia (Co) attached on the ventral surface around the mouthparts and antennae　C: Magnified view of the conidia attached on the sulcus and grooves between the maxillary palp and spinneret. A hypha (Hy) was also visible growing into and piercing an obvious invasion site (arrow)　D: Pereiopod (Pp)　E: Gastropod (Gp)　F: Three segments of the abdomen. The intersegmental fold (If), seta (Se), spiracle (Sr) and large numbers of acanthae (Ac) are shown in cuticle　G: An abdominal spiracle (Sr), showing the filter apparatus (Fa) in the spiracle　H: Many conidia (Co) surround the spiracle　I: The seta and acanthae (Ac)　J: Some conidia (Co) attached to the seta and germinated to form a germ tube (Gt)　K: The germ tube penetrated into the seta　L: Magnified view of the acanthae　M: Mass conidia (Co) adhered to the cuticle around the acanthae (Ac)　N: The mucilage was generated on the surface of conidia. A small hole appeared in front of the germ tube　O: Conidia (Co) germinated, and the germ tube (Gt) penetrated directly into the integument (arrow)　P: Hyphae (Hy) extended on the cuticular surface (Cu) and invaded by means of the penetration peg (Peg)

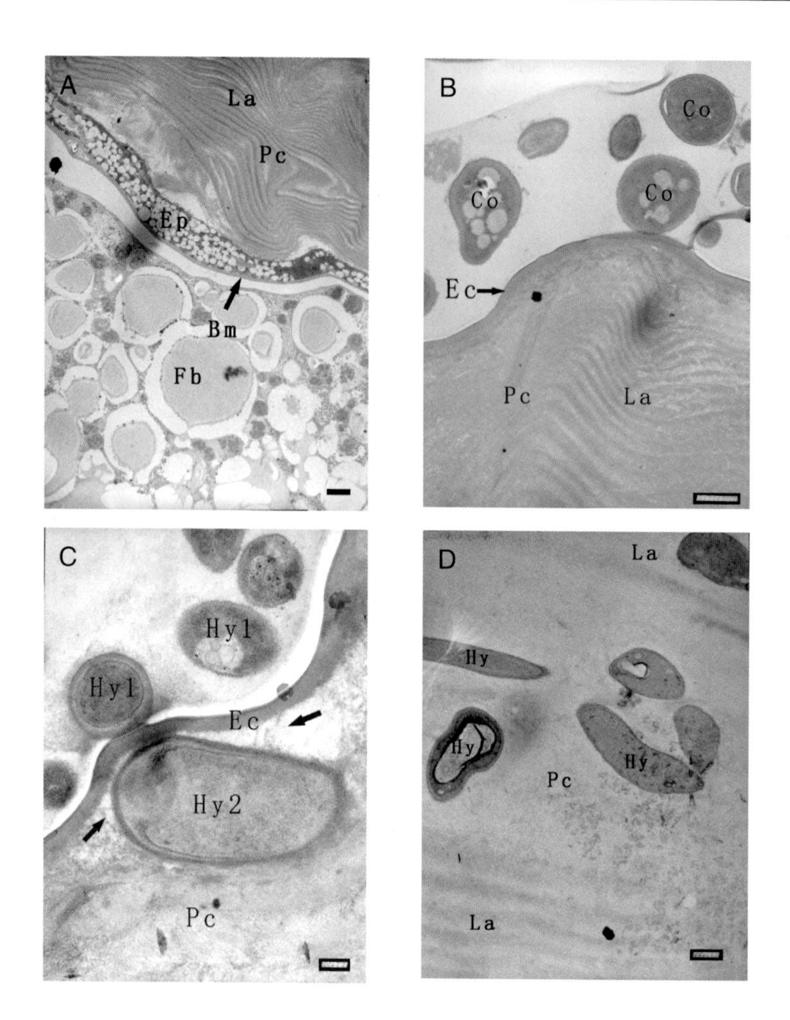

图 6.3 TST05 菌株侵染桃小食心虫体壁的透射电镜照片

A: 正常的表皮。Pc: 原表皮，Ep: 皮细胞，Bm: 底膜，La: 片层，Fb: 脂肪体，bar = 2 μ m
B: 染菌 12 h 后分生孢子附着在体壁，原表皮中的片层结构清晰可见。Ec: 上表皮，bar = 1μm
C: 表皮层的横切图。显示一菌丝（Hy1）正附着在体壁，另一菌丝（Hy2）已经进入体表并破坏了表皮结构（箭头处），bar = 200 nm D: 原表皮中，菌丝（Hy）周围的片层结构（La）已经消失，bar = 1 μ m

Fig. 6.3 TEM photographs of the integument, documenting the invasion of *B. bassiana* TST05

A: Normal cuticle. Pc: procuticle, Ep: epidermis, Bm: basement membrane, La: lamellae, Fb: fat body, bar = 2μm B: At 12 h after inoculation, conidia (Co) were attached to the integument. The lamellae (La) of the cuticle (Cu) were clearly visible. Ec: epicuticle, bar = 1μm C: Cross section of the integument showing a hypha (Hy1) adhering to the integument. Another hypha (Hy2) has entered the cuticle and disrupted the cuticlar structure (arrow), bar = 200 nm D: In the procuticle, hyphal invasion caused the disappearance of the lamellae (La) around the hyphae (Hy), bar = 1μm

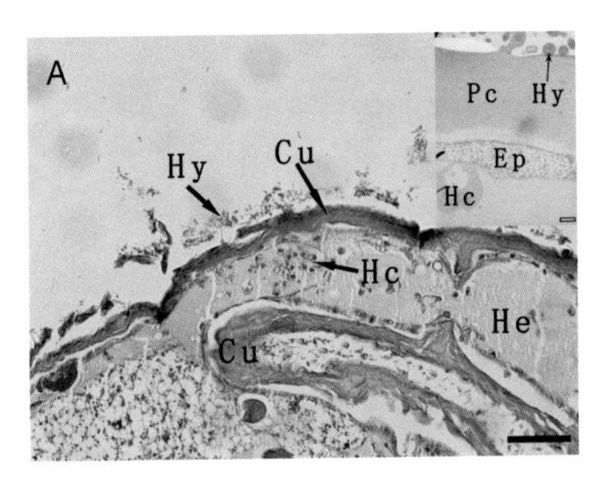

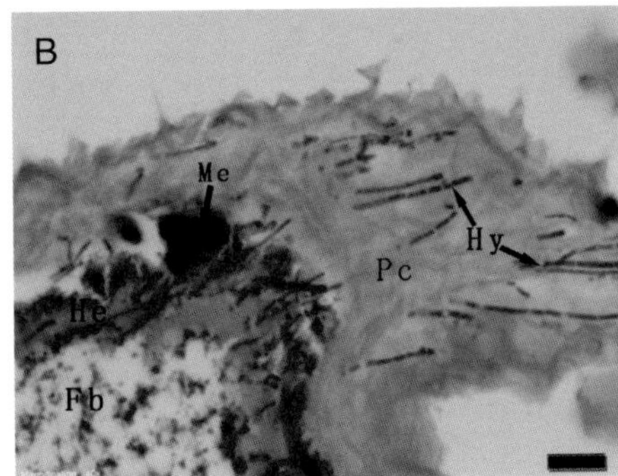

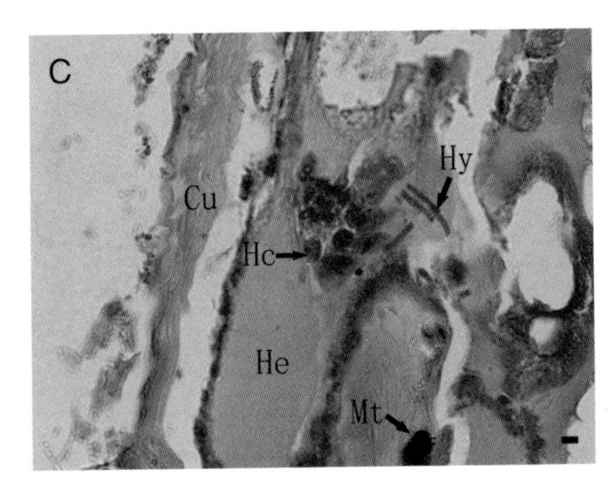

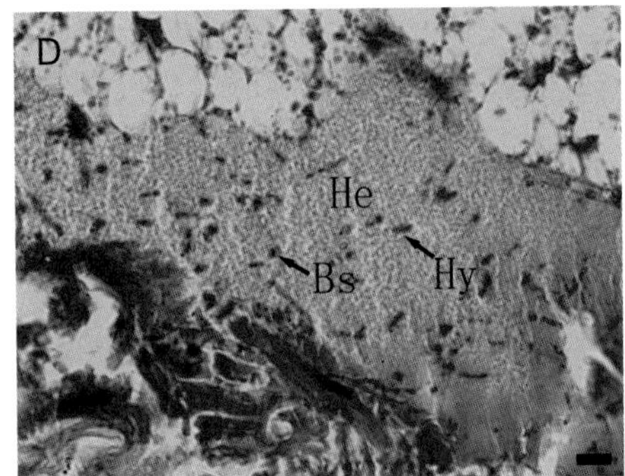

图 6.4 桃小食心虫感染球孢白僵菌 TST05 后的防御反应

A: 菌丝（Hy）对表皮的侵染（Cu）刺激血淋巴（He）中血细胞（Hc）产生聚集。Bar = 50 μ m，右上角小图为透射电镜图，显示一个血细胞已经转移到表皮下。Ep: 原表皮，bar = 2 μ m B: 大量菌丝（Hy）在原表皮（Pc）中延伸，并侵入到血淋巴中。在表皮层下出现黑化体（Me）。Fb: 脂肪体，bar = 20 μ m C: 血淋巴（He）中出现了血细胞（Hc）聚集和黑化（Me），bar = 10 μ m D: 芽生孢子（Bs）和菌丝（Hy）在血淋巴（He）中大量增殖，bar =20μm

Fig. 6.4 Micrographs of the histological sections, showing the defensive response of the host to *B. bassiana* TST05

4A: The fungal attack on the cuticle (Cu) stimulated a defensive response of the hemocytes (Hc) aggregating in hemolymph (He). Hy: hyphae, bar=50μm. TEM photograph in (A) shows that a hemocyte had moved to the epidermis (Ep), bar = 2μm B: A mass of hyphae (Hy) in the procuticle (Pc) and the hemolymph (He). A melanization (Me) appeared under the procuticle. Fb: fat body, bar = 20μm C: Hemocytes (Hc) aggregation and melanization (Me) emerged in the hemolymph (He), bar = 10μm D: The hemolymph (He) was colonized by blastospores (Bs) and hyphae (Hy), bar = 20μm

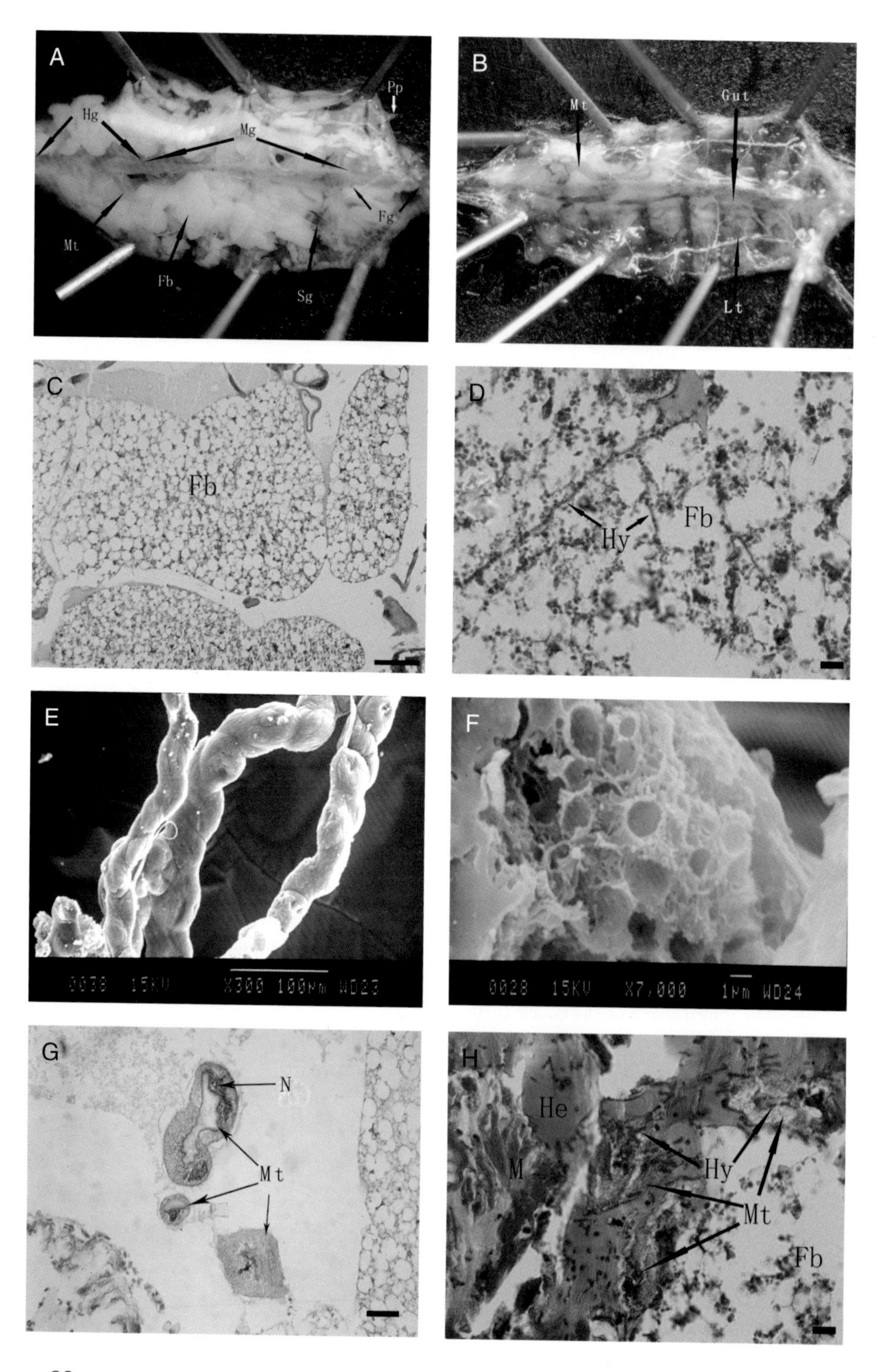
A
Pp
Hg
Mg
Fg
Mt
Fb
Sg
B
Mt
Gut
Lt
C
Fb
D
Hy
Fb
E
0038 15KV X300 100μm WD23
F
0028 15KV X7,000 1μm WD24
G
N
Mt
H
He
M
Hy
Mt
Fb

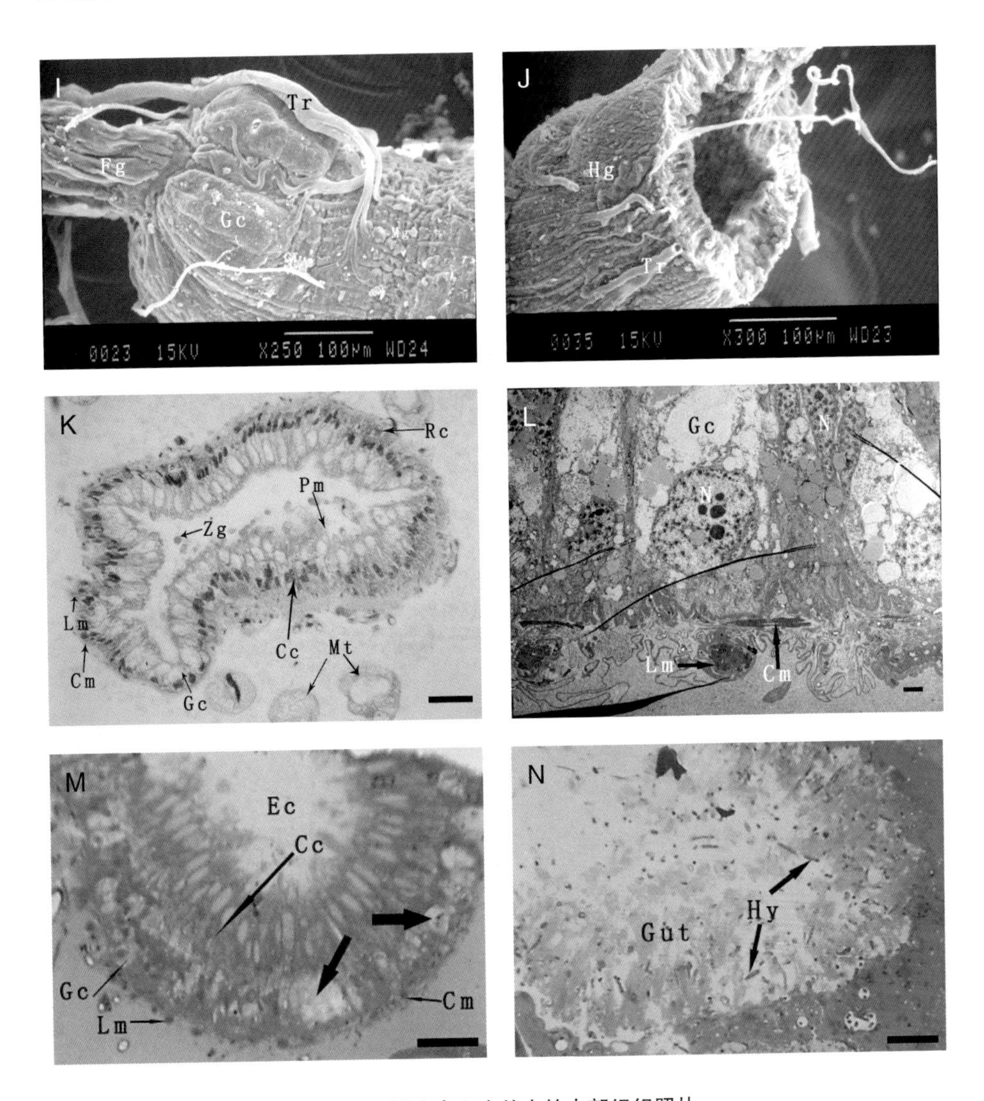

图 6.5 桃小食心虫幼虫的内部组织照片

A, B 为解剖照片，C, D, G, H, K, M, N 为石蜡切片，E, F, I, J 为扫描电镜照片，L 为透射电镜照片。A: 桃小食心虫幼虫解剖照片。Fb: 脂肪体，Mt: 马氏管，Fg: 前肠，Mg: 中肠，Hg: 后肠，Sg: 丝腺，Pp: 胸足　B: 剥去脂肪体的解剖照片。Gut: 肠道，Lt: 侧纵干　C: 正常的脂肪体（Fb），bar = 50 μ m　D: 被感染的脂肪体，显示细胞结构被破坏。Hy: 菌丝，bar =20μm　E: 马氏管　F: 马氏管的断面　G: 马氏管的横切面。N: 细胞核，Mt: 马氏管，bar = 20μm　H: 大量菌丝（Hy）侵入马氏管（Mt）。He: 血淋巴，Fb: 脂肪体，bar=10μm　I: 前肠和中肠的外表面，显示膨出的胃盲囊（Gc）和肠道表面的气管（Tr）　J: 后肠的外表面　K: 正常的中肠横截面。Cc: 柱状细胞，Gc: 杯状细胞，Cm: 环肌，Lm: 纵肌，Pm: 围食膜，Rc: 再生细胞，Zg: 酶原颗粒，Mt: 马氏管，bar = 20 μ m　5L: 中肠放大的透射电镜照片，bar = 2μm。M: 感染早期阶段的幼虫肠道横截面，显示正常结构和一些受损细胞（箭头处）。Ec: 肠腔，bar = 20μm。N: 肠道（Gut）结构被真菌完全破坏，Hy: 菌丝，bar = 20μm

Fig. 6.5 Micrographs of the histological sections of *C. sasakii* larvae

A,B are dissection photographs, C, D, G, H, K, M and N are paraffin slides, E, F, I, J are SEM photographs, L is TEM photograph A: The dissection photograph of *C. sasakii* larvae. Fb: fat body, Mt: Malpighian tubule, Fg: foregut, Mg: midgut, Hg: hindgut, Sg: silk gland, Pp: Pereiopod B: The fat body was stripped in the dissection photograph. Lt: lateral longitudinal trunk C: The normal fat body (Fb). Bar = 50μm D: The infected fat body, showing loss of cellular structure. Hy: hyphae, bar = 20μm. E: Malpighian tubules F: Cross–section of Malpighian tubules G: Cross section of malpighian tubule. N: nucleus, Mt: Malpighian tubule, bar = 20μm H: Mass hyphae (Hy) invaded the Malpighian tubules (Mt). He: hemolymph, Fb: fat body, bar = 10μm I: The outer surface of foregut and midgut, showing the bulging gastric caeca (Gc) and the trachea (Tr) on the intestinal surface J: The outer surface of the hindgut K: Cross–section of the normal midgut. Cc: columnar cell, Cm: circular muscle, Gc: goblet cell, Lm: longitudinal muscle, Pm: peritrophic membrane, Rc: regenerative cells, Zg: zymogen granule, Mt: Malpighian tubule, bar = 20μm L: TEM photograph of magnified view of midgut, bar = 2μm M: Cross section of the larval gut at the early infective stage, showing the normal structure and some injured cells (arrow). Ec: enteric cavity, bar = 20μm N: The structure of the gut was completely destroyed by the fungus. Hy: hyphae, bar = 20μm

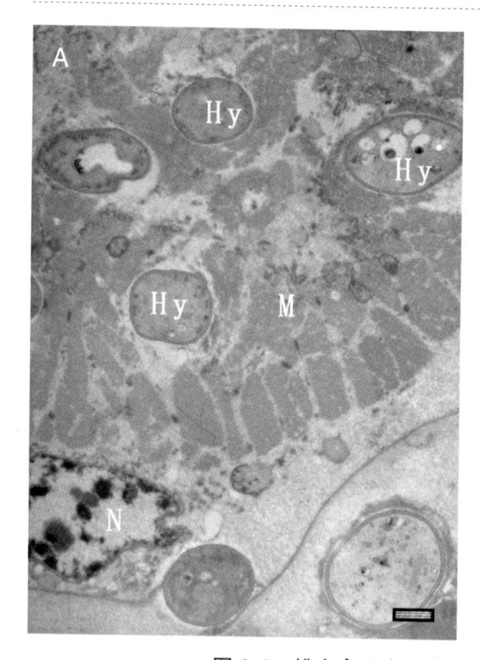

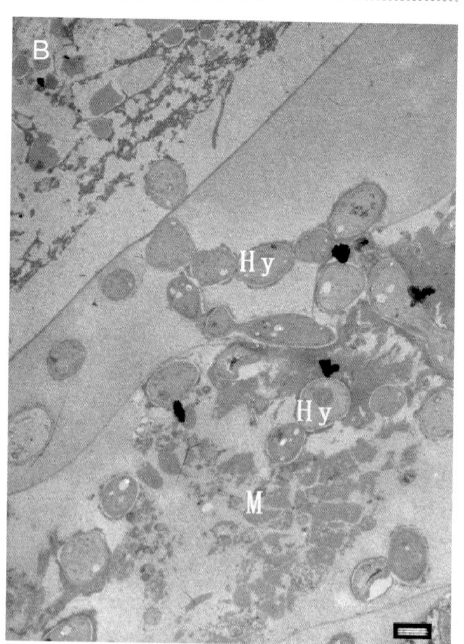

图 6.6 桃小食心虫肌肉组织被感染的的透射电镜照片

A: 菌丝（Hy）已感染肌肉组织（M）。此时肌细胞的核（N）和一部分肌纤维还没被破坏，仍能观察到。bar = 1 μ m B: 肌纤维（Mf）被菌丝分解，肌肉组织的结构已被完全破坏。Bar = 2 μ m

Fig. 6.6 TEM photographs of host muscle infection.

A: Hyphae (Hy) have infected the muscle tissue (M). Some muscle fibers and the nucleus (N) of the muscle cell can still be observed, bar = 1μm B: The muscle fiber (Mf), resolved by the hyphal infection. The muscle tissue had been decomposed. bar = 2μm

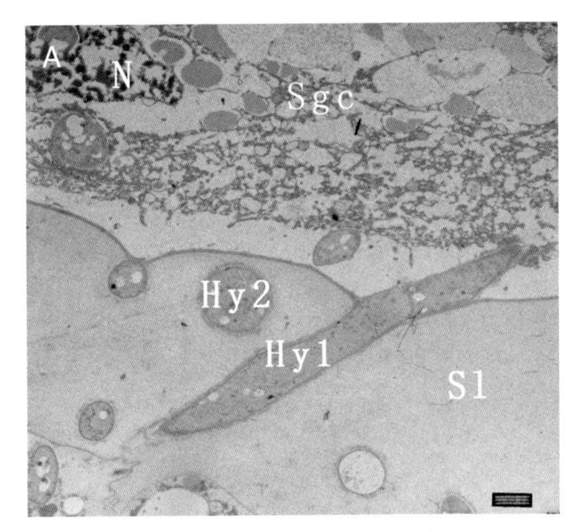

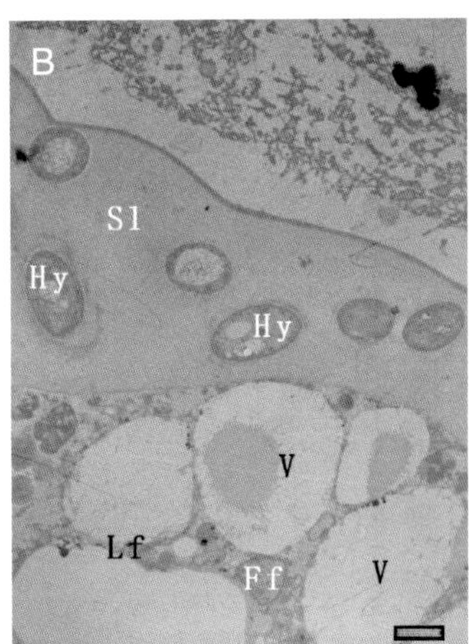

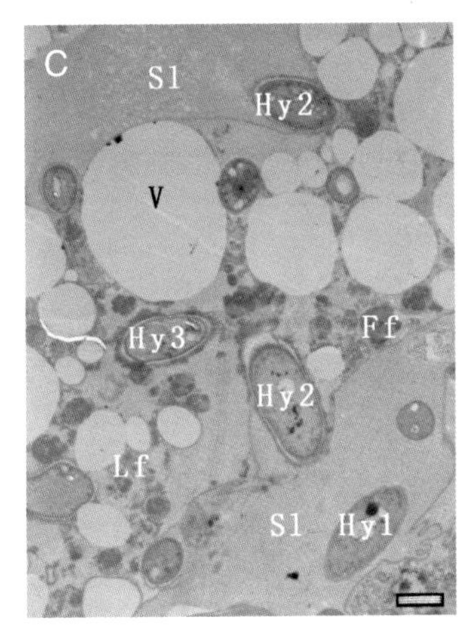

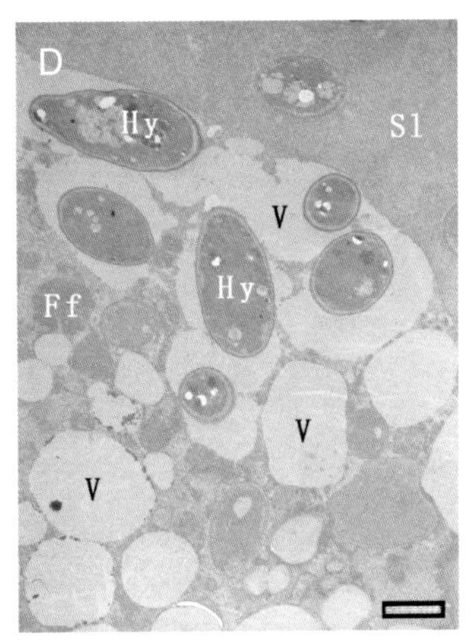

图 6.7 桃小食心虫幼虫丝腺被感染的透射电镜照片

A: 完全被破坏的丝腺细胞（Sgc）和丝腺腔中的液体丝。显示一个菌丝（Hy1）正在穿透丝胶层（Sl），另一个菌丝（Hy 2）已进入。N: 核，bar = 2 μ m B: 许多菌丝（Hy）已经侵入了丝胶层（Sl）。Lf : 液体丝素，Ff : 丝素纤维，V: 液泡，bar = 2 μ m C: 在丝腺腔中的液体丝素和丝胶层。显示一些菌丝（Hy1）已侵入到丝胶层，另一些菌丝（Hy 2）正在入侵液体丝素，还有一些菌丝（Hy 3）已进入到内部的液体丝素（Lf）并分散在液泡（V）周围。Bar = 2 μ m D: 菌丝也侵入到液泡（V）中，破坏了液泡膜。Bar = 2 μ m

Fig. 6.7 TEM photographs of silk gland infection of *C. sasakii* larvae

A: The silk gland cell (Sgc), completely destroyed, and the liquid silk in the silk gland lumen, showing one hypha (Hy1) penetrating the sericin layer (Sl). Other hyphae (Hy2) have entered. N: nuclei, bar = 2μm B: Many hyphae (Hy) have infected the sericin layer (Sl). Lf: liquid fibroin, Ff: Fibroin fiber, V: vacuole, bar = 2μm C: The liquid fibroin and sericin layer in the silk gland lumen, showing some invading hyphae (Hy1) in the sericin layer, some (Hy2) attacking the liquid fibroin, and some (Hy3) that had entered the inner liquid fibroin (Lf) and dispersed around the vacuoles (V), bar = 2μm D: Hyphal invasion caused the membrane of the vacuoles (V) to dissolve; bar = 2μm

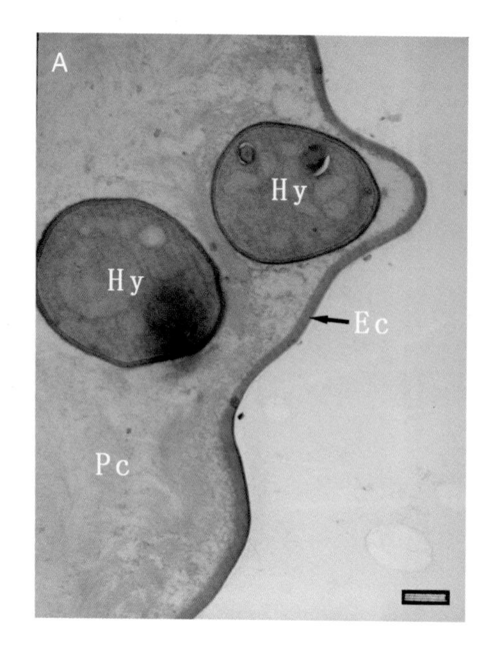

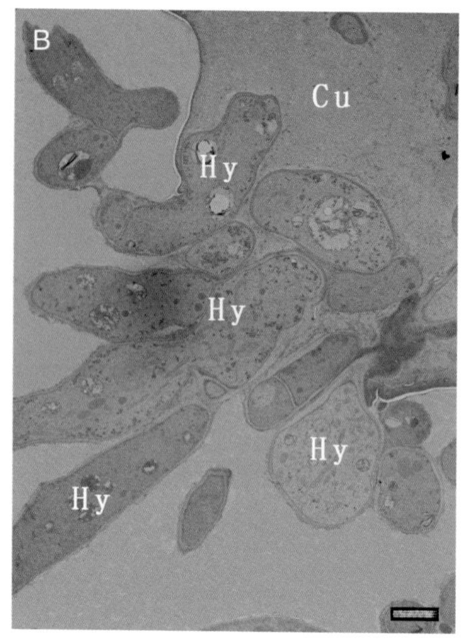

图 6.8　菌丝穿破寄主体表释放出来的透射电镜照片

A: 菌丝（Hy）正准备钻出表皮层，已将上表皮（Ec）顶起。Pc: 原表皮，bar = 500nm

B: 菌丝（Hy）已突破表皮层（Cu），释放到外界。Bar = 2 μ m

Fig. 6.8　TEM photographs of the release of hyphae from the host cadaver

A: Some hyphae (Hy) began to bore out through the cuticle (Cu). Ec: epicuticle, Pc: procuticle, bar = 500nm　B: Release of hyphae (Hy) to the outside of the cuticle (Cu), bar = 2μm

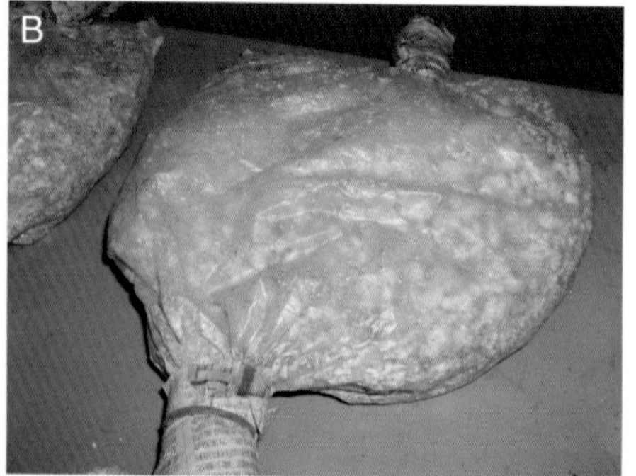

图 8.3　TST05 菌株在两种容器中的生长情况

A: 楔形瓶　B: 塑料袋

Fig. 8.3　Growth characteristics of the strain TST05 in two different vessels

A: wedg-shaped bottle　B: plastic bag

图 9.2　TST05 菌粉制备及果园杀虫实验

Fig. 9.2　Preparation of spore powder and the insecticidal experiment in the orchard

图 9.4　孢子荧光染色情况

A: 1 个月后孢子染色情况　B: 2 个月后孢子染色情况

C: 3 个月后孢子染色情况　D: 4 个月后孢子染色情况

Fig. 9.4　The effect of fluorescent stain

A: The effect of fluorescent stain a month later　B: The effect of fluorescent stain two months later

C: The effect of fluorescent stain three months later　D: The effect of fluorescent stain four months later

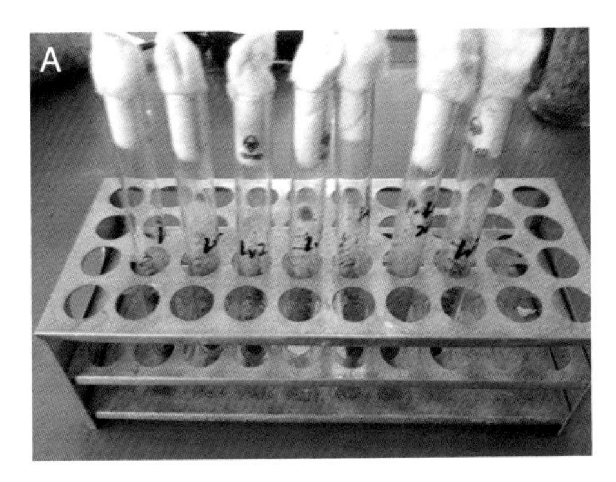

图 9.5　TSL06 菌粉制备及果园杀虫实验

A: 菌株一级斜面培养　B: 菌株二级液体培养　C: 菌株三级扩大培养　D: 果园致病力实验

Fig. 9.5　Preparation of spore powder and the insecticidal experiment in the orchard

A: The initial slope cultivation of the strains　B: Cultivation of strains in liquid

C: Cultivation of strains to expand　D: The experiment of virulence in the orchard

图 9.6　工厂制备菌粉的过程

A: 摇床　B: 液体发酵罐　C: 固体发酵培养的搅拌器

D: 培养房　E, F: 固体发酵物

Fig. 9.6　The production process of powder in factory

A: Shaking flask　B: Fermentation tank　C: Solid medium agitator

D: Training room　E, F: Fermentation Solid

图 9.7　2013 年在临猗县果园试验

Fig. 9.7　The field test in the orchard of Linyi Country in 2013

图 9.8　2014 年春季在临猗县果园对应用效果检查
Fig. 9.8　The field test in the orchard of Linyi Country in 2014

内容提要

本书是研究重要果树害虫桃小食心虫的病原真菌及其生物防治应用的专著，重点介绍作者近年来的研究成果。全书共分为九章，内容包括：桃小食心虫的为害与防治概况；昆虫病原真菌的采集、分离、回接杀虫试验、形态学观察和遗传分子鉴定；病原真菌的生物学特性；病原真菌的致病力研究；病原真菌侵染桃小食心虫过程中胞外酶和海藻糖酶的作用研究；桃小食心虫感染病原真菌后的组织病理学变化；桃小食心虫感染病原真菌后的生理生化反应；菌株在自然环境中的宿存情况以及与常用化学杀虫剂的相容性；菌粉制剂的制备及果园应用。这些内容为应用昆虫病原真菌对桃小食心虫进行生物防治提供了理论和应用依据。

本书内容主要是作者的第一手研究资料和最新的研究成果，反映了桃小食心虫病原真菌研究与应用的最新进展。书中的资料和数据丰富，附有表格27个，图片99张。除研究结果以外，书中还包括菌种培养、虫体感染、样品制备等研究技术与方法，便于读者参考。为了便于对外交流，所有表格和图片说明均附中英文对照说明。

本书知识涉及多个学科，理论性和实用性并举，适用范围广，图文并茂，可读性强。可供农业、果业生产、植物保护、害虫生物防治、昆虫学、真菌学、生物农药学等方面的高等学校、科研单位、技术管理和生产部门参考。

Outline

This book is a monograph on the entomopathogenic fungi of Peach Fruit Moth, *Carposina sasakii* (Matsmura), and their application in biological control. It introduced the authors' research results in recent years. It is composed 9 chapters and contents are as follows: introduction on infestation and control of *C. sasakii*; entomopathogenic fungi collection from orchard, strain isolation, pathogenicity test, morphological observation and molecular identification; biological characteristics of entomopathogenic fungi; pathogenicity of entomopathogenic fungi to *C. sasakii*; Role of extracellular enzyme and trehalase secreted by entomopathogenic fungi infecting *C. sasakii* larvae; histopathological change of *C. sasakii* larvae infected by entomopathogenic fungi; physiological and biochemical reaction of *C. sasakii* larvae infected by entomopathogenic fungi; the survival ability of the entomopathogenic fungi in natural environment, and the compatibility with common chemicals pesticides; fungal powder preparation and application in orchards. These results provide a base in theory and application for biological control on *C. sasakii.*

The contents of this monograph are primarily based on the authors' first-hand data in recent researching. It reflects the latest advancement of research and application of entomopathogenic fungi of *Carposina sasakii.* Abundant information and data are included in the book, with 27 tables, 99 figures, and 30 photos. For the convenience of readers, research techniques and methods such as fungus culture, insect infection, samples preparation etc. are also included in the book. In order to exchange easily with the readers who know English, the explanation of the tables and figures are showed in Chinese and English.

This monograph relates to several science fields, and theory study combining with practice application. Its pictures are excellent and texts are readable. Its is very useful as an important reference book for the college students, researchers, officials and works in agriculture, fruit production, plant protection, biological pest control, entomology, mycology and bio-pesticides.

前　言

桃小食心虫（简称桃小）*Carposina sasakii* (Matsumura) (Lepidoptera: Carposinidae) 是果树在生长过程中一种为害最重、影响范围最广的果实食心虫类害虫。目前防治桃小食心虫的方法，还是以化学农药为主。由于桃小食心虫幼虫钻蛀果实内取食为害，化学农药防治难以奏效，因此，以往主要以成虫和卵作为防治对象，这样可以防治的时期很短，用药时间不易掌握，防治效果差，且造成大量农药浪费，残留和环境污染。积极发展和推广害虫生物防治技术已成为全球当前和未来果业发展的一个趋势。利用病原真菌防治桃小食心虫是对其进行生物防治的重要方法之一。

山西大学昆虫分子与害虫生物防治实验室从 2009 年以来，参与山西省农业科学院植物保护研究所主持的“国家公益性行业（农业）科研专项经费项目”《北方果树食心虫监测和防控新技术研究与示范（项目编号：200803006 和 201103024）》，该项目分为一期工程 2008—2010 和二期工程 2011—2015，历时 8 年。在项目经费的支持下，实验室承担了“桃小食心虫在北方地区的病原真菌及其应用的研究”。经过在山西各地采集桃小食心虫自然染病的越冬幼虫，分离纯化菌株，进行回接试验，并从增殖力、对环境的适应力、胞外酶活力、致病力等方面进行研究，筛选在当地土生的高致病性菌种。通过生物学特性研究、显微形态和超微结构观察，对菌种进行形态学和分子生物学鉴定，获得了适应北方地区气候和生态环境的病原菌种。通过研究病原真菌感染桃小食心虫的侵染过程、感染症状、组织病理学特征、病原菌感染过程中桃小食心虫的生理生化反应、以及病原菌的胞外酶的作用与毒力的关系，为昆虫病原真菌对桃小食心虫的致病菌机理提供了新证据。通过研究病原真菌对不同发育阶段桃小食心虫的致病力、高致病力菌株在果园土壤中的宿存情况，以及与常用化学杀虫剂的相容性，研究结果显示，病原真菌能在土壤中有较长时期的宿存能力，被感染的幼虫又能作为新的感染源，从而对桃小食心虫的种群数量起到持续控制作用，这为利用桃小食心虫在土壤中越冬的生活习性，应用病原真菌在土壤中对越冬幼虫进行感染致病，达到生物防治目的提供了实践依据。研究开发了适合果园土壤中防治桃小食心虫的菌粉制剂，与山西科谷生物农药有限公司合作，进行了工厂化生产，菌粉制剂产品在山西省部分果园进行了推广应用，取得了很好的效果。

研究过程中分离的两株高致病菌株于 2011 年 1 月 5 日已作为专利菌种保藏在中国科学院中国菌种保藏中心，白僵菌菌株 TST05 保藏号为 CGMCC No.4526，粉质拟青霉 TSL02 保藏号为 CGMCC No.4527。该项研究的论文发表在《Micron》和《植物保护学报》等权威刊物上。

本书内容是相关研究的积累和总结，以期为桃小食心虫的生物防治提供参考。虽然研究为桃小食心虫生物防治提供了新的菌种和科学依据，但与业界害虫生物防治和昆虫病原真菌的研究成果相比，本研究还只是一个开端，寄希望于本书的出版能起到抛砖引玉的作用，能激励更多的相关研究和推广应用，为桃小食心虫这一重要害虫的科学防治和可持续控制作出贡献。

桃小食心虫病原真菌及应用的研究涉及昆虫、真菌、分析化学、生理生化、分子生物学、生物显微技术、电镜技术、菌种培养、生物制剂、工厂化生产、果园管理等多个学科的理论知识与试验技术，笔者在这方面的研究时间短，专业知识不足，错误和疏漏之处肯定不少，在成书过程中对内容的取舍和编排上也会有许多不当之处，望读者指正。

本研究得到国家公益性行业（农业）科研专项（项目编号：200803006 和 201103024）的资助，研究过程中与山西省农业科学院植物保护研究所密切合作，课题组的各位老师和研究人员以严谨科学的态度和精神，克服重重困难，反复研究，使项目取得了很好的成果。项目进行中有多名博士和硕士研究生如熊琦、朱永敏、王刚等参加，选择桃小病原真菌作为其学位论文的研究题目，与我们一起在野外采样，共同试验，付出了艰辛的劳动，为整个研究成果作出了重要贡献。研究还得到了本实验室诸多博士和硕士研究生如高英、张艳峰、樊金华、王旭、刘卫敏、张莹玲、张艳梅、田芬、韩珍珍、刘瑞、张志娟、魏丽芳、巩莎、杨钤等的积极参与、协助与配合。本科生冯宁、任建军、刘音、郭强、楚占龙、金凡、张玲玉等同学利用其本科毕业实践或科研训练活动参加了本研究的相关实验。值此专著完成之际，特此感谢他们的贡献与付出。

在野外采样过程中得到了山西省襄汾县农业局植保站王全亮站长等的大力支持与协助。果园试验中得到了山西省果树研究所和临猗县果树站等单位的大力协助。菌制剂在果园应用试验中山西省农业科学院植物保护研究所曹天文研究员参加了部分工作，山西省果树研究所胡增丽等同志给予了积极的协助。菌粉制剂工厂化生产是在山西科谷生物农药有限公司的工厂进行，胡秋义厂长等人给予了配合和协助。在此致以诚挚谢意。

最后感谢项目进行之初得到山西省农业科学院植物保护研究所赵飞研究员的关心和支持，以及数年来项目办公室郭晓君等的工作，在此一并感谢。

编　者

2015 年 10 月

目 录

CONTENTS

第一章
绪　论

一、桃小食心虫的为害及防治概况

1. 桃小食心虫的为害

桃小食心虫［*Carposina sasakii*（Matsmura）］简称桃小，又名桃蛀果蛾，俗称“钻心虫”。在分类上属鳞翅目（Lepidoptera）、蛀果蛾科（Carposinidae）。桃小食心虫广泛分布于我国东北、华北、西北以及华中地区的河南、华东地区的山东、安徽、江苏等各大苹果、桃、杏和红枣产区（Ji. et al.，2011）。国外分布于日本、韩国和俄罗斯（Haishi et al.，2011；Kim et al.，2000），是为害严重的果树食心虫类害虫。它的食性很杂，可为害苹果、枣、梨、桃、杏、花红、酸枣和山楂等多种仁果类和核果类果树的果实（王鹏等，2012；刘玉升等，1997）。我国将其列为86种为害林业最严重的害虫之一（Ji. et al.，2011），也是我国苹果出口检疫害虫之一（王少梅等，2006）。

桃小食心虫的为害主要是以幼虫钻蛀果实内部，取食果肉，并在孔道和果核周围残留大量虫粪，使受害果实畸形，猴头果和豆沙馅是其幼虫为害果肉的典型症状（图1.1）。新孵化的幼虫通过咬破果皮蛀入到果内，几天后蛀果孔会流出果胶滴，逐渐干涸成白色的蜡粉。随着果实的生长，蛀果孔愈合成小黑点，其周围呈现稍凹陷状（武新柱等，2007）。幼虫为害时期分为前期和后期：前期的幼虫蛀入果后，在果内纵横蛀食，形成蜂窝状，造成果面凸凹不平，最后形成所谓的猴头果；后期入果的幼虫，蛀果后钻入果心取食种籽和周围的果肉，因此，果实在外观上无异状，而是产生大量的虫粪堆积在果内，形成所谓的豆沙馅（王洪平，2001）。桃小食心虫对果实的为害巨大，为害后的果品丧失食用价值和商品价值，给果农造成很大的经济损

图 1.1　桃小食心虫及果实受害症状

Fig 1.1　*Carposina sasakii* and the damaged symptom of fruit

失。多年来，许多果园食心虫为害的虫果率在 50% 左右，严重的达到 80% 以上，一直是中国北方果园生产中亟待解决的问题（郑文德等，2009；刘万达等，2011）。

桃小食心虫的虫卵如针尖大小，近椭圆形，在显微镜下可以看到虫卵的上部有 2~3 圈呈丫字形的毛刺，为受精孔部位。新产的虫卵为黄红色，逐渐变为橙红色。刚孵化出的桃小食心虫幼虫是黄白色，颜色很淡，不容易看到。老熟幼虫体长在 12 mm 左右，头部和前胸背板为深褐色，身体整体为桃红色，老熟越冬幼虫在表土层里吐丝，形成扁圆形的越冬茧。越冬幼虫出土后结成一个纺锤形的夏茧，它是由幼虫吐丝形成的。夏茧的蜡丝比较疏散，幼虫在其中化蛹。蛹羽化成蛾，即成虫，成虫灰白色或者淡灰褐色，雌虫体长 7mm 左右，雄虫比雌虫稍小，成虫的前翅中央有一个近三角形、有光泽、灰白色的斑纹（刘万达等，2011）。

桃小食心虫在中国北方1年发生1代或2代（图1.2），在不同的寄主上生活存在一定差异（Hua et al.，1998）。但基本生活规律都是以老熟幼虫从受害果实中钻出（称为脱果），落到地面，进入表土层，结冬茧后过冬（花蕾，1993）。越冬幼虫在翌年4月中旬当平均气温约16℃、地温约19℃时，陆续破茧出土，一直持续到8月。幼虫出土后再结夏茧化蛹，蛹于6~7月大量羽化为成虫，成虫夜间活动，趋光性和趋化性都不明显。交尾后1~2天雌虫产卵于苹果、梨的萼洼和枣的梗洼处，6~7天后可以孵化出幼虫，刚孵化出的幼虫具有趋光性，集中向果实的向阳面爬行，以寻找最适宜部位，然后咬破果皮蛀入果内。幼虫在果实内一般取食20天左右，发育成熟后自然咬一圆孔脱果。年发生2代的，此期脱果的幼虫再结夏茧化蛹，从8~10月初期间发生第2代。年发生1代的，幼虫脱果后随即入土，在表土层下结冬茧滞育越冬。冬茧扁圆形，较致密，一般分布在果树树干周围1m以内的浅土层内，且以树干背阴面虫数最多，最浅可在土表，最深可达15 cm，3~8 cm深左右的土中茧最多，大约占80%（王洪平，2001）。

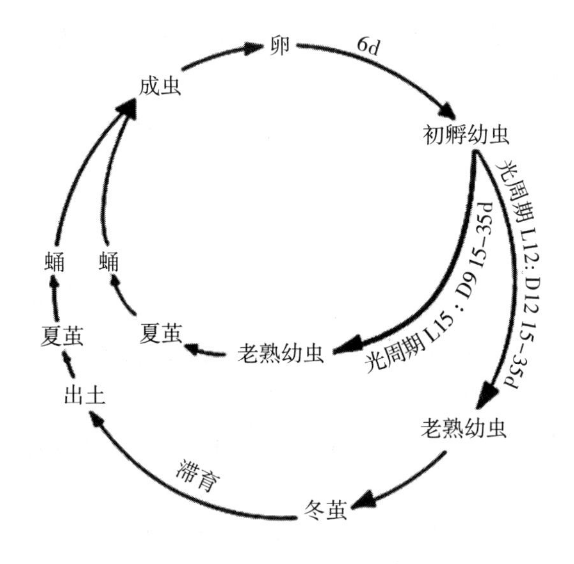

图1.2 桃小食心虫生活史

Fig. 1.2 The life history of peach fruit moth

2. 桃小食心虫的防治概况

根据桃小食心虫在树上蛀果为害和在土壤中过冬的特点，其防治多采用树下与树上防治相结合的方法，有物理方法、化学方法和生物方法。

物理防治方法：主要是人工防治的方法（张慈仁等，1992；李仁芳等，1993；李朝荣等，1989），包括：结合果园管理，秋冬深翻树盘，破坏越冬的虫茧；春季在越冬幼虫出土前，将树根颈基部土壤扒开13~16cm，刮除贴附在树根表皮的越冬茧；在越冬幼虫出土期，对树干周围半径1m以内的地面覆盖地膜，控制幼虫出土、化蛹和成虫羽化。或者扬土灭茧；在成虫产卵前对果实进行套袋保护，以预防桃小食心虫在果实上产卵和钻蛀为害；于第一代幼虫脱果期，结合果园压绿肥活动，进行树盘培土，以压灭夏茧；在幼虫蛀果为害期（幼虫脱果前），进行果园巡回检查、摘除虫果，杀灭果内幼虫。

化学防治方法：在果树上防治桃小食心虫已有较多高效、低毒的药剂，如毒死蜱、三唑磷、1%甲氨基阿维菌素乳油、2.5%功夫乳油、30%桃小食心虫灵乳油和35% 食心卷蛾净等。在果树下土壤中施75%辛硫磷乳油、50%地亚农乳油等农药可减少对果树和天敌昆虫的伤害（焦瑞莲，2006）。

生物防治方法：主要包括：①利用性外激素，现在已经研究掌握了桃小食心虫雌成虫释放的性外激素的主要化学成分，并制备成人工诱芯，在桃小食心虫羽化交尾期间，在果园挂诱芯，直接诱杀桃小食心虫的雄成虫，或者对雄成虫起到迷向作用，减少雌雄交配，从而达到生物防治的目的。②利用天敌防治，最主要的有寄生性甲腹茧蜂和中国齿腿姬蜂。③利用昆虫病原微生物防治。昆虫病原微生物主要包括昆虫病原线虫和病原真菌，能通过侵染或寄生昆虫，使昆虫发病死亡，达到控制种群的目的。

桃小食心虫与一般农林害虫的不同之处是它的整个幼虫生长发育期都是在果实内部进行的。初孵幼虫入果前会在果面爬行和啃咬果皮，但不吞咽，然后蛀入果肉纵横串食，发育长大。对果实内的幼虫，常规的各种杀虫剂防治方法都不能奏效。现在果园常用的防治措施之一是用性外激素诱芯，在成虫羽化期诱捕雄蛾，除了能杀死雄蛾和干扰成虫交配以外，还可以预测成虫发生期和发生量，当发现少量成虫羽化时开始喷洒触杀性化学杀虫剂，杀灭虫卵及初孵幼虫（刘长海等，2002）；另一措施是在4月上旬通过每天检查出土幼虫数，预测幼虫出土期，当出土幼虫达5%时，开始地面喷施化学药剂，将越冬幼虫毒杀于出土过程中（李定旭，2002）。但是，化学杀虫剂具有毒性、容易残留，从而降低果品品质，并且会污染环境、伤害天敌昆虫、还易导致害虫产生抗药性。由于桃小食心虫的暴露期很短，发育期及世代发生不整齐，往往需要连续多次施药才能取得较好的防治效果，由此更加剧了污染。

而生物杀虫剂不仅具有长效性，而且具有靶标性强和对环境友好的优点（Hokkanen，1995；Khetan，2001）。大力推行和普及生物防治技术成为当前全球果树栽培发展的总趋势。也是防治桃小食心虫的必然要求。其中昆虫病原微生物因其作用靶标性强，对其他生物相对安全，已在害虫综合管理（IPM）中作为害虫种群控制的重要手段（Lacey，1995）。黎彦等（1993）应用芜菁夜蛾线虫 *Steinernema feltiae agrotes* 防治桃小食心虫，在数省果区防治了 200 余公顷，发现施用线虫与施用农药的效果相当或稍优于农药。刘杰等（1994）在山东省的苹果园以及王东昌等（1995）应用斯氏线虫 *Steinernema carpocapsae* 防治桃小食心虫，也取得了一定的效果。李素春等（1990）利用从当地果园中分离得到的一种异小杆线虫 *Heterorhabditis* spp.（泰山 1 号），对桃小食心虫的致死率可达到 92%。

昆虫病原生物中的真菌类由于致病方式主要是接触寄主昆虫体壁感染，而非取食中毒，对非靶标生物安全（Fuxa，1987；Hokkanen，1995），研究中可获得不同的菌株，容易人工培养和大量繁殖（St. Leger et al.，1992；Jackson et al.，2000），在国内外已广泛应用于农、林害虫的防治（Hajeka et al.，2007）。在利用病原真菌防治桃小食心虫的研究方面，日本的 Yaginuma 等（1987）将金龟子绿僵菌 *Metarhizium anisopliae* 施用在土壤中对桃小食心虫进行防治，发现每克土壤中含有 10^6 个孢子时能使为害降低 50% 以上。李农昌等（1996）应用金龟子绿僵菌感染桃小食心虫，在陕北和宁夏回族自治区苹果产区于桃小食心虫出土盛期的 6 月开展了防治示范，取得了比较好的防治效果。随后的研究还证明绿僵菌在土壤中可以有延续感染和控制桃小食心虫的作用（樊美珍等，1996）。陶训等（1994）在山东应用从桃小食心虫幼虫上分离的白僵菌对该虫进行防治试验，也取得了较好的效果。Yaginuma（2002）从土壤中和寒蝉 *Meimuna opalifera* 幼虫体内分离了 9 株蝉拟青霉 *Paecilomyces cicadae*，发现对桃小食心虫有较高的致病力。朱艳婷等（2001）从不同的寄主上获得 14 株白僵菌菌株，将这 14 株白僵菌制备成孢子悬液去侵染桃小食心虫幼虫，通过比较，有 3 株菌株的致死率很高，可以用来防治桃小食心虫。

根据桃小食心虫幼虫在表土层中越冬的习性，将昆虫病原真菌施入土层中作为生物杀虫剂，使其感染致死，实现生物防治，不仅避免了化学农药防治带来的不良后果，而且具有靶标专一性强、菌种能大规模培养等优点，成为桃小食心虫防治新技术研究的重要领域（武新柱等，2007）。

二、病原真菌在生物防治中的应用及致病机理概述

1. 病原真菌在生物防治中的应用

作为自然界中调控昆虫种群数量的天然调节因子，已有一些昆虫病原真菌（虫生真菌）被开发作为害虫的生物控制剂（Clarkson et al.，1996；Khachatorians et al.，1996）。其中球孢白僵菌［*Beauveria bassiana*（Balsamo）Vuillemin（Ascomycota: Hypocreales）］是一类很适合应用于生物防治的广谱性昆虫病原真菌。它对温血动物和植物无害、易培养，被认为是最具开发潜力和应用价值的虫生真菌之一（Feng et al.，1994）。一些研究发现球孢白僵菌还能与杀虫剂合并使用，降低杀虫剂的常规用量，提高防治效果，从而降低环境污染和昆虫抗药性（Quintela et al.，1998）。

目前，球孢白僵菌防治害虫的效果已有很多研究和应用实例。Shapiro-Ilan 等（2009）将球孢白僵菌喷在树干上防治美洲山核桃象鼻虫 *Curculio caryae* (Horn)，致死率达到 80% 以上。Shimazu（1995）利用球孢白僵菌无纺布菌条防治松墨天牛 *Monochamus alternatus* 幼虫，林间致死率可达到 80%。我国从 20 世纪 50 年代起开始研究和应用白僵菌防治大豆食心虫 *Leguminivora glycinivorella*、玉米螟 *Pyrausta nubilalis* 和甘薯叶甲 *Colasposoma dauricum*，防治效果显著；20 世纪 70 年代以来，应用白僵菌大面积防治马尾松毛虫 *Dendrolimus punctatus* 等森林害虫取得明显成效（李增智等，2007；湖北省白僵菌纯孢粉防治马尾松毛虫课题组，1989）。近年来，浙江林学院利用肿腿蜂 Buprestidae 携带白僵菌孢子粉在林间防治松墨天牛幼虫，幼虫被感染率可达 40%~65%（王记祥等，2009）。我国使用白僵菌每年防治松毛虫、玉米螟和水稻叶蝉 *Nephotettix* 的面积约 500 000 公顷（李增智等，2000）。

绿僵菌是生物防治中一种高致病力的病原真菌，其中金龟子绿僵菌 *Metarhizium anisopliae*（Metsch.）Sorokin 最先被发现，是俄罗斯人梅契尼柯夫在 1879 年从奥地利金龟子上成功分离获得。据目前报道，绿僵菌的寄主非常多，大概有昆虫 8 目 30 科 200 多种，绿僵菌的寄生范围非常广，杀虫

效应好，不污染环境、没有残留物质为害果实、害虫不会产生抗药性，这些都是化学农药不具备的优点。

国内外报道中，有关虫生真菌防治害虫的研究很多，其中白僵菌、绿僵菌等病原真菌的资料最多，应用范围最广，感染效果也很好。全世界在研究农业害虫的防治效果，绿僵菌逐渐发展成为仅次于白僵菌的真菌杀虫剂。在欧洲，英国真菌研发中心开发的杀蝗绿僵菌生物制剂，蝗虫的防治效果在九成以上；在北美洲，生产的绿僵菌产品防治蟑螂、白蚁等具有很好的效果，且已经大范围的使用；在南美洲，生产的绿僵菌产品也已经广泛用于防治甘蔗沫蝉等。在我国国内，由重庆真菌农药研制工程中心开发的生物制剂“蝗敌 1 号”，已经大范围使用于我国北方蝗虫发生地区（李宝玉等，2004）；童树森（1991）用 2 亿孢子 /mL 的绿僵菌固体制剂在林间喷粉，防治青杨天牛，连续 2 年的杀虫效果都在 70%以上；在南方，绿僵菌已经用于防治椰心叶甲等（吴青等，2006）。尽管目前对于绿僵菌防治害虫的报道非常多，但在我国北方桃小食心虫发生地区，从自然染菌的桃小食心虫越冬虫茧中分离病原绿僵菌还未见报道。

樊美珍等（1996）用大量实验验证了桃小食心虫被绿僵菌侵染后的死亡率很高。在野外虫害防治时，真菌制剂用量少、成本低。叶斌等（2005）还证实了绿僵菌在高温和干旱地区，其宿存能力很强。目前利用绿僵菌防治靶标害虫中，大部分的报道都是关于直翅目（蝗虫）、同翅目（蚜虫、粉虱、叶蝉）、鞘翅目（蛴螬）比较多，对于鳞翅目的桃小食心虫研究较少。

2. 昆虫病原真菌的致病机理

昆虫病原真菌对害虫的侵染过程已有很多研究，主要通过寄主体壁入侵昆虫、还可以通过气门和口器等途径侵染。大多数研究都证实昆虫病原真菌是自然界中唯一能直接穿过体壁进入寄主体内，最终杀死昆虫的病原微生物（Hajek et al.，1994）。它依靠自身分泌的胞外酶降解作用，以及芽管、穿透钉等侵染结构产生的机械压力入侵到寄主体内（Charnley et al.，1991），而昆虫体壁是昆虫抵御外来微生物入侵的重要屏障，因此，其穿透速度是决定病原真菌致死害虫时间长短的重要因素。昆虫体壁主要化学成分由蛋白质、几丁质和脂肪组成，体壁结构可分为 4 部分，即外表皮、前表皮、后表皮和皮脂层（方卫国，2003）。外表皮很薄，主要由含脂肪的蜡质层和鞣化蛋白质组成；前表皮和后表皮是体壁的主要部分，主要由几丁质和镶嵌在其间的蛋白质组成；皮脂层是一层有活性的细胞，它的作用是向外分泌物质形成昆虫体壁（Charnley et al.，1991）。病原真菌穿透表皮过程中，一方面，分生孢子通过形成附着胞附着于昆虫体表，然后依赖萌发时形成芽管所产生的机械压力使其侵入到虫体内；另一方面，针对昆虫体壁，病原真菌能够分泌一系列胞外水解酶，如蛋白酶、几丁质酶、脂肪酶等降解昆虫体壁（St. Leger et al.，1987b），同时分解所产生的物质为菌体提供营养成分，使其快速生长并侵入到寄主体内而达到致死寄主的目的。因此，胞外酶对真菌入侵寄主有重要的作用。EL-Sayed 等通过将病原真菌接种在昆虫体壁培养，观察发现无论是在孢子萌发还是在菌丝生长过程中，都存在着酶对表皮的降解作用（EL-Sayed et al.，1993）。

已有研究报道蛋白酶、几丁质酶和脂肪酶与病原真菌的毒力有明显的相关性。Gupta 等（1994）测定了 5 株白僵菌对大蜡螟（*Galleriamel lonella*）和粉纹夜蛾（*Trichoplusia ni*）的致死率，另外，还测定了以这两种昆虫的表皮为培养基的白僵菌蛋白酶、几丁质酶、酯酶活性，发现毒力与这 3 种酶活性均存在着明显的相关性。林海萍等（2008）研究中得出球孢白僵菌的 3 种胞外酶（蛋白酶、几丁质酶、脂肪酶）活性与其对松墨天牛（*Monochamus alternatus* Hope）毒力呈明显的直线相关性。

胞外酶中蛋白酶在真菌入侵昆虫表皮过程中被认为是最主要因素，因为在昆虫体壁成分中蛋白质占 55%~80%（蒲蛰龙等，1994）。Michael 等（1988）的研究证明了蛋白酶对蚱蜢的表皮具有消解作用，他在研究中用明胶作为唯一碳源和氮源，发现球孢白僵菌能合成并分泌到生长培养基中的一种胞外蛋白酶，他用含该蛋白酶的球孢白僵菌液体培养基的上清液处理蚱蜢的表皮，结果发现表皮干重大量减少了，其中前翅减少 41.1%，后翅减少了 83.0%，而加入蛋白酶抑制因子 PMSF 则可避免表皮干重的损失。

冯明光（1998）以血黑蝗作为供试昆虫，通过测定不同来源球孢白僵菌菌株的胞外蛋白酶活性及其对试虫的毒力，结果表明不同菌株间毒力和酶活性各有较大差异，通过将菌株蛋白酶活性与对昆虫毒力和 LT_{50} 进行直线回归分析后，发现各菌株蛋白酶活性与其毒力具有显著直线相关性。他据此提出用蛋白酶作为菌种毒力初期筛选的指标。

胞外蛋白酶包括两大类，一类是类枯草杆菌蛋白酶（Subtilisin-like Protease，Pr1），它是以 Suc-Ala-Ala-Pro-Phe-pNA 为专一性底物的蛋白酶，另一类是胰蛋白酶 Pr2，它是以 Ben-Phe-Val-Arg-pNA 为专一性底物的蛋白酶。其中类枯草杆菌蛋白酶是一种丝氨酸类蛋白酶，对昆虫体壁具有很强的分解能力，在病原真菌入侵表皮致死寄主过程中起实质作用（St. Leger et al.，1987a; Bidochka et al.，1994; Wang et al.，2002; Shah et al.，2005）。St. Leger 等（1987a）对绿僵菌产生的蛋白酶的特征研究发现，该菌在侵染蝗虫表皮时 Pr1 比其他蛋白酶的活性大。Bidochka 等（1994）用球孢白僵菌和绿僵菌的胞外蛋白酶处理蚱蜢的体壁，发现体壁干重大量减小，通过凝胶电泳发现蛋白质中酸性蛋白质减少，说明是碱性蛋白酶即 Pr1 起作用。张永军等（2000）研究了不同接种物对球孢白僵菌总胞外蛋白酶及类枯草杆菌蛋白酶 (Pr1) 产生的影响，结果发现 Pr1 与毒力相关性高于总蛋白酶与毒力的相关性，因此，认为 Pr1 是总胞外酶中影响菌株主要毒力因子之一。类枯草杆菌蛋白酶具有激活昆虫体内的多酚氧化酶的能力，病原真菌侵入虫体后该多酚氧化酶被 Pr1 激活后使酚类物质大量被氧化为醌类物质，醌类物质积累过多最终导致昆虫中毒死亡；另一方面 Pr1 在昆虫血腔中还可能通过击败昆虫的免疫系统而加速其死亡（St. Leger et al.，1997），因而 Pr1 能够引起昆虫致病性。这些研究报道都表明类枯草杆菌蛋白酶对病原真菌致死寄主昆虫具有重要的作用。

几丁质酶同样也是影响昆虫病原真菌致病性的一个重要因子。在昆虫体壁成分中，几丁质是另外一种重要组成成分，占 17%~50%，具有稳定上表皮的蛋白质起着骨架结构作用，也是昆虫防止机械损伤和抵御外来微生物入侵的主要屏障之一（范艳华，2006）。

Charnley 等（1991）研究中用几丁质合成抑制剂 Dimilin 处理烟草夜蛾（*Manduce sexta*）幼虫的体壁后接种金龟子绿僵菌，发现菌丝更容易穿透体壁，该结果表明当几丁质的合成受阻碍时，昆虫体壁很容易被昆虫病原真菌降解掉。Askary 等（1999）的研究表明，在蜡蚧轮枝菌穿透蚜虫表皮的过程中有几丁质酶的产生，他采用胶体金标记能与几丁质特异结合的麦胚凝集素，观察病原真菌穿透蚜虫体壁时几丁质的含量，发现菌在穿透菌丝的周围几丁质含量很低。

金洁等（2007）的研究表明，几丁质酶在真菌穿透昆虫体壁过程中起着一定作用，她在研究中发现，几丁质酶活力出现高峰期的时候，同样是细胞快速分裂和菌丝旺盛生长的对数时期，因此，这也从另一个方面证明了几丁质酶参与穿透体壁过程。

目前的研究基本都认为真菌产生的几丁质酶是一种诱导酶（St.Leger et

al., 1986)。在St.Leger(1986)的实验中，发现在培养基中含有几丁质，则几丁质酶的活性很高，而在由其他如木聚糖、纤维素等多聚物组成的培养基中，几丁质酶的活性很低；另外还发现，当培养基中的N-乙酰葡萄糖胺为低浓度时几丁质酶活性高，而含有高浓度的情况下几丁质酶活性低。

Samsinakova等(1973)和EL-Sayed等(1989)研究报道中测定了不同的病原真菌的几丁质酶活性，并测定了不同的菌对不同的昆虫幼虫的毒力，结果发现这些病原真菌对相应昆虫的毒力与菌的几丁质酶的活性有关系，并肯定了几丁质酶是虫生真菌的毒力因子。石晓珍等(2008)在研究中分析了绿僵菌分泌的几丁质酶活性及其对椰心叶甲(*Brontispa longissima*)致病力的相关性，结果显示几丁质酶活性可以作为一个毒力指标对昆虫病原菌菌种进行筛选。

脂肪酶也是真菌入侵过程中的一个重要因子，因为昆虫体壁中含有脂肪成分，其中在体壁的最外层是含有脂肪的蜡质层，虫生真菌入侵体壁首先需要分泌脂肪酶和酯酶水解昆虫体壁的蜡质层，为其进一步入侵打开第一道屏障。体壁的皮脂层的活性细胞处于脂肪环境中，虫生真菌入侵体壁穿透了由蛋白质和几丁质组成的原表皮成分后，同样需要分泌脂肪酶来降解皮脂层的脂肪成分，最后成功的入侵到体腔中去，同时为真菌的生长和入侵提供营养成分。

武觐文等(1991)用绿僵菌孢子悬浮液侵染昆虫体壁，观察孢子萌发状况，发现绿僵菌对昆虫脂肪体具有嗜性，因此，他认为脂肪酶对真菌入侵中具有降解体壁作用，同时还为真菌提供营养。Zacharuk(1981)的研究也证明脂肪酶对真菌入侵体壁具有重要贡献。他在研究中发现真菌的孢子入侵体壁前是处在脂肪环境中萌发。这都证明脂肪酶的作用不仅为孢子萌发入侵消除了体壁屏障，而且给虫生真菌的入侵提供了营养。Pavlyushin(1978)和Smith等(1981)的试验也发现球孢白僵菌的脂肪酶活性与其对昆虫的毒力有关。Gupta等(1994)和林海萍等(2008)研究报道用不同的菌对不同的昆虫进行毒力和脂肪酶活力测定，发现不同真菌对相应昆虫的毒力与脂肪酶的活性有关。虽然真菌的脂肪酶在致死昆虫机制中起着重要的作用，但目前在有关高致病力菌株筛选研究报道中也还未见用其作为菌株的毒力指标进行筛选比较菌株，对其作用的研究还很少。

病原真菌对寄主的感染致死的全过程如图1.3所示，孢子首先通过识别作用附着在寄主体表，随后孢子萌发，入侵时对寄主体壁既有菌丝生长产生

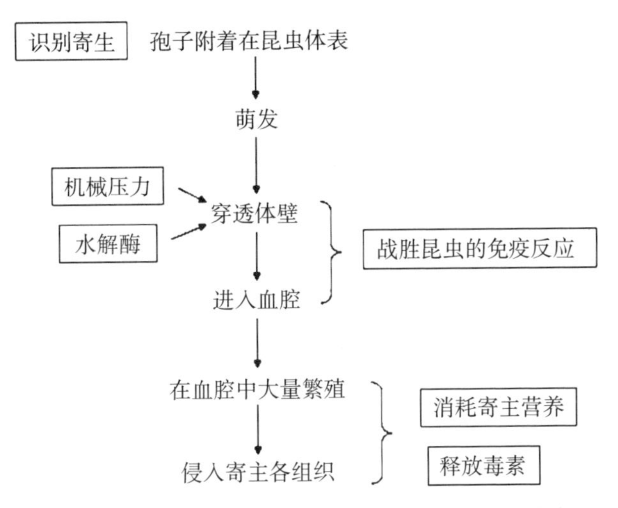

图 1.3 病原真菌对寄主的感染致死过程

Fig. 1.3 The Invasion and lethal process of pathogenic fungi to host

的机械压力，同时也有菌丝分泌的胞外水解酶对体壁化学成分的降解作用，在这双重作用下菌丝穿透体壁。在穿透体壁的过程中和进入寄主血腔时，真菌会受到寄主的免疫抵抗。如果寄主的免疫作用够强大，真菌的致病作用就会终止。如果真菌战胜了寄主的免疫反应，就会在血腔中大量繁殖。病原真菌一旦入侵到昆虫血腔，其唯一的营养来源就是昆虫体内的营养物质。病原真菌在昆虫体内的生长繁殖必然会消耗寄主体内的大量的营养物质，于是真菌与寄主昆虫竞争利用营养物质，大量消耗寄主的营养物质，造成寄主的营养衰竭，并侵入寄主的各组织。在此过程中病菌消耗寄主的营养并释放毒素。此时寄主就会因为营养不良、代谢紊乱、毒素作用，以及组织破坏而死亡（Chamley，1989）。

第二章
桃小食心虫病原真菌的分离鉴定

研究发现，病原菌菌株对寄主有一定的专化性，并且不同的菌株对同种寄主的毒力往往存在一定差异。王成树等（1999）研究了不同来源的球孢白僵菌的19个菌株的毒力效价，发现不同菌株间存在着较大的差异性，毒力效价最高的有1 125.16，最低的仅496.81。因此，从靶标害虫体内定向的分离和筛选出性状优良的菌株，便成为白僵菌生产应用过程中的一个关键问题。

一、采集自然染病的桃小食心虫幼虫

桃小食心虫为1年1代，老熟幼虫在树干周围表土层10cm左右土壤里结冬茧越冬。2009年3月、4月在山西省太原市、临汾市等地枣园和苹果园，从受虫害比较严重的果树下的表土层收集自然染菌的桃小食心虫越冬虫茧（图2.1），带回实验室，在体视显微镜下将幼虫剥出镜检，将体表覆盖有真菌菌丝和孢子的自然感染的虫尸检出，用以分离病原真菌。

二、病原真菌的分离

1. 自然罹病虫尸症状

2009年3月在山西省襄汾县景毛乡苹果园里采集的桃小食心虫越冬茧剥开后发现，有几头桃小食心虫虫尸上有虫生真菌寄生现象，6月在太原调查采集的桃小食心虫幼虫尸体上同样有真菌寄生现象（图2.2）。虫尸僵

图 2.1 果园中收集桃小食心虫越冬茧
Fig. 2.1 The collection of overwintering cocoons of *Carposina sasakii* in the orchard

硬，其中一头僵虫虫体发黄，有黑色斑点（图 2.2A），一头虫尸为石灰色（图 2.2B），另外两头僵虫虫体发黄（图 2.2C，2.2D），太原发现的染病虫体发红（图 2.2E），将其保湿培养后，菌丝逐渐变为黄色，上述虫体表面均有白色菌丝。图 2.3A 显示幼虫虫体表面有绿色的真菌，虫体僵硬，蜷缩成球形。

2. 菌株的分离

采用的培养基为：马铃薯葡萄糖琼脂培养基（PDA 培养基）。配方如下：土豆 200g、葡萄糖 20g、琼脂 20g、蒸馏水滴定至 1 000mL。

将检出的染病虫尸在 70% 的酒精中浸没 5s 后，用 0.1% 升汞水溶液表面消毒 3min。无菌水冲洗 3 次后，将每头虫尸剪成 3 小块，放入 PDA 平板培养基中，置于 25℃培养箱中培养。将长出的菌丝经多次纯化培养和单孢分离，得到纯化的菌株。采用斜面 PDA 保存培养。

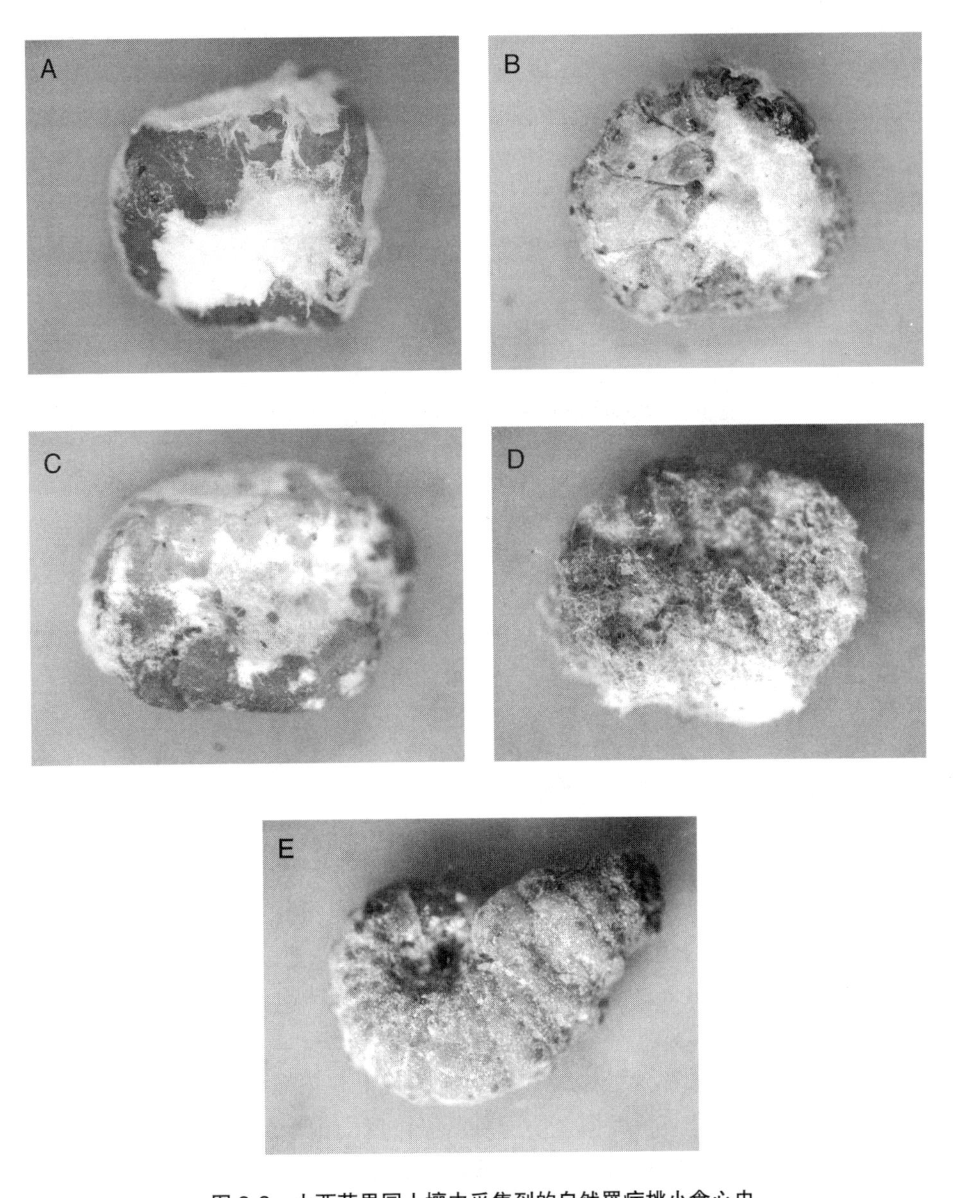

图 2.2　山西苹果园土壤中采集到的自然罹病桃小食心虫

Fig.2.2　*Carposina sasakii* larvae natural infected by the entomopathogenic fungus collected from the soil of the apple orchards in Shanxi Province

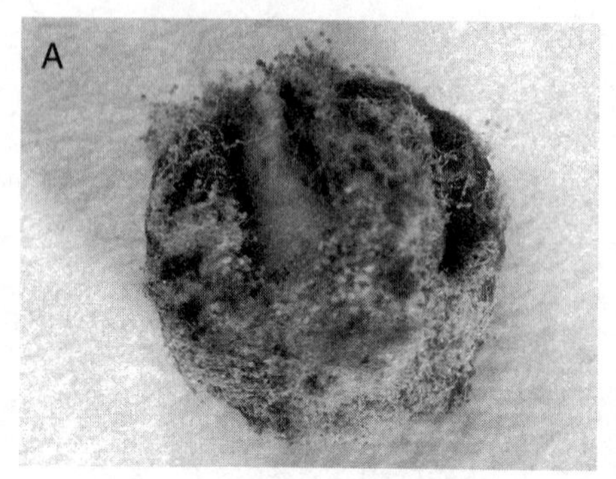

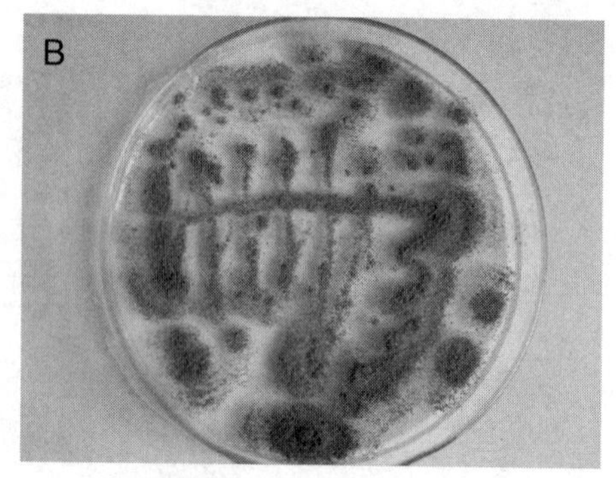

图 2.3　染菌的桃小食心虫幼虫和虫尸上分离纯化的菌株

A: 染菌幼虫　B: 纯化的菌株

Fig. 2.3　The diseased *C. sasakii* and the strain separated and purified from *C. sasakii*

A: The diseased C. *Sasakii*　B: Purified strains

经划线分离纯化得到桃小食心虫的 6 株病原真菌，分别编号为 TSL01、TSL02、TSL03、TSL04 和 TST05、TSL06。其中 TSL06 菌株为虫尸上的绿色真菌分离纯化所得（图 2.3B）。

3. 回接试验

8 月下旬至 9 月上旬，在山西省襄汾县枣园采集被桃小食心虫幼虫钻蛀的枣果，放置于室内，让老熟的桃小食心虫幼虫从果实中自然钻出，收集健康的桃小食心虫幼虫。

孢子悬浮液的制备方法：用接种环将分离出的所需菌株接入到 0.1% 吐温 -80 无菌 10mL 蒸馏水溶液的锥形瓶中，用 85-2 型磁力搅拌器充分搅拌，让孢子均匀分散在溶液中，在光学显微镜下，用血球计数板计数孢子，算出孢子浓度作为母液，根据需要配制所需浓度的孢子悬浮液。

依据柯赫法则，检测菌株的致病能力。将上述分离纯化的病原菌株制备成 1×10^8 孢子 /mL 的孢子悬浮液，滴加到幼虫体表，每头幼虫 25 μL。将接菌后的幼虫放在玻璃养虫缸内，置于 25℃、相对湿度 70% 的人工气候箱内培养。将感染致死的幼虫虫尸再用上述菌株分离方法分离出病原菌，检测是否与原感染菌株一致。

结果发现，被菌株 TSL01 感染的桃小食心虫 3 天后开始相继死亡，保湿培养后从虫体内长出较长白色菌丝，虫体的体色发黄，逐渐萎缩干瘪（图

2.4A）；被菌株 TSL02 感染的桃小食心虫 4 天后开始相继死亡，死亡时虫体全身颜色变暗，最后黑紫（图 2.4B），保湿培养虫体长出白色菌丝；被菌株 TSL03 和 TSL04 感染的桃小食心虫 5 天后开始相继死亡，保湿培养后从虫体内长出较长白色菌丝（图 2.4C，2.4D）；被菌株 TST05 感染的桃小食心虫 2d 后开始相继死亡，死亡时虫体发红僵硬，保湿培养后从虫体内长出白色菌丝，菌丝逐渐变为黄色（图 2.4E）。被菌株 TST06 感染的桃小食心虫 2d 后开始相继死亡，虫体表面变成暗红色（图 2.5A）；第 4 天死亡的虫体表面有白色的菌丝附着，菌丝先出现在死亡幼虫虫体的头部和尾部（图 2.5B 至 2.5C）；第 5 天虫体表面的菌丝上萌发出出绿色真菌孢子，孢子不断增多，直至长满虫体表面；第 8 天死亡虫体僵硬干瘪，体表长满绿的孢子（图 2.5D）。

在显微镜下观察对比菌丝和孢子的形态特征，其与开始从桃小食心虫虫尸上分离纯化的 6 株菌株相同，由此证明，从桃小食心虫上分离得到的 6 株菌株都是桃小食心虫的致病菌。

三、菌株的鉴定

1. 形态学鉴定方法

将分离获得的各个菌株分别点接于 PDA 平板培养基上，（25 ± 1）℃、（50 ± 10）% 相对湿度下培养 5 d，观察记录菌落特征。

形态特征的显微镜观察：菌种采用载片培养法，在培养皿底部铺一张略小于皿底的圆形滤纸，再放一个 U 形管，其上放一干净的载玻片和两块盖玻片，在 LDZX-75KBS 立式压力蒸汽灭菌器中高温灭菌，DHG-9075A 型电热恒温鼓风干燥箱中烘干备用。将平板中凝固的 PDA 培养基用无菌刀片切成 0.5~1cm^2 的正方形小块，放到载玻片上，每个载玻片左右各放一块。用接种环蘸取少量孢子悬浮液接种于培养基小块四周，然后在培养皿中倒入无菌饱和的 KCl 溶液 3mL 保湿，盖上盖玻片，放于（25 ± 1）℃、（50 ± 10）% 相对湿度下培养，观察生长情况，在一定的时间后取出用于培养的载玻片，用 OLYMPUS BX51 光学显微镜及配套的 OLYMPUS 数码相机 C-5050 ZOOM 观察菌落生长情况，并对该菌株的光学显微结构进行拍照。

形态特征的扫描电镜观察：菌种采用插片培养法（沈萍等，1996），在

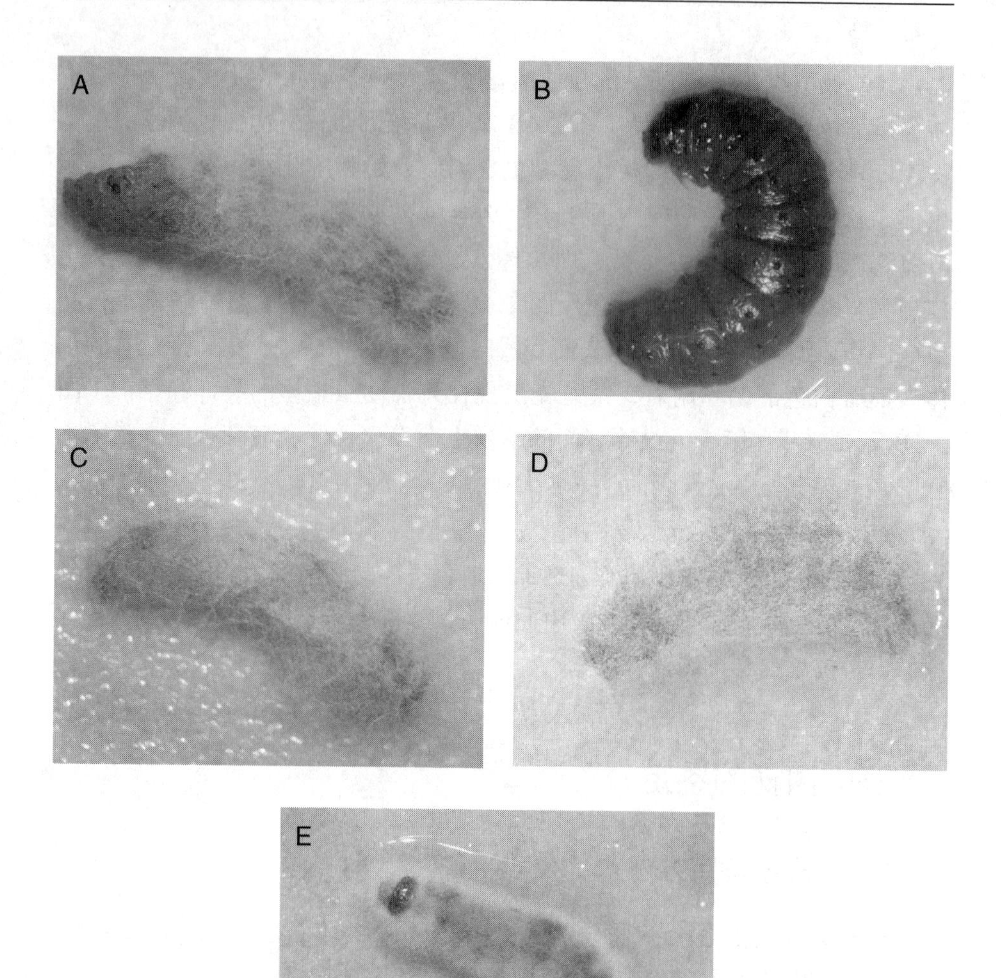

图 2.4　桃小食心虫幼虫被分离菌株感染的症状

A: 被菌株 TSL01 感染症状　B: 被菌株 TSL02 感染症状　C: 被菌株 TSL03 感染症状　D: 被菌株 TSL04 感染症状　E: 被菌株 TST05 感染症状

Fig.2.4　Symptom of *Carposina sasakii* larvae infected by the isolated strains of fungi

A: infected by the strain TSL01　B: infected by the strain TSL02　C: infected by the strain TSL03　D: infected by the strain TSL04 and E: infected by the strain TST05

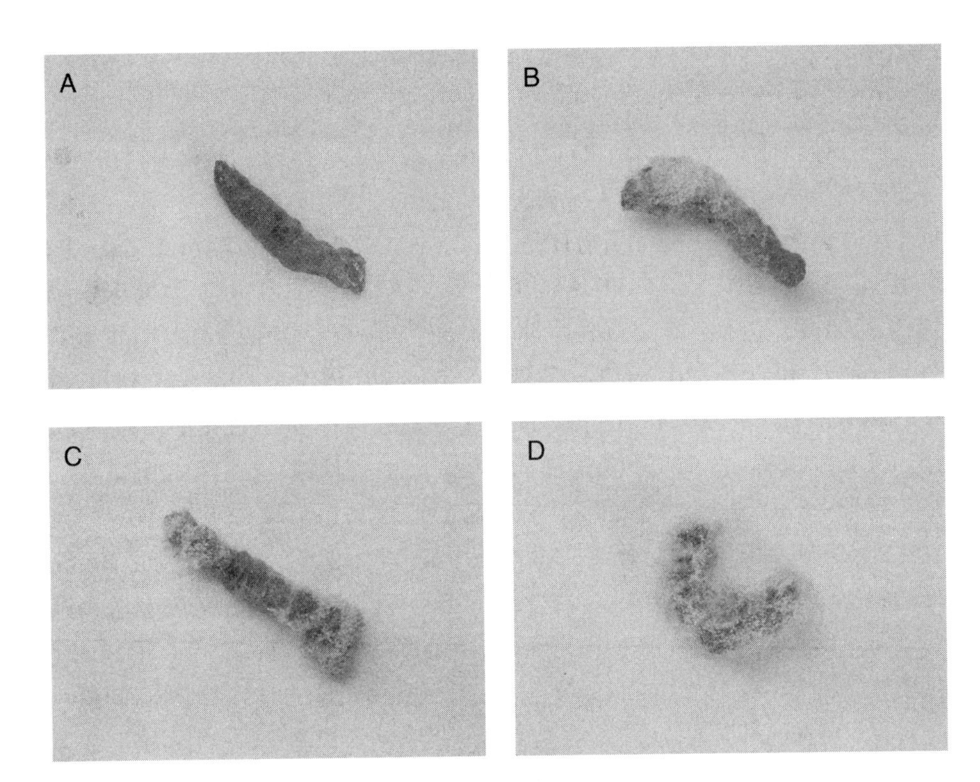

图 2.5　染菌桃小食心虫幼虫

A: 染菌 3d 虫体　B: 染菌 4d 虫体　C: 染菌 5d 虫体　D: 染菌 8d 虫体

Fig. 2.5　The diseased larvae of *C. sasakii*

A: The diseased *C.* ***sasakii*** for 3 days　B: The diseased *C.* ***sasakii*** for 4 days

C: The diseased *C.* ***sasakii*** for 5 days　D: The diseased *C.* ***sasakii*** for 8 days

无菌条件下，用接种环蘸取孢子悬浮液在 PDA 平板上划线接种，用镊子将灭菌的盖玻片以大约 45° 角扦入琼脂内（扦在接种的线上），一个培养皿扦 4 片，盖好培养皿，将其倒置，放于（25 ± 1）℃、（50 ± 10）% 相对湿度的培养室中培养。一个星期后，取出培养菌株的盖玻片，放于 2.5% 戊二醛溶液中固定，不同梯度浓度的乙醇脱水，每个梯度脱水 10min，在 EMS850 临界点干燥器中干燥一晚，于 1.5kV、20mA 下喷金，最后用 JSM-840 型扫描电镜观察并拍照。

在光学显微镜和电子显微镜下观察菌丝的形态特征及分生孢子大小、形状、着生方式，参照蒲蛰龙和李增智（1996）、魏景超（1997）、戴芳澜（1987）、Samson 等（1988）的描述和检索表鉴定其种属。

2. 分子鉴定方法

将菌株接种于铺有玻璃纸的PDA培养基上25℃培养7 d，收集菌丝，加液氮研磨成粉后采用CTAB法（Graham et al.，1994）提取DNA。rDNA内转录间隔区（ITS）基因扩增采用通用引物ITS5（5' - GGAAGTAAAAGTCGTAACAAGG - 3'）和ITS4（5' - TCCTCCGCTTATTGATATGC - 3'）（White et al.，1994）。PCR反应液体积50 μL，包括：10 × PCR缓冲液5 μL，25mmol/L MgCl2 3 μL，引物ITS4（10 μmol/L）和ITS5（10 μmol/L）各1 μL，10mmol/L dNTP 4 μL，5 U/μL Taq DNA聚合酶0.5 μL，基因组DNA 2 μL，ddH_2O 33.5 μL。Eppendorf PCR扩增仪上扩增。PCR反应程序：95℃预变性5 min后，95℃变性30 s，51℃复性1 min，65℃延伸1 min，进行30个循环，最后65℃延伸10 min，4℃保存。PCR产物在1.2%琼脂糖凝胶中电泳分离，EB溶液中染色15 min后，通过凝胶成像系统（Bio-rad）观察记录电泳结果。将扩增出的单一PCR产物送至北京奥科公司进行双向序列测定。测出的双向序列经比对拼接后提交到GenBank上。用BLAST搜索软件将测得序列与GenBank数据库中相关真菌菌株的ITS序列进行同源性比对。对菌株的种属地位进行分子鉴定。将搜索到的相关序列，用系统发育分析软件MEGA 5中CLUSTAL进行多序列比对后，用邻接法（neighbor joining analysis，NJ）进行计算和构建系统树，用Bootstrap对系统树进行检验，1 000次重复。

3. 菌株TSL01观察和鉴定结果

培养性状：菌株在PDA培养基上25℃培养4d，菌落较大，直径为40~42mm，不透明，白色，呈圆形或扁圆形，中央隆起呈帽状结构，边缘丝状，较稀疏，向四周呈辐射状分散（图2.6A），气生菌丝白色，丝绒状、羊毛状至毡状。菌落背面呈淡黄褐色，中央为深黄褐色（图2.6B）。

形态特征（图2.6C）：分生孢子既有大型分生孢子又有小型分生孢子，大型者数量较多，月牙形，较匀称，3~5分隔，多数3分隔，大小为（18.0~34.0）μm ×（3.3~4.7）μm；小型者椭圆形，肾形，卵圆形，假头状着生，大小为（5.3~12.0）μm ×（2.0~3.3）μm；产孢细胞单瓶梗。菌丝透明有隔，轮状生长。

经鉴定，菌株TSL01为镰孢属（*Fusarium*）尖孢镰孢（*Fusarium oxysporum*）。

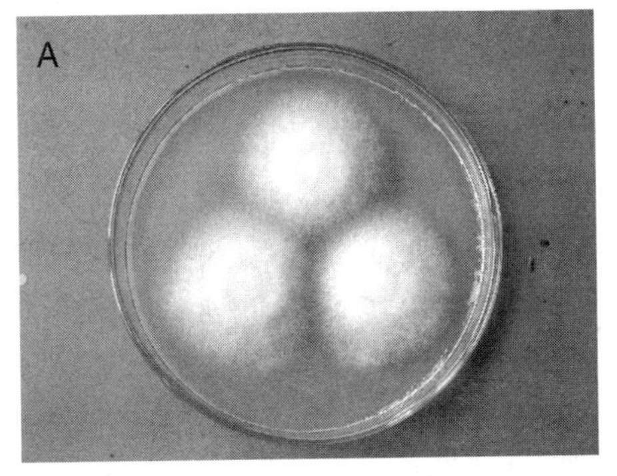

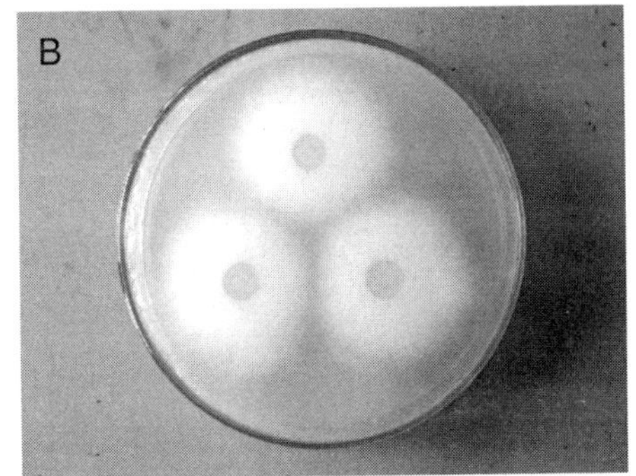

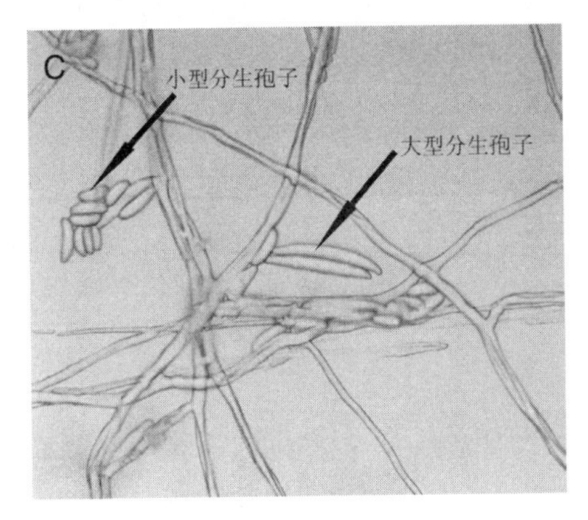

图 2.6　TSL01 菌株培养性状与形态特征

A: 菌落正面观　B: 菌落背面观　C: 菌株显微结构

Fig.2.6　Cultural and morphological characteristics of the strain TSL01

A: The front view of colony　B: The back view of colony　C: Micro-structure of the strain

4. 菌株 TSL02 观察和鉴定结果

培养性状：菌株在 PDA 培养基上 25℃培养 4d，菌落直径 18~20mm，菌落小，白色，不透明，呈圆形或扁圆形，菌落隆起，成帽状，表面菌丝致密；菌落边缘整齐（图 2.7A）。菌落背面初期为白色（图 2.7B），后期发黄。

形态特征：分生孢子梗产自气生菌丝，光滑透明有分隔；分生孢子梗常为轮生状小梗，具有几乎圆柱状基部和 1~3 个圆锥状顶部，多呈“Y”字形状。分生孢子从圆柱形至梭形，单孢，光滑，大小为（2.0~2.9）μm ×（1.5~2.2）μm；分生孢子常连接成近于直立的长链，其很少缠结（图

2.7C)。分生孢子萌发前膨胀，并伸长，产生1芽管。

经鉴定，菌株TSL02为拟青霉属(*Paecilomyces*)粉质拟青霉(*Paecilomyces farinosus*)。

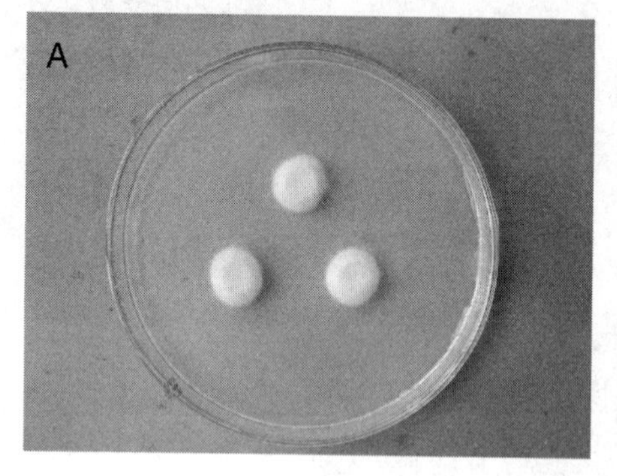

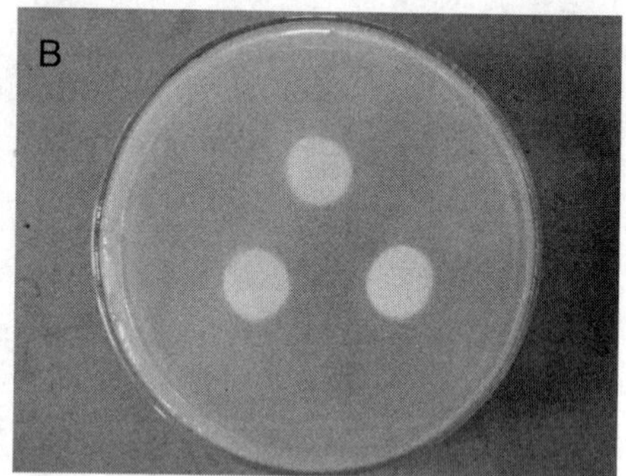

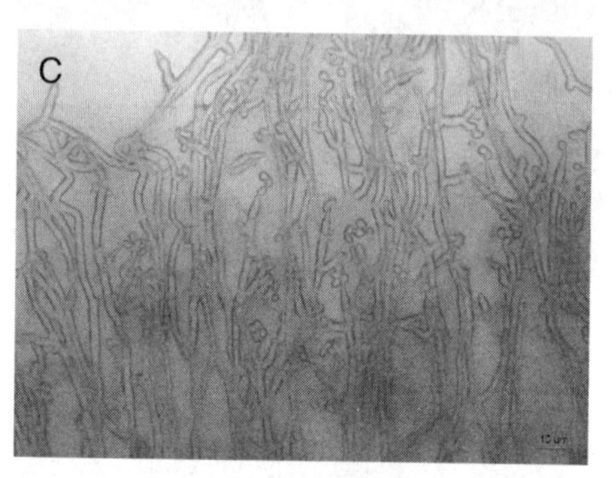

图2.7 菌株TSL02培养性状与形态特征

A: 菌落正面观　B: 菌落背面观　C: 菌株显微结构

Fig.2.7 Cultural and morphological characteristics of the strain TSL02

A: The front view of colony　B: The back view of colony　C: Micro-structure of the strain

5. 菌株TSL03观察和鉴定结果

培养性状：菌株在PDA培养基上25℃培养5d，菌落直径42~47mm，菌落较大，不透明，呈圆形或扁圆形，中央为脐状凸起状，菌落边缘为丝状，较稀疏，呈辐射状生长，边缘较扁平(图2.8A)。菌落背面淡紫色，边缘白色(图2.8B)。气生菌丝白色，生长后期偶有些菌丝为淡紫色，菌丝呈丝绒状、羊毛状至毡状。

形态特征（图 2.8C、图 2.8D）：分生孢子既有大型分生孢子，又有小型分生孢子，小型孢子量多，大型孢子量很少。小型分生孢子椭圆形，肾形，卵圆形，单生，串生或假头生，0~1 个分隔，孢子中央凹陷，呈血细胞状，大小为（4.8~17.6）μm×（2.4~4）μm；大型分生孢子纺锤形，或稍弯呈镰刀形，也凹陷，3~5 分隔，一般 3 个分隔，大小为（30~36）μm×（3.6~4.4）μm；菌丝有隔，每个隔之间一个孢子梗，孢子梗轮生。

经鉴定，菌株 TSL03 为镰孢属（*Fusarium*）尖孢镰孢（*Fusarium oxysporum*）。

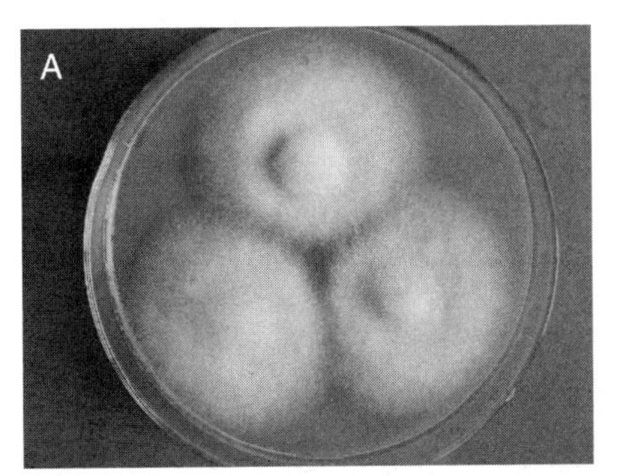

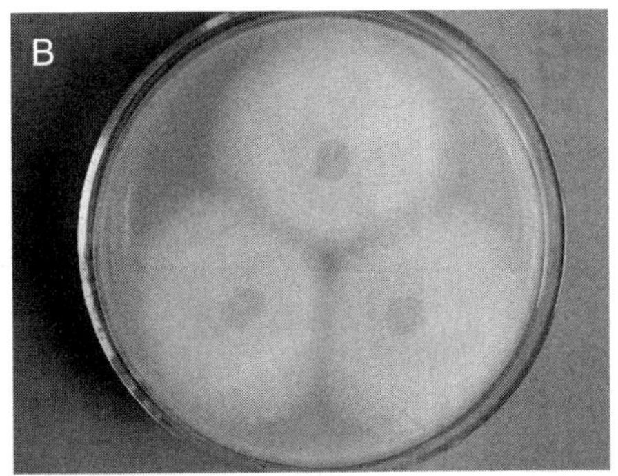

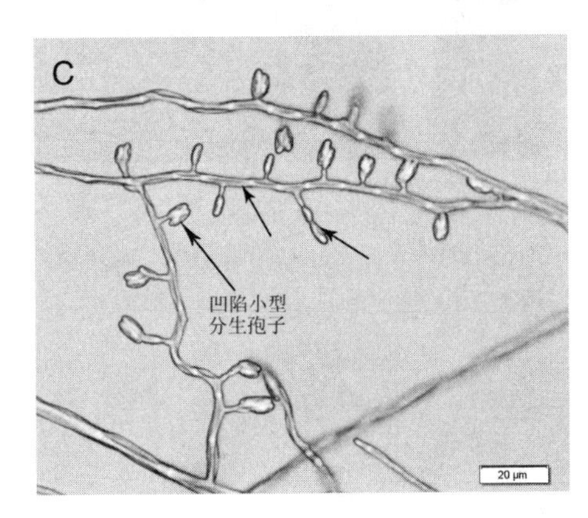

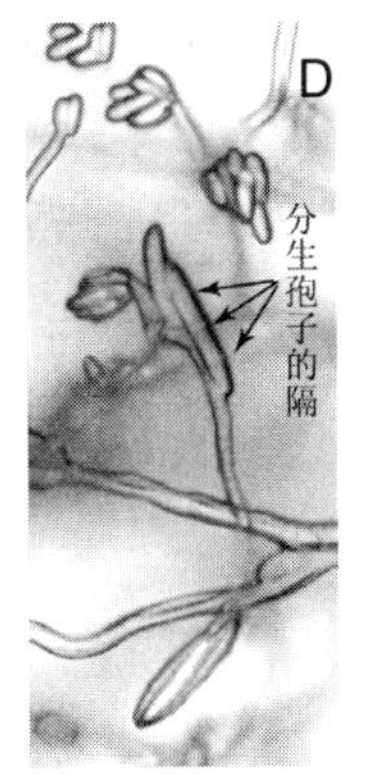

图 2.8　菌株 TSL03 培养性状与形态特征

A: 菌落正面观　B: 菌落背面观　C: 菌株显微结构显示小型分生孢子
D: 菌株显微结构显示大型分生孢子

Fig.2.8　Cultural and morphological characteristics of the strain TSL03

A: The front view of colony　B: The back view of colony　C: Micro-structure of the strain showing the small conidia　D: Micro-structure of the strain showing the big conidia

6. 菌株 TSL04 观察和鉴定结果

培养形状：菌株在 PDA 培养基上 25℃培养 4d，菌落直径 43~49mm，菌落较大，不透明，呈扁圆形，中央为脐状凸起状，菌落边缘为丝状，较稀疏，呈辐射状生长，边缘扁平，菌落呈现淡粉色（图 2.9A）。菌落背面紫色，边缘粉色（图 2.9B）。气生菌丝白色，生长后期菌丝发粉色，有些菌丝为淡紫色，菌丝呈丝绒状、羊毛状至毡状。

形态特征（图 2.9C）：分生孢子既有大型分生孢子，又有小型分生孢子，小型孢子量多，大型孢子量很少。大型分生孢子纺锤形，或稍弯呈镰刀形，3~5 分隔，一般 3 个分隔，大小为（30~36）μm ×（3.6~4.4）μm；小型分生孢子椭圆形，肾形，卵圆形，单生，假头生，0~1 个分隔，大小

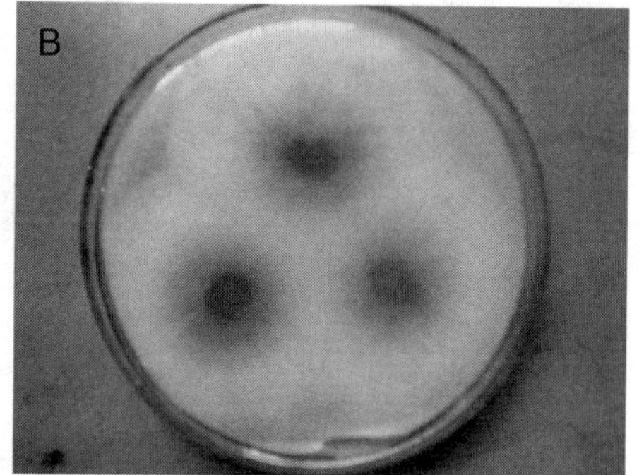

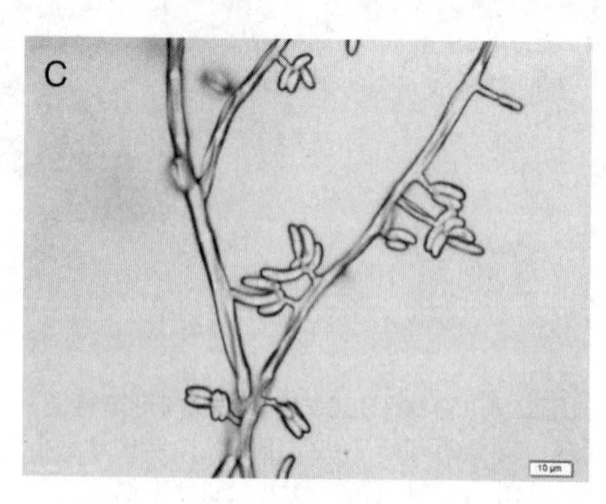

图 2.9　TSL04 菌株培养性状与形态特征

A: 菌落正面观　B: 菌落背面观　C: 菌株显微结构

Fig.2.9　Cultural and morphological characteristics of the strain TSL04

A: The front view of colony　B: The back view of colony　C: Micro-structure of the strain

为(4.8~17.6)μm×（2.4~4）μm；产孢细胞单瓶梗；菌丝有隔，孢子梗轮生。

经鉴定，菌株TSL04为镰孢属（*Fusarium*）尖孢镰孢（*Fusarium oxysporum*）。

7. 菌株TST05观察和鉴定结果

感染症状：经TST05菌株感染的桃小食心虫幼虫，在25℃、相对湿度70%的条件下培养。36 h后开始有幼虫死亡。有些幼虫体表出现黑斑，行动迟缓，对触碰不敏感等感染症状。如图1所示，刚死亡的幼虫成僵硬状，虫体颜色变深，体色由原来的浅红变为黑红色，体表光滑，还没有菌丝出现。24 h后，从虫尸体内长出白色绒毛状菌丝，尤以体节等薄弱处明显（图2.10A）。48 h后，蔓延的白色菌丝包裹住整个虫尸，3~4 d后产生浓密的黄色粉状孢子（图2.10B）。

培养形状：TST05菌株接种在PDA培养基上生长菌落较小，25℃培养14 d后菌落直径也仅为45~50 mm。但菌落很致密，菌落圆形或扁圆形，较扁平，有同心环纹，菌丝很短。菌落初为白色毛绒状（图2.11A），随着大量分生孢子产生，则变为淡黄色粉状，表面密布孢子；菌落背面起初白色，

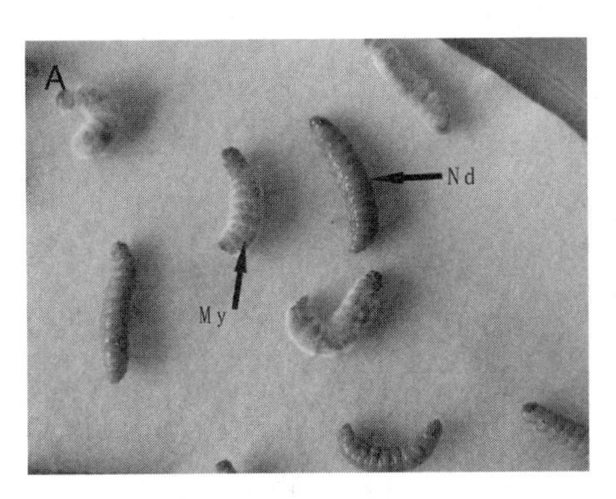

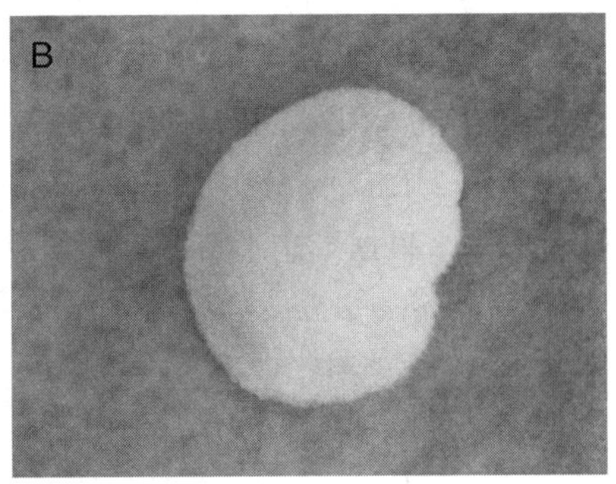

图2.10　染菌后死亡的桃小食心虫幼虫

A：刚死亡的幼虫（Nd）和死亡24 h后长出白色菌丝的虫尸，My：菌丝

B：72 h后完全覆盖虫尸的菌丝已产生黄色孢子

Fig. 2.10　The dead larvae of *C. sasakii* infected with *B. bassiana* TST05

A: The newly dead larvae (Nd) and the larvae had died for 24 h, the white mycelia emerged on the cadaver surface　B: At 72 h after death, the thicker mycelia covered on the cadaver produced many yellow conidia

中央逐渐变为黄色（图 2.11B），长时间后变为橘红色。

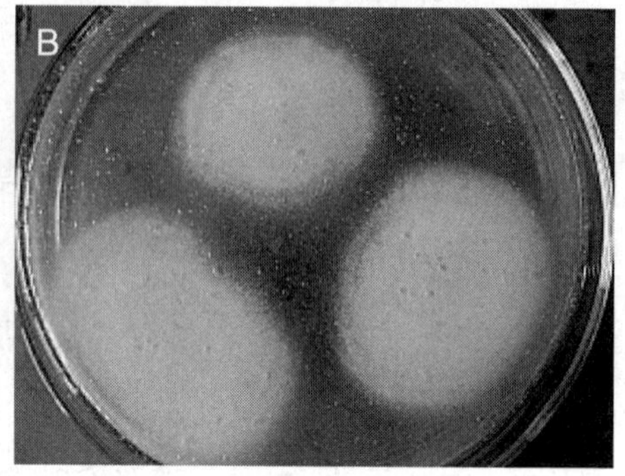

图 2.11　TST05 菌株的培养性状

A: 菌落正面观　B: 菌落背面观

Fig. 2.11　Cultural characteristics of the strain TST05

A: The front view of colony　B: The back view of colony

形态特征：菌丝无色，透明，薄壁，光滑，有分支，菌丝直径 1.8~3.0 μm；分生孢子梗多着生在营养菌丝上，轮生，呈筒形；产孢细胞多浓密簇生，但也有轮生或单生的，直接着生在菌丝上或稍有分化的分生孢子梗上，在顶生的分生孢子下方不远处再分枝产孢，反复向顶部合轴式产孢。能观察到白僵菌属的典型特征，即产孢轴末端“之”字形弯曲且孢子着生在小齿突上（图 2.12A、图 2.12B、图 2.12C）。还可观察到球状密集的孢子头（图 2.12D）。分生孢子卵圆形或近球形，单孢，直径 2.1~4.0 μm，透明，光滑。根据形态学特征，初步确定该菌株为白僵菌属 *Beauveria* 的球孢白僵菌 *Beauveria bassiana*。为了进一步确认，应用 rDNA ITS 序列分析方法对其进行分子鉴定。

经检测，提取的基因组 DNA 质量较好，PCR 扩增产物为长度在 600~700bp 的单一 DNA 片段，符合预期大小。对 PCR 产物进行序列测定，经双向比对后得到一条 596bp 的 rDNA ITS 序列，在 GenBank 上进行了登录（Accession No. JQ291609）。经 Blast 比对，TST05 菌株与 GenBank 中 *Beauveria bassiana*（Accession No. JN713138，HQ444271）和 *Cordyceps bassiana*（Accession No. AJ564808）同源性为 99%，在进化树的同一个分枝上，支持率为 100%(图 2.13)。序列比对结果与形态学鉴定结果相符。因此，鉴定 TST05

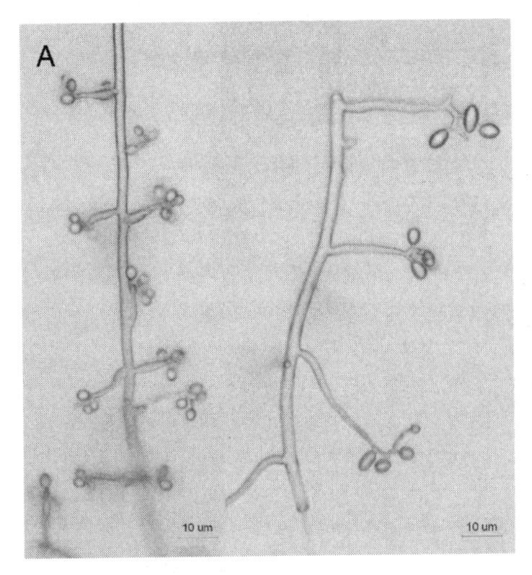

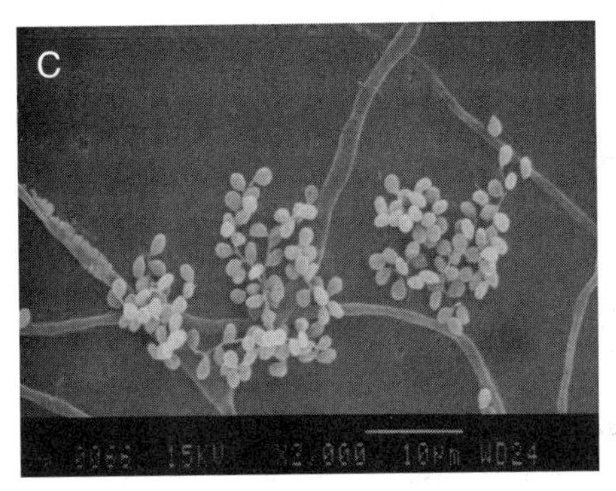

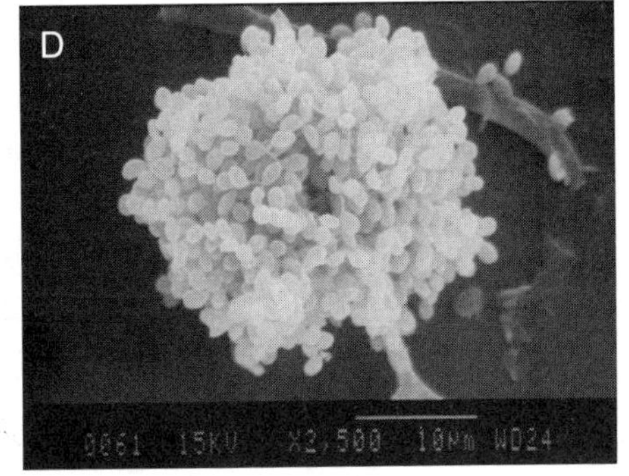

图 2.12　TST05 菌株的形态特征

A: 光学显微照片　B~D: 扫描电镜照片

Fig.2.12　Morphological characteristics of the strain TST05

A: light micrographs　B~D: scanning electron micrographs

菌株为球孢白僵菌 *B. bassiana*。

在国内外，真菌菌株的分类也逐渐发展的更加科学，开始单纯的从菌株形态特征鉴定转变为增加 DNA 鉴定，来确定真菌菌株的种属地位（Crouch et al，2009；Yang et al，2009）。

核糖体基因（rDNA）的序列分析已经被广泛应用于生物各个分类等级的系统学研究中。由于 rDNA 中的内转录间隔（ITS）序列既具一定的保守性，又在科、属、种水平上具有特异性，所以在种、属内乃至科内系统的进化关系研究中有重要的应用价值，尤其是 5.8S rDNA 和其两侧的内转录间隔

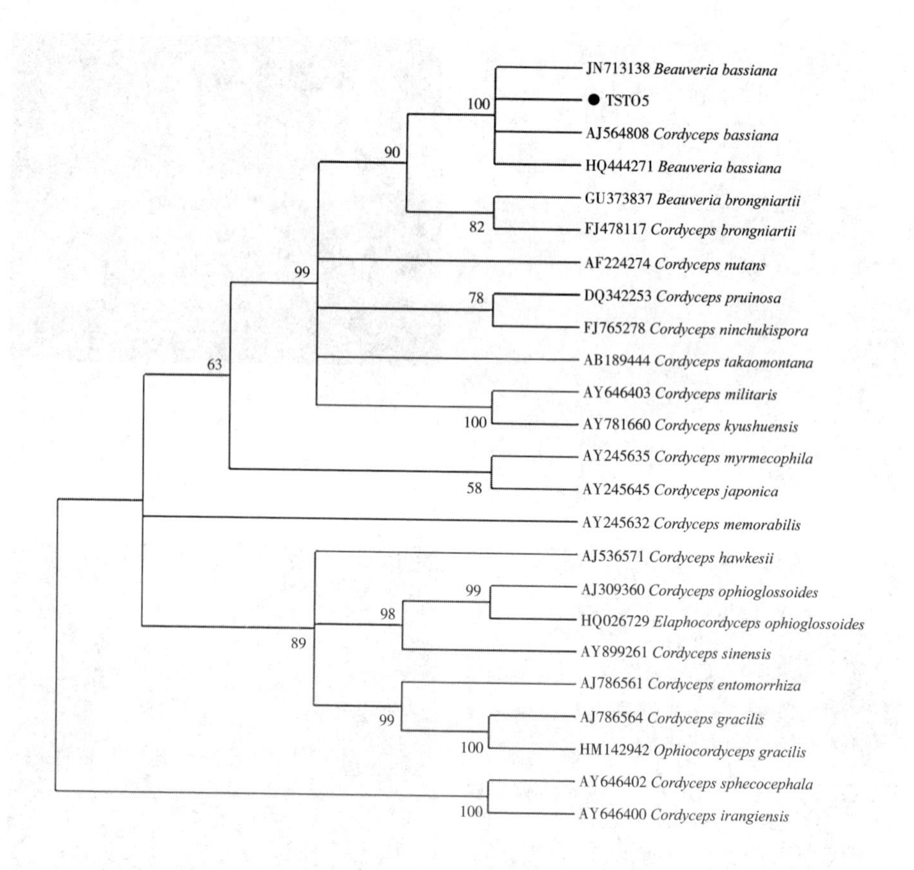

图 2.13 TST05 菌株 rDNA ITS 基因序列 NJ 系统发育树

Fig. 2.13 Neighbor-joining phylogenetic tree constructed from rDNA ITS sequence of strain TST05

区 ITS1、ITS2 的序列分析在种级水平的分类鉴定中作用显著。本研究选用（ITS5/ITS4）这对通用引物，扩增的片断为 ITS1-5.8S rDNA - ITS2，测序后通过 NCBI 的 Blast 系统进行比对，TST05 菌株与 GenBank 中多个 *Beauveria bassiana* 和 *Cordyceps bassiana* 同源性达到了 99%。经系统发育分析，分子学的鉴定结果支持形态学鉴定结果。

据报道，因发现了球孢白僵菌的有性型（李增智等，2001；Kirk et al.，2008），现已将其归属到子囊菌门 Ascomycota，粪壳菌纲 Sordariomycetes，肉座菌亚纲 Hypocreomycetidae，肉座菌目 Hypocreales，虫草菌科 Cordycipitaceae，虫草菌属 *Cordyceps*，为球孢虫草 *Cordyceps bassiana*。本次系统发育分析中，*B. bassiana* 和 *C. bassiana* 同源性很高，也证实了以上观点。

8. 菌株 TST06 观察和鉴定结果

培养性状：在人工气候箱中，（25 ± 1）℃、（50 ± 10）% 相对湿度下培养 7d，菌落接近圆形而且不透明，平均生长直径是 34mm。菌落初期为白色绒毛状的菌丝，菌落边缘较圆滑（图 2.14A）；第 4 天菌丝开始产分生孢子（图 2.14B），菌落绒毛状，中间凸起，边缘平展整齐，表面干燥，中央孢子圈不断扩大；第 7 天颜色逐渐变为墨绿色，（图 2.14C）；菌落背面为棕黄色，不透明（图 2.14D）。

形态特征：光学显微镜下，观察到菌株的分生孢子梗，分生孢子梗上

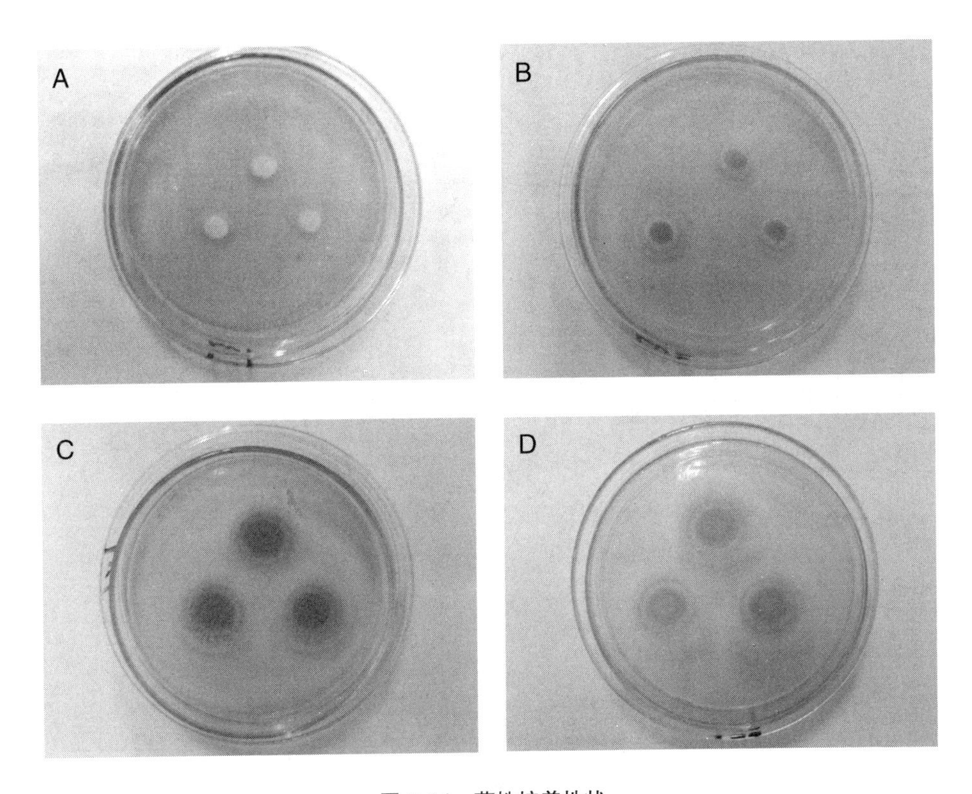

图 2.14　菌株培养性状

A: 第 3 天菌落正面观　B: 第 4 天菌落正面观

C: 第 7 天菌落正面观　D: 第 7 天菌落背面观

Fig. 2.14　Cultural characters of the strain

A: The front view of colony on the 3rd day　B: The front view of colony on the 4th day

C: The front view of colony on the 7th day　D: The back view of colony on the 7th day

长有小梗，小梗呈柱形或瓶形，小梗顶部有长椭圆形的分生孢子，菌丝为无色透明，菌丝直径在 1.7~2.1 μm（图 2.15A）。在分生孢子梗末端有小梗，小梗常对生或者轮生（图 2.15B）。在扫描电镜下看到更大倍数的超微结构，分生孢子梗直径在 2.2~2.8 μm，分生孢子梗上有隔（图 2.15C）。分生孢子呈长椭圆形，两端圆滑，孢子表面光滑，孢子的大小在（5.2~7.7）×（2.7~3.1）μm（图 2.15B、图 2.15D）。

通过以上几种形态的观察，初步鉴定该菌株为绿僵菌属（*Metarhizium Sorokin*）的金龟子绿僵菌［*Metarhizium anisopliae*（Metsch.）Sorokin］。

CTAB 法提取 TSL06 菌株的 ITS 序列 DNA，将 ITS 序列 DNA PCR 扩增，

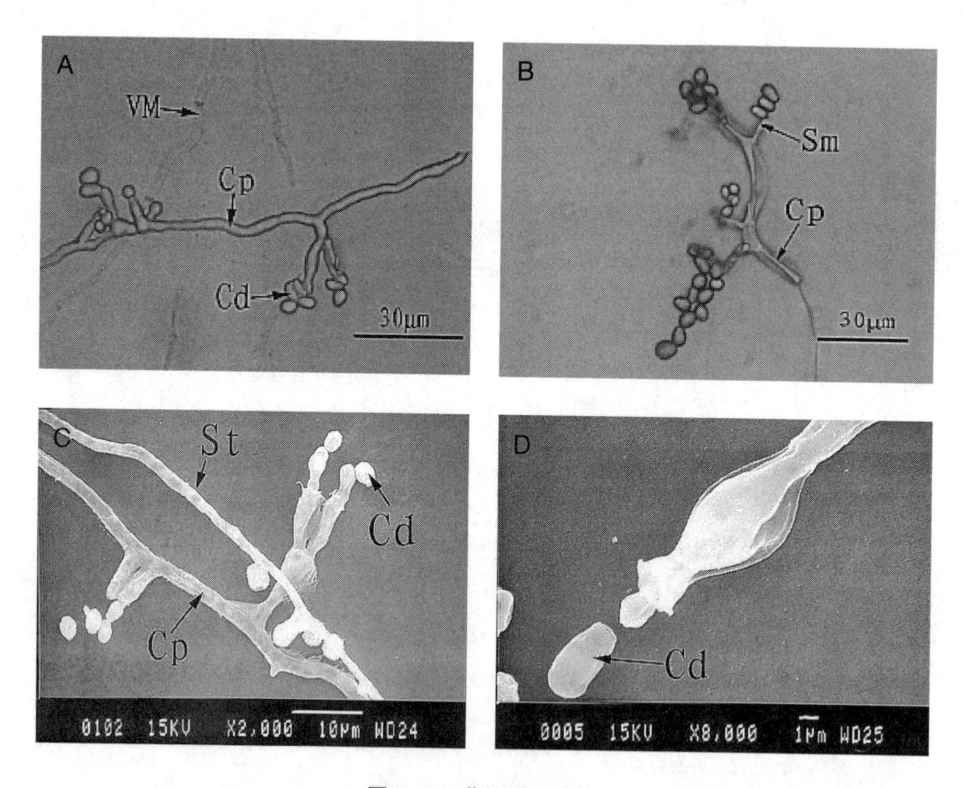

图 2.15　菌株形态特征

A~B: 光学显微形态结构　C~D: 扫描电镜超微结构（Cp 为分生孢子梗，Cd 为分生孢子，VM 为营养菌丝，Sm 为小梗，St 为隔）

Fig. 2.15　Morphological characteristics of the strain

A~B: Optical microscopic morphology　C~D: Scanning electron ultrastructure（Cp = conidiophores，Cd = conidium，VM = vegetative mycelium，Sm = sterigma，St = septa）

用琼脂糖凝胶电泳检测 ITS 序列 DNA 扩增产物的纯度和含量（图 2.16），用 ITS4 和 ITS5 引物测序，测序结果在 NCBI 中与已知真菌 DNA 序列进行比对，见图 2.17。比对结果表明，该绿色菌株与绿僵菌属的金龟子绿僵菌相似度为 100%。

通过形态鉴定与分子鉴定，得出该菌株为绿僵菌属的金龟子绿僵菌。

Driver 等（2000）对绿僵菌属进行了详细和完整的分类研究。首先提取 121 株绿僵菌菌株的 ITS 序列 DNA，并对该序列进行分析，将绿僵菌属更细

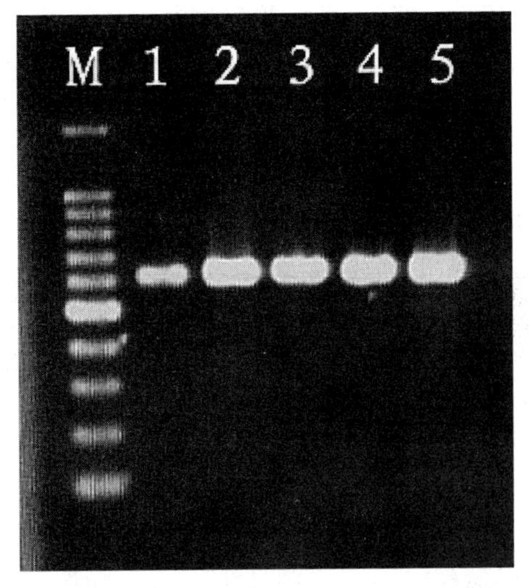

图 2.16　菌株特异引物扩增产物电泳图谱

注：M 是 DNA mark，1~5：5 个重复

Fig. 2.16　Agarose gel of PCR products of the strain

Note: M: DNA mark, 1~5: the five replications

TCCTCCGCTTATTGATATGCTTAAGTTCAGCTTGTTTCTTTCATCTTGCATTTCAGGTACCCTGGAAAAGATTGATTTAGCG
TTCGGCAAGCGCCGGCCGGGCCTACAGAGCGGGTGACAAAGCCCCATACGCTCGAGGATCGGACGCGGTGCCGCCGCT
GCCTTTGGGGCCCGTCCCCCCCGGAGAGGGGACGACGACCCAACACACAAGCCGTGCTTGATGGGCAGCAATGACGCTC
GGACAGGCATGCCCCCCGGAATACCAGGGGGCGCAATGTGCGTTCAAAGACTCGATGATTCACGGAATTCTGCAATTCAC
ACTAGTTATCGCATTTCGCTGCGTTCTTCATCGATGCCGGAACCAAGAGATCCATTGTTGAAAGTTTTAACTGATTGCGATAC
AATCAACTCAGACTTCACTAGATCAGACAGAGTTCGTGGTGTCTCCGGCGGGCGCGGGCCCGGGGCTGAGAGCCCCCGG
CGGCCATGAATGGCGGGCCCGCCGAAGCAACTAAGGTACAGTAAACACGGGTGGGAGGTTGGGCTCGCTAGGAACCCTA
CACTCGGTAATGATCCTTCCGCAGGTTCACCTACGGAAACCTTGTTACGACTTTTACTTC

图 2.17　菌株的 ITS 序列

Fig. 2.17　ITS sequences of the strain

致科学地总结出不同的3个种，而金龟子绿僵菌属下，又分出不同的3个变种。从目前的研究进展看，单独从菌株的形态特征或者DNA鉴定方法来鉴定菌株，方法虽然科学，但是都不完整，说服力不强。因而将形态和分子鉴定结合起来，来鉴定绿僵菌的种属地位，可以更好地解决绿僵菌鉴定的难题。利用形态特征结合DNA序列分析来鉴定未知菌株，特别是还未被发现的菌株，是目前和今后研究真菌系统分类领域，最重要发展方向。以往的真菌分类鉴定，通过菌株形态特征、培养性状和生物学特性指标作为基础，但是绿僵菌的培养性状和生物学特性指标，都随着环境的改变而改变。所以本研究在进行菌株鉴定时，首先在鉴定形态特征方面，培养性状、光学显微结构和扫描电镜超微结构的形态特征相结合分析，初步确定了菌株的种属地位；其次在分子鉴定方面，提取了菌株的18S核糖体DNA-ITS基因序列，PCR扩增并比对分析，来确定菌株的地位。用两种鉴定手段互相佐证，鉴定了菌株的种属地位。

四、讨论

从自然染病的桃小食心虫虫尸上分离纯化出6株虫生真菌，经光学显微镜、扫描电镜观察以及分子鉴定，鉴定结果显示菌株TSL01、TSL03和TSL04属于镰孢属尖孢镰孢菌，菌株TSL02属于拟青霉属粉质拟青霉，菌株TST05为白僵菌属球孢白僵菌；菌株TSL06为绿僵菌属的金龟子绿僵菌。回接试验证明它们对桃小食心虫具有寄生致死作用，是桃小食心虫病原菌。

国内外报道中，有关虫生真菌防治害虫的研究很多，其中白僵菌、绿僵菌等病原真菌的参考最多，应用范围最广，感染效果也很好。

白僵菌是虫生真菌最重要的菌属之一，是国内外研究和应用最为广泛的虫生真菌类群，对其研究最深入。白僵菌寄主可达5个目149个科521个属707个种，还可寄生13种螨类（Feng et al.，1994）。白僵菌主要用于防止玉米螟和松毛虫，对桃小食心虫自然感染率也很高。陶训等（1988）调查发现白僵菌在山东省内果园土里对桃小食心虫的自然感染率为4.8%~13.2%，在室内测定57株白僵菌对桃小食心虫幼虫的毒力，其中有6株对桃小食心虫的致死率为71%~86%。

绿僵菌制剂是一种源自自然，无污染的生物试剂，在生物防治的发展期间，全世界都在研究绿僵菌对农业害虫的防治效果，在室内进行了大量的防治实验，在野外也对多种昆虫进行了防治实验，绿僵菌逐渐发展成为仅次于白僵菌的真菌杀虫剂。在欧洲，英国真菌研发中心开发的杀蝗绿僵菌生物制剂，蝗虫的防治效果在九成以上；在北美洲，生产的绿僵菌产品防治蟑螂、白蚁等具有很好的效果，且已经大范围的使用；在南美洲，生产的绿僵菌产品也已经广泛用于防治甘蔗沫蝉等。在我国国内，由重庆真菌农药研制工程中心开发的生物制剂"蝗敌 1 号"，已经大范围的使用于我国北方蝗虫发生地区（李宝玉等，2004）；童树森等（1991）用 2 亿孢子 /mL 的绿僵固体制剂在林间喷粉，防治青杨天牛，连续 2 年的杀虫效果都在 70%以上；在南方，绿僵菌已经用于防治椰心叶甲（吴青等，2006）等。朱艳婷等（2011）从不同的寄主上获得 14 株白僵菌菌株，将这 14 株白僵菌制备成孢子悬液去侵染桃小食心虫幼虫，通过比较，有 3 株菌株的致死率很高，可以用来防治桃小食心虫。

虫生镰刀菌属于一类重要昆虫病原真菌，对它们的研究始于 1897 年 Webber 对寄生在介壳虫上镰刀菌的描述。在南美、北美和南亚国家记录的有 *Fusarium coccophilum*、*F. merismoides*、*F. larvarum*、*F. episphaeria*、*F. stilboides* 等（Shah et al.，2003）。研究报道嗜蚧镰刀菌（*F. coccophilum*）等 10 种镰刀菌可寄生蚧虫，并对控制蚧虫种群数量具有重要作用（王拱辰等，1990；叶琪铭，1989）。美国佛罗里达州在利用 *F. coccophilum* 防治桃树和柑橘上的蚧虫也取得了显著效果。Suman Sundar 等（2008）从雌性 *Culex quinquefasciatus* 分离出 *Fusarium. pallidoroseum*，并发现这株镰刀菌对该寄主蚊子在 7d 的致死率达 100%，具有很好的杀虫效果。串珠镰刀菌（*F. moniliforme*）和燕麦镰刀菌（*F. avenaceum*）可寄生鳞翅目、同翅目、双翅目中的许多害虫，对幼虫的寄生死亡率在 50%~100%（林清洪等，1996）。

拟青霉在自然界中分布广泛，也是国内外主要研究和利用的虫生真菌类群。迄今为止，我国有记载的拟青霉属虫生真菌共有 16 个种或变种（唐美君，2001），研究报道最多的是淡紫拟青霉（*Paecilomyces lilacinus*）、粉质拟青霉（*P. farinosus*）和玫烟色拟青霉（*P. fumosoroseus*）。国内外利用淡紫拟青霉主要用与防治线虫，有近 70 个国家用它来防治根结线虫（*Meloidogyne* spp.）、胞囊线虫（*Hetero dera* sp.）等植物寄生线虫，并取得了较好的效果（赵培静等，2007）。我国武觐文（1988）利用粉质拟青霉菌剂防治越冬油松毛虫，死亡率约为 70 %。玫烟色拟青霉报道防治蚜虫、烟粉虱、朱砂叶螨和菜青虫等害虫（Riba，1978；张仙红等，2006；方祺霞等，1986；Wraight et al，1998），也有报道利用拟青霉防治小菜娥（王宏民等，2009；Altre et al，1998）。以上报道可以看出，国内外利用镰刀菌属、拟青霉属和白僵菌属防治害虫均有很好的效果。根据现有记载，鲜见有从桃小食心虫上分离出镰孢属病原菌和拟青霉的报道。在我国北方桃小食心虫发生地区，从自然染菌的桃小食心虫越冬虫茧中分离病原绿僵菌还未见报道。因此，本研究分离的 4 个菌株尖孢镰孢菌 TSL01、TSL03、TSL04 和粉质拟青霉 TSL02 对于开展桃小食心虫生物防治提供了新的菌种资源；另外，本研究分离的球孢白僵菌 TST05、金龟子绿僵菌 TSL06 同样为开展桃小食心虫生物防治提供了新的菌株资源。

对球孢白僵菌 TST05、粉质拟青霉 TSL02 和尖孢镰孢菌 TSL03、TSL04、TSL015 个菌株进行了致病力研究。对靶标害虫的致死率和致死速度是衡量菌株致病力的最重要指标，在温度 25℃，相对湿度 70% 条件下，用孢子浓度 1×10^8/mL 对桃小食心虫幼虫染菌后，球孢白僵菌 BbTST05 对幼虫的致死率最高达到（89.27 ± 1.71）%，比其他菌株高了 0.5~2 倍，LT_{50} 仅为 5.45d；粉质拟青霉 TSL02 对桃小食心虫幼虫致死率为（72.22 ± 6.84）%，LT_{50} 为 7.09d，这两项指标也都明显高于尖孢镰孢菌的 3 个菌株。

第三章 桃小食心虫 5 株病原真菌的致病力研究

采用上一章所描述的从自然染病的桃小食心虫上分离的 5 株病原真菌，镰孢菌属尖孢镰孢菌（*Fusarium oxysporum*）菌株 TSL01、TSL03 和 TSL04，拟青霉属粉质拟青霉（*Paecilomyces farinosus*）菌株 TSL02，白僵菌属球孢白僵菌（*Beauveria bassiana*）菌株 TST05，研究①它们在不同温、湿度条件下的产孢量、孢子萌发率和抗紫外线能力；②以桃小食心虫虫尸体作为菌株培养的唯一有机营养诱导源情况下，菌株分泌的胞外酶（类枯草杆菌蛋白酶、几丁质酶和脂肪酶）的活性变化；③菌株感染对桃小食心虫幼虫的致死率，为筛选桃小食心虫生物防治应用的优良菌种提供科学依据。

一、温湿度和紫外线照射对 5 菌株产孢量和孢子萌发率的影响

1. 产孢量比较

五株菌株分别在 PDA 培养基上培养 10d，用直径为 8mm 的打孔器在菌落中央到边缘的中点处，等三角取出 3 块一定面积的菌落，然后移入到 10mL 含有 0.5% 吐温 -80 溶液的三角瓶中，充分振荡使孢子均匀分散在溶液中，用血球计数板测定孢子浓度并换算成单位面积的产孢量。

通过在温度分别为 15℃、25℃、35℃和 RH 分别为 30%、50%、70% 条件下对 5 个菌株培养，比较它们的产孢量，结果（表 3.1）显示，5 个菌株的产孢量基本上都是随着温度和湿度升高而增加，温度 25℃、湿度 70% 条件下，是最适合菌株生长的，孢子产量最大。但是 35℃已经不适合菌株

的生长，孢子产量反而很低；球孢白僵菌TST05和粉质拟青霉TSL02两菌株在15℃、25℃和3个RH条件下的产孢量比尖孢镰孢菌3菌株的高6~11倍。其中PfTSL02菌株产孢量最大值为（8.236 ± 0.811）× 10^8 个/cm^2，与其他菌株差异性显著。菌株BbTST05的最大产孢量为（6.996 ± 0.522）× 10^8 个/cm^2，也与尖孢镰孢菌3菌株的差异性极显著；在15℃、RH30%的低温低湿条件下，TST05和TSL02的产孢量仍很高，其中TST05为最高，达到（1.934 ± 0.518）× 10^8 个/cm^2，TSL02的次之，为（1.631 ± 0.656）× 10^8 个/cm^2。说明这两个菌株在寒冷干旱情况下也能有很好的产孢量，特别是TST05表现更好。

2. 孢子萌发率比较

孢子萌发营养液制备：蔗糖0.5g，蛋白胨0.5g，磷酸氢二钾0.1g，蒸馏水100mL。取孢子悬浮液（孢子浓度5 × 10^7 个/mL）1mL，加入到10mL的营养液中，摇匀后用微量移液枪吸取15mL滴加到含有薄层固体PDA的载玻片上，将玻片放入到垫有滤纸的培养皿里的U形管上，培养皿里加入3~4mL的氢氧化钾饱和溶液，置于不同湿度、温度的人工气候箱里培养，24h后镜检，统计萌发孢子数和孢子总数，计算萌发率，每菌株3次重复。

结果（表3.2）显示，在15℃和25℃条件下，各菌株的孢子萌发率都随着湿度增加而增加，25℃和RH70%是孢子萌发的最佳条件，5个菌株的孢子萌发率都达到了88%以上，其中球孢白僵菌TST05的萌发率最高，达到（96.02 ± 1.59）%，粉质拟青霉TSL02为（93.41 ± 0.52）%，尖孢镰孢菌3菌株也达到了88%~92%。在15℃和30%RH条件下，5个菌株的孢子萌发率都高于30%，这表明5个菌株在北方低温低湿环境下均能很好的萌发。综合比较各菌株萌发率，菌株TST05、TSL02萌发率最高，TSL01、TSL03萌发率处于中等水平，TSL04萌发率最低。

3. 抗紫外线能力比较

在PDA培养基上接种直径为8mm的菌块，培养48h后测定菌落直径，后置于接种箱中，紫外照射10min后，再移入正常光照培养箱中培养24 h，测量菌落直径，统计处理前后直径，重复3次，用未经紫外灯处理的作为对照。

结果（图 3.1）显示，球孢白僵菌 TST05 的菌落直径在处理组和对照组之间没有差异，均为 20cm；粉质拟青霉 TSL02 处理与对照间也无显著差异，尖孢镰孢菌 3 菌株的生长直径都显著大于前两个菌株，但是，在它们的处理组和对照组之间出现显著差异，说明紫外线照射对尖孢镰孢菌有一定的影响。比较而言，菌株 TST05 抗紫外线能力最强，其次是 TSL02。

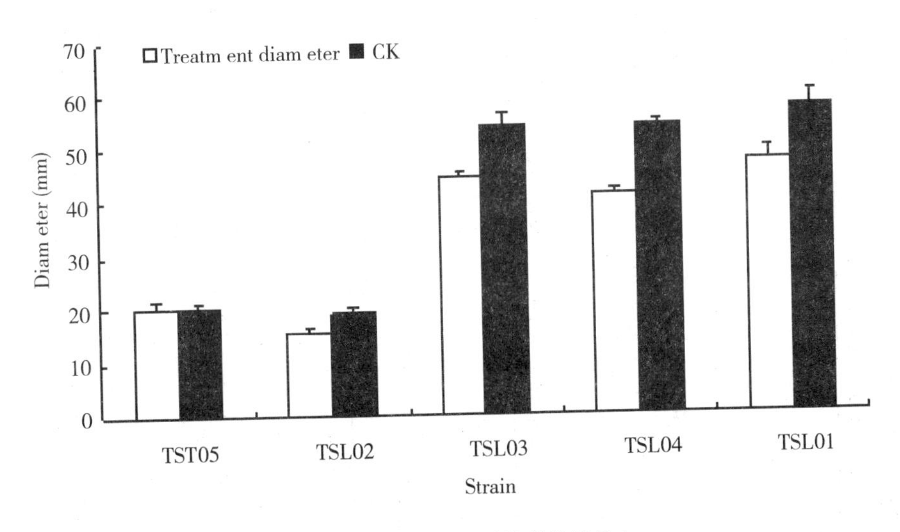

图 3.1　5 株病原真菌的抗紫外线能力

Fig. 3.1　The anti-ultraviolet capacity of the five strains of the entomopathogenic fungi

二、桃小食心虫 5 株病原真菌的致病力研究

1. 不同菌株感染桃小食心虫的症状和致死率

（1）实验方法。

将制备的 5 株（TST01－TST05）病原真菌孢子悬浮液（孢子浓度 1×10^{8} 个 /mL），用移液枪将孢子悬液喷洒到桃小食心虫幼虫体表，每头幼虫喷洒 25 μL，将接菌后的幼虫放在玻璃养虫缸内，置于 25℃、湿度 70% 条件的人工气候箱内培养（图 3.2）。后逐天观察染菌后的幼虫的行为、死亡后的症状，将死亡的虫尸体保湿培养后，统计罹病死亡数，每个菌株重复 3 次，用含 0.5% 吐温 -80 的无菌蒸馏水处理做对照，计算校正死亡率。

表 3.1　5 株病原真菌不同温、湿度下的产孢量（$\times 10^8$ 孢子 /cm^2）

Table 3.1　The sporulation of the five strains of the entomopathogenic fungi under different temperature and humidity

菌种 Strain	产孢量 Conidia yeild /10^8 conidia /cm^2							差异显著性 Significant difference($P < 0.05$)
	15℃			25℃			35℃	
	30%RH	50%RH	70%RH	30%RH	50%RH	70%RH	70%RH	
TST05	1.934 ± 0.518 a	2.401 ± 0.254 a	2.868 ± 0.361 b	3.498 ± 0.168 a	4.483 ± 0.066 b	6.996 ± 0.522 b	0.839 ± 0.035 b	b
TSL02	1.631 ± 0.656 b	2.563 ± 0.355 a	3.531 ± 0.293 a	2.537 ± 0.635 b	5.497 ± 0.839 a	8.236 ± 0.811 a	1.409 ± 0.374 a	a
TSL03	0.288 ± 0.070 c	0.345 ± 0.025 c	0.414 ± 0.045 c	0.474 ± 0.021 c	0.729 ± 0.030 c	0.962 ± 0.061 c	0.424 ± 0.023 c	c
TSL04	0.259 ± 0.053 c	0.365 ± 0.041 c	0.441 ± 0.030 c	0.322 ± 0.055 c	0.468 ± 0.026 c	0.865 ± 0.065 c	0.335 ± 0.129 c	c
TSL01	0.229 ± 0.043 c	0.335 ± 0.025 c	0.441 ± 0.015 c	0.358 ± 0.020 c	0.789 ± 0.119 c	1.051 ± 0.015 c	0.378 ± 0.010 c	c

注：数据后字母不同表示数据间差异有显著性（$P < 0.05$）。下表同

Note：The different letter followed by the data indict significant difference（$P < 0.05$）. The same as in the following tables

表 3.2　5 株病原真菌不同温、湿度下的孢子萌发率

Table 3.2　Conidial germination rate of the five strains of the entomopathogenic fungi under the different temperature and humidity

菌种 Strain	萌发率 / Conidia germination rate /%							差异显著性 Significant difference($P < 0.05$)
	15℃			25℃			35℃	
	30%RH	50%RH	70%RH	30%RH	50%RH	70%RH	70%RH	
TST05	35.11 ± 1.83ab	55.23 ± 1.34a	76.68 ± 1.57ab	74.08 ± 2.02a	88.50 ± 3.50a	96.02 ± 1.59a	35.82 ± 4.52c	a
TSL02	33.11 ± 2.85ab	59.80 ± 3.01a	79.10 ± 2.51a	69.59 ± 2.02b	85.33 ± 2.91ab	93.41 ± 0.52ab	38.50 ± 3.44b	a
TSL03	36.01 ± 1.02a	55.65 ± 3.01a	73.13 ± 9.34ab	68.42 ± 2.57b	82.41 ± 0.67b	91.67 ± 2.39b	41.77 ± 2.57a	ab
TSL04	30.75 ± 2.79b	44.85 ± 2.76b	67.64 ± 5.95b	50.51 ± 1.76d	73.08 ± 1.46c	88.07 ± 2.35c	34.48 ± 4.26c	c
TSL01	36.82 ± 3.28a	62.03 ± 5.36a	78.98 ± 1.73ab	57.61 ± 2.69c	81.49 ± 3.41b	92.13 ± 0.32b	38.08 ± 2.45b	b

图 3.2　病原真菌感染桃小食心虫实验照片

Fig. 3.2　Photos of *Carposina sasakii* larvae infected by the entomopathogenic fungi

（2）感染症状。

对染菌后的桃小食心虫幼虫逐天进行观察，发现 5 个菌株感染幼虫的染病症状有明显差别，基本上可以按照不同菌种分为 3 种类型，第一类是球孢白僵菌 TST05，它的感染症状与其他的差别最明显，粉质拟青霉 TSL02 为第二类，尖孢镰孢菌三个菌株 TSL01, TSL03 和 TSL04 的感染症状相似，为第三类。

感染球孢白僵菌 TST05 的桃小食心虫幼虫在出现症状初期，表现行动迟缓呆滞，身体卷缩，虫体颜色逐渐变深，由开始的淡红色（图 3.3A）至死亡，虫体全身变成红紫色（图 3.3B1），死后不久虫体有的开始变僵硬，1~2d 后虫体表面长出白色絮状菌丝，菌丝逐渐布满全身（图 3.3B2），3~4d 后全身布满浓密黄色孢子粉（图 3.3B3）。从接种到感染、病变、死亡及产孢的整个过程，时间最短的为 4d，最长的 13d。

感染粉质拟青霉的桃小食心虫初期行动缓慢，后身体发褐色，死后虫体瘫软，虫体全身褐色（图 3.3C1），1~2d 后体表长出白色絮状菌丝，菌丝逐渐布满全身，并产生孢子（图 3.3C2）。

感染尖孢镰孢菌的桃小食心虫初期有明显神经障碍现象，行动缓慢，虫体表面出现黄褐色斑点，死亡后，身体瘫软，发黄（图 3.3D1），1~2d 后体表长出较长的白色绒毛状菌丝（图 3.3D2），菌丝逐渐布满全身，并产生孢子和粉色色素。

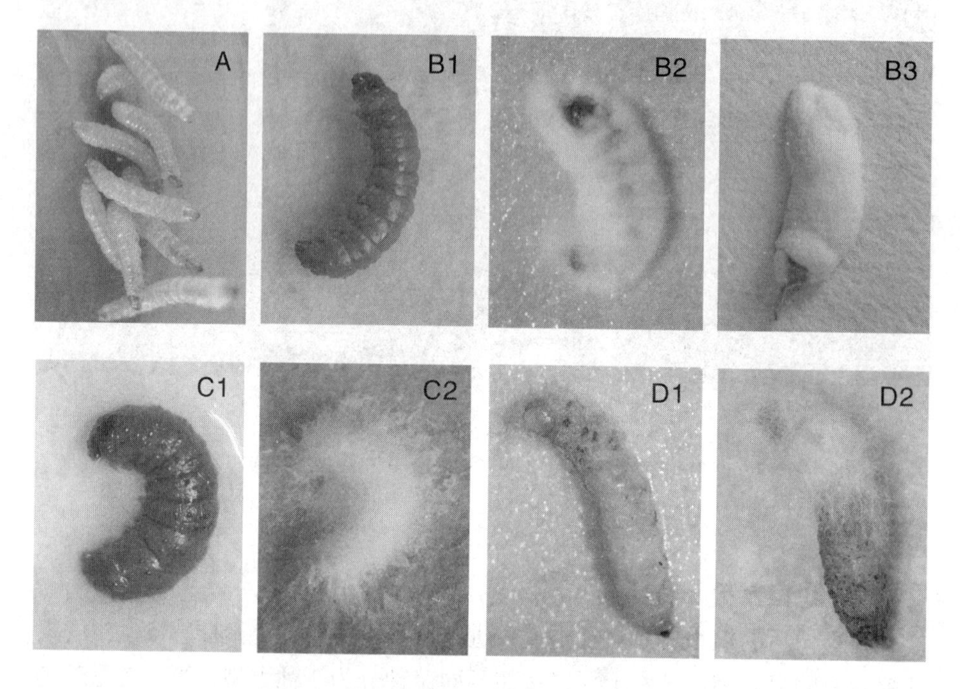

图 3.3　桃小食心虫幼虫感染病原真菌的症状

A: 健康的幼虫　B1~B3: 被球孢白僵菌 TST05 感染的症状

C1~C2: 被粉质拟青霉 TSL02 感染的症状　D1~D2: 被尖孢镰孢菌 TSL01 感染的症状

Fig. 3.3　Symptom of *Carposina sasakii* larvae infected by the entomopathogenic fungi

A: the healthy larvae　B1~B3: the disease larvae infected by the ***Beauveria bassiana*** TST05

C1~C2: the disease larvae infected by the ***Paecilomyces farinosus*** TSL02

D1~D2: the disease larvae infected by the ***Fusarium oxysporum*** TSL01

（3）致死率比较。

桃小食心虫接种 5 株不同菌株后，连续 10d 观察记录累计死亡率，结果（图 3.4）显示，这 5 株病原真菌对桃小食心虫幼虫均表现出一定的致病力，接种 1d 后都出现了死亡，但不同菌株处理之间有一定的差别。此后 10d，尖孢镰孢菌的 3 个菌株每天的死亡率都按照一定的比率缓慢而均匀上升，校正死亡率和时间之间呈线性相关关系，其关系式分别为 $Y_{01}=6.0217x+4.1881$（R^2=0.9697），$Y_{03}=5.0868x+3.146$（R^2=0.9404），$Y_{04}=3.5073x-0.864$（R^2=0.9824），它们感染食心虫的死亡率也一直以菌株 TSL01 的最高，TSL03 居中，TSL04 的偏低。粉质拟青霉 TSL02 和球孢白僵菌 TST05 对桃小食心虫的累计致死率虽然也是呈上升趋势，尽管死亡率和时间之间也为显著线性关系，二者的关系式分别是 Y_{02}=8.9775x−13.654（R^2=0.9764）和 Y_{05}=11.566x−3.016（R^2=0.9334），但是，与尖孢镰孢菌变化曲线不同的是，在前4d，这两个菌株的致死率都相对较低，5d后，球孢白僵菌TST05的致死率就急剧增高，显著高于尖孢镰孢菌和粉质拟青霉，并一直领先，成为对食心虫致死率最高的菌种。粉质拟青霉TSL02对桃小食心虫的致死率在4d后也呈现快速增长趋势，并在6d后一直高于尖孢镰孢菌的3个菌株，它是本试验中致死桃小食心虫的第二个高效菌株。

死亡率和 LT_{50} 可以反映出菌株对目标害虫的致病力。死亡率越大，致病力越强；LT_{50} 越小，致病力越强。从表3.3中可以看出，球孢白僵菌TST05在10d累计校正死亡率为（89.29 ± 1.71）%，LT_{50} 为5.45d，与其他菌株相比差异极其显著，其死亡率最高，LT_{50} 最小，对桃小食心虫的致病力最高。其次是粉质拟青霉TSL02，然后是尖孢镰孢菌的3个菌株，其中致死率最低的是尖孢镰孢菌TSL04，在10d的累计死亡率仅为32.41%，LT_{50} 为14.50d，与其他菌株的差异均显著。在3株尖孢镰孢菌中，菌株TSL01在10d致死率为60.26%，LT_{50} 为7.61d，比其他两株尖孢镰孢菌对桃小食心虫致死率高、LT_{50} 小。

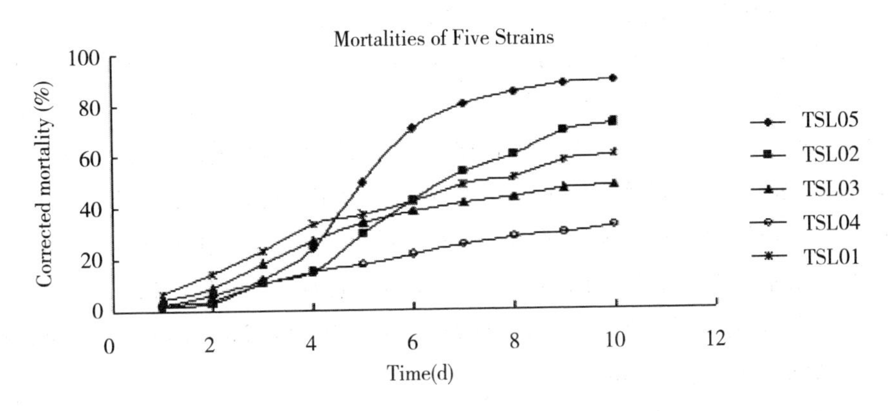

图3.4　5株病原真菌对桃小食心虫幼虫的逐日累计致死率

Fig. 3.4　Mortality of *Carposina sasakii* infected by the five strains of the entomopathogenic fungi

表 3.3 5 株病原真菌对桃小食心虫致死率比较

Table 3.3 Comparison of mortality of *Carposina sasakii* infected by the five strains of the entomopathogenic fungi

菌株 strain	虫数 Insect number/n	校正致死率 Corrected mortality /%	致死中时 LT_{50} /d
TST05	120	89.29 ± 1.78 a	5.45
TSL02	120	72.22 ± 6.84 b	7.09
TSL03	120	48.32 ± 5.03 d	9.21
TSL04	120	32.41 ± 2.68 e	14.50
TSL01	120	60.26 ± 5.73 c	7.61

2. 与菌株毒力相关的 3 种胞外酶活性的变化趋势及比较

菌种培养：准确称取上述备用的桃小食心虫虫尸 0.15g 研磨成粉末，加入到 50mL 含有 0.03%NaCl，0.03%$MgSO_4$，0.03%K_2HPO_4 和 15mL 孢子悬浮液（孢子浓度 5×10^7 个 /mL），置于 25℃、150r/min 摇床上连续培养 8d。每天取样。

酶液制备：将上述取样后的液体在 15 000g 离心力下 4℃的冷冻离心机离心 20min 后，取上清液即为酶液，于 −20℃保存，为类枯草杆菌蛋白酶、几丁质酶和脂肪酶活性测定备用。

（1）5 菌株的类枯草杆菌蛋白酶（Pr1）变化趋势及比较。

类枯草杆菌蛋白酶（Pr1）活的测定：参照 St.Leger（1996a）等人的方法，并略作改动。将 30 μL 酶液、30 μL Pr1 底物（Suc–Ala–Ala–Pro–Phe–pNA）和 30 μL Tris–HCl（50mM, pH8.0）加入到 1.5mL 的离心管中，充分混匀后于 28℃水浴锅中反应 20 min，然后加 110 μL 冰预冷的乙酸终止酶解反应。空白对照组是将上述反应体系的 Pr1 底物用 30 μL 二甲基亚枫（DMSO）代替。最后用酶标仪在 410 nm 处测定反应混合物的 OD 值。根据标准曲线计算计算酶活，以每分钟催化分解 Suc–Ala–Ala–Pro–Phe–pNA 生成 1 μg 硝基苯胺的酶量为一个酶活单位。

试验结果（图 3.5）显示，5 株病原真菌的类枯草杆菌蛋白酶活性随着时间的变化趋势基本上是相似的，第 2 天后开始升高，按照菌种不同，分别在 2~4d 内达到最大活性后再降低。其中球孢白僵菌 TST05 在第 1 天蛋白酶（Pr1）就有很高活性水平，为（6.92 ± 0.56）U/g，第 2 天的 Pr1 酶活性急剧升高到最大值（19.99 ± 5.90）U/g，比其他菌株的 Pr1 酶活性最大值都高，差异达到显著性水平，直到第 8 天，它都保持了较高的酶活性；粉质拟青霉 TSL02 在第 1 天的 Pr1 酶活性特别低，在第 2 天和第 3 天很快升高，达到其最大值（14.15 ± 2.29）U/g，此后 5 天都保持相当高的酶活性，总体水平仅次于 BbTST05；尖孢镰孢菌 TSL03 Pr1 酶在第 1 天就有较高活性，为（5.18 ± 2.13）U/g，在第 3 天和第 4 天达到酶活高峰，为（11.16 ± 2.22）U/g。菌株 TSL04 的产酶水平最低，最高酶活性出现在第 3 天，为（7.89 ± 1.13）U/g。TSL01Pr1 酶活性在第 3 天达到最大值（11.21 ± 0.37）U/g；综合上述结果，可以看出这 5 株病原菌都可以被桃小食心虫的虫体诱导，产生类枯草杆菌蛋白酶，比较而言，球孢白僵菌 TST05 类枯草杆菌蛋白酶活性被诱导的效应出现的最早，最大值也是 5 菌株中最大的，说明该菌株对桃小食心虫体上形成的感染最快，对体壁蛋白质分解能力最强。其次是粉质拟青霉 TSL02 和尖孢镰孢菌的 3 菌株。在 3 个尖孢镰孢菌株中，TSL03 对寄主的感染和入侵能力较强。

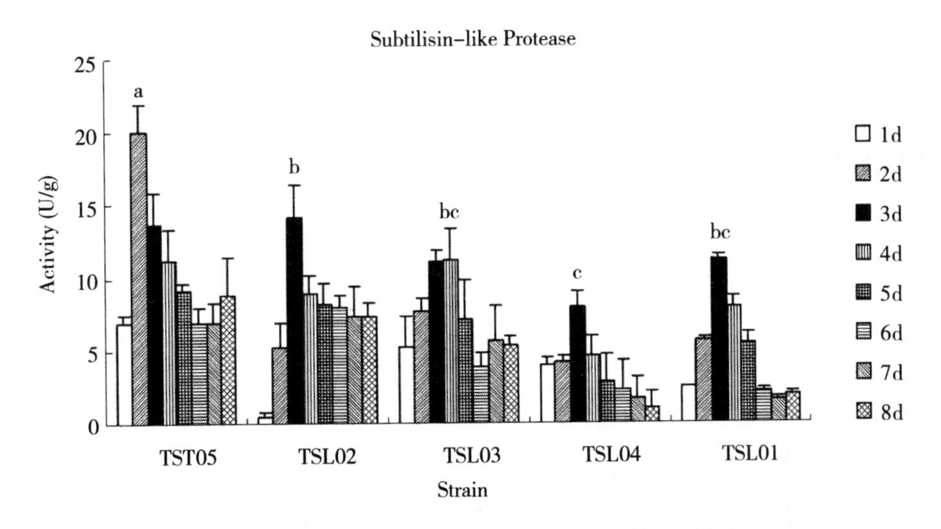

图 3.5　5 株病原真菌类枯草杆菌蛋白酶活性的变化规律

注：图上字母不同表示数据间差异有显著性（$P < 0.05$）。下图同

Fig. 3.5　The change trend of subtilisin-like protease activities of the five strains of the entomopathogenic fungi

Note: The different letter indict significant difference($P < 0.05$). The same as in the following figures

（2）5 菌株几丁质酶活性变化趋势及比较。

几丁质酶活的测定：参照曹广春（2007）的方法，将 0.1mL 上述制备好的酶液与0.1mL胶体几丁质加入到离心管中，于37℃下在水浴锅中水浴4h。在8000rpm的离心速度下离心5min终止酶解反应。吸取离心后的上清液0.1mL，然后加入0.04mL四硼酸钾溶液，充分摇匀后在沸水浴中反应5min，迅速用自来水冷却至室温，然后再加入10%二甲氨基苯甲醛试剂0.6mL，同样在37℃下水浴保温20min，再次用自来水冷却至室温。将反应体系200 μL加入到酶标板中，用酶标仪在585nm处测定OD值。根据标准曲线计算酶活，以每分钟催化分解几丁质生成1ugN-乙酰胺基葡萄糖的酶量为一个酶活单位。

从5株病原真菌几丁质酶活性随时间的变化趋势（图3.6）看出，球孢白僵菌TST05几丁质酶活性从第2天开始就急剧上升，在第3天达到最大值（1.29 ± 0.09）U/g，然后开始下降。其他4菌株都是从第1天的低活性开始逐渐上升，到第6天或第7天达到最大值。说明球孢白僵菌TST05最先接触到桃小食心虫体壁的几丁质，被诱导的几丁质酶分泌的最早。同时，TST05几丁质酶活性最大值比其他4个菌株的都大，比粉质拟青霉TSL02大20%，比尖孢镰孢菌TSL01大43.3%，比TSL03大24.5%，比TSL04大1倍，说明TST05对寄主昆虫体壁的几丁质分解能力也最强；粉质拟青霉TSL02和尖孢镰孢菌3菌株的变化趋势非常相似，其几丁质酶活性在第7天达到最大值为（1.094 ± 0.257）U/g，与菌株TSL03的（0.97 ± 0.05）U/g和

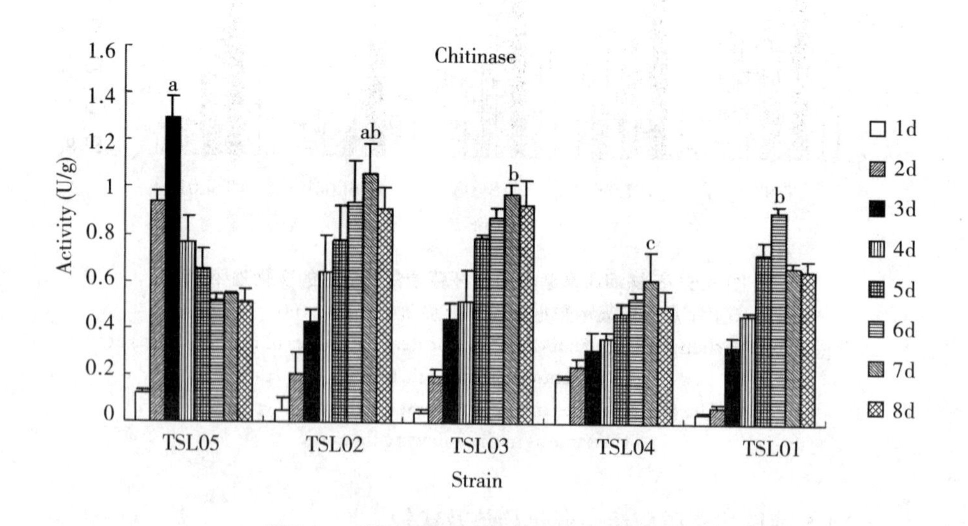

图3.6 5株病原真菌几丁质酶活性变化规律

Fig. 3.6 The change trend of chitinase activities of the five strains of the entomopathogenic fungi

TSL01 的（0.90 ± 0.03）U/g 差异性均不显著；尖孢镰孢菌 TSL04 几丁质酶活性在第 7 天达到最大值，是 5 个菌株中最低的，与其他菌株差异性显著。说明这 4 菌株对寄主感染过程中接触到体壁几丁质的时间顺序和降解几丁质的能力是相似的，而尖孢镰孢菌 TSL04 对几丁质降解能力比较低。

（3）5 菌株脂肪酶酶活性变化趋势比较。

脂肪酶活的测定：参照 Walter 等（2005）的方法稍作改进。基质液分 A 液和 B 液两部分，A 液为 10mL 含 30mg 对硝基棕榈酸的异丙醇；B 液为 90mL 的 0.05mol/L Tris-HCl 缓冲液（pH=8.0），含有 207mg 脱氧胆酸钠和 100mg 阿拉伯胶。将 A、B 液均匀混合后即为基质液。测定时，将 200 μL 的基质液在 37℃水浴锅预热 10min，然后加入 20 μL 的酶液与基质液混合均匀，再在 37℃水浴 20min，后立即向反应液中加入 300 μL 的三氯乙酸（0.05mol/L）并使其混合均匀，室内放置 5min 终止反应，最后再加入 320 μL 的 NaOH（0.05mol/L）调 pH 值，使其与反应前相一致。对照组是先加三氯乙酸再加酶液。最后将反应混合物 200 μL 加到酶标板中用酶标仪在 410nm 处测定 OD 值。根据标准曲线计算酶活，以每分钟催化分解脂肪生成 1 μg 硝酸苯胺的酶量为一个酶活单位。

5 株病原真菌的脂肪酶活性变化试验结果（图 3.7）显示，菌株的脂肪酶活性变化趋势都是先升高后降低，在第 4 天或第 5 天酶活达到最大数值。球孢白僵菌 TSL05 的脂肪酶活性在第 4 天就达到最大值（2.806 ± 0.315）U/g，也是 5 个菌株中脂肪酶活性最高者；菌株 TSL02、TSL01、TSL0 脂肪酶活性均在第 5 天达到最高峰，分别为（2.418 ± 0.401）U/g、（2.421 ± 0.215）U/g 和

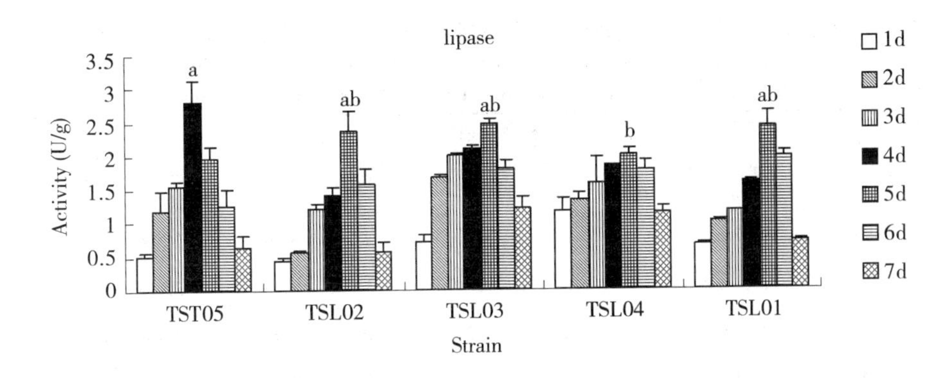

图 3.7　5 株病原真菌脂肪酶活性变化规律

Fig. 3.7　The change trend of lipase activities of the five strains of the entomopathogenic fungi

（2.464 ± 0.073）U/g，三者之间没有显著差异性；TSL04 的脂肪酶活性也在第 5 天升高到最大值（1.998 ± 0.104）U/g，是 5 个菌株中最低的，与其他 3 个菌株之间差异也达不到显著水平，但与菌株 TST05 的差异性显著。由此说明，球孢白僵菌 TST05 最易被桃小食心虫幼虫体表的脂肪物质诱导，产生脂肪酶最多，分解体壁脂肪的能力也最强。其他 4 菌株虽然低于 TST05，但是，都保持了较高的脂肪酶活性，对寄主昆虫的脂肪物质也具有较强的分解能力。

3. 菌株胞外酶与桃小食心虫致死率的相关性

用 5 株病原真菌胞外枯草杆菌蛋白酶、几丁质酶和脂肪酶在 8d 内的酶活最大值与它们对桃小食心虫 10d 的感染死亡率（表 3.4）做相关性直线回归分析。结果显示，菌种的类枯草杆菌蛋白酶活性与桃小食心虫的死亡率之间呈极显著的直线相关关系，回归方程为 $Y = 0.2002x + 0.7671$（$r = 0.9213$）；几丁质酶与桃小食心虫死亡率之间的也呈线性关系，回归方程为 $Y= 0.0107x + 0.3213$，（$r = 0.8922$）；脂肪酶与桃小食心虫死亡率之间的回归方程为 $Y= 0.0118x + 1.7094$，（$r = 0.8016$）。由此可见，类枯草杆菌蛋白酶活性与桃小食心虫死亡率的相关性最高，是菌种致死桃小食心虫过程中的一个最重要毒力因子。菌种的几丁质酶活性与桃小食心虫死亡率的相关性相对较高，也是一个非常重要的毒力因子；菌种的脂肪酶活性与桃小食心虫死亡率之间也成直线关系，说明它在菌种致死桃小食心虫过程中也发挥了直接作用。

表 3.4　桃小食心虫死亡率与五株病原真菌类枯草杆菌蛋白酶、几丁质酶和脂肪酶活性的对照

Table 3.4　Comparison of the mortality of *Carposina sasakii* larvae to the subtilisin-like protease, chitinase and lipase activity of the five strains of the entomopathogenic fungi

菌株 Strain	校正致死率 Corrected mortality /%	类枯草杆菌蛋白酶 Subtilisin-like Protease / U/g	几丁质酶 Chitinase / U/g	脂肪酶 Lipase / U/g
TST05	89.27 ± 1.71	19.99 ± 1.90	1.294 ± 0.093	2.806 ± 0.315
TSL02	72.22 ± 6.84	14.15 ± 2.29	1.056 ± 0.130	2.418 ± 0.401
TSL03	48.32 ± 5.03	11.16 ± 2.22	0.971 ± 0.047	2.464 ± 0.073
TSL04	32.41 ± 2.68	7.89 ± 1.13	0.614 ± 0.121	1.998 ± 0.104
TSL01	60.26 ± 5.73	11.21 ± 0.37	0.903 ± 0.028	2.421 ± 0.215

4. 讨论

桃小食心虫一生中只有成虫交配期、卵期和初孵化幼虫暴露在外，时间相当短暂，其余阶段都营隐蔽性生活，除了幼虫钻蛀果实为害之外，老熟幼虫从晚秋脱果入土越冬，到第 2 年初夏才出土，在土里的时间长达 7 个多月，因此，利用幼虫入土冬眠期，在幼虫集中越冬的表土层施用昆虫病原真菌生物杀虫剂，感染昆虫致病，是桃小食心虫生物防治的一个最佳阶段。由于虫生真菌生物学测定至今尚未建立起标准品，故在实际研究和应用中，需要不断的进行筛选菌株（Donald et al.，2005）。因此，筛选对桃小食心虫高致病力的优良菌株是生物防治成功的关键之一。Glare 等（1991）指出，与来自其他寄主的病原真菌相比，来自原寄主的病原真菌对防治对象有较高的毒力。本研究对采自山西自然罹病桃小食心虫尸体上分离的 5 株病原真菌，球孢白僵菌 TST05、粉质拟青霉 TSL02 和尖孢镰孢菌 TSL03、TSL04、TSL01 进行了与生态适应性和毒力相关的研究，为北方地区防治桃小食心虫筛选出适合低温低湿环境的两株高致病力菌株，球孢白僵菌 TST05 和粉质拟青霉 TSL02。

对靶标害虫的致死率和致死速度是衡量菌株的最重要指标，在温度 25℃，相对湿度 70% 的条件下，用孢子浓度 1×10^8/mL 对桃小食心虫幼虫染菌后，球孢白僵菌 TST05 对幼虫的致死率最高达到（89.27 ± 1.71）%，比其他菌株高了 0.5~2 倍，LT_{50} 仅为 5.45d；粉质拟青霉 TSL02 对桃小食心虫幼虫致死率为（72.22 ± 6.84）%，LT_{50} 为 7.09d，这两项指标也都明显高于尖孢镰孢菌的 3 个菌株。

产孢量反应了菌株在环境中扩散和传播能力，菌株产孢量越高，其寄生和扩散能力就越强。Jackson 等（1985）用蜡蚧轮枝菌控制菊小长管蚜 *Macrosiphoniella sanborni*，发现在控制蚜虫中菌株的产孢量起到重要的作用。孢子萌发是菌株具有活力和致病力的标志，同时也是完成侵染寄主的前提。昆虫病原真菌在田间应用中的最大影响因子是环境的温度、相对湿度和紫外辐射，尤其在北方，过低的温度和湿度，往往使菌株不能很好的产孢和孢子萌发，紫外线往往能使孢子失活，这些因素都极大的影响菌株对害虫侵染和防治效果。本研究结果表明，在 5 个菌株中球孢白僵菌 TST05 和粉质拟青霉 TSL02 具有最高的产孢量和最强的孢子萌发能力，其产孢量比 3 株尖孢镰孢菌大 6~11 倍；相关研究表明，菌株的产孢量、孢子萌发率等生物学指标与菌株的毒力有关。Lee 等（2002）发现蜡蚧轮枝菌的产孢量高的菌株，对害虫致死率高。蔡国贵（2003）和刘玉军等（2008）研究均认为产孢量大且萌发速度快的菌株其毒力越大，两者之间具有明显的相关性。这些都与本文的结果相似，TST05 和 TSL02 是两个高毒力菌株，它们的产孢量和萌发率都很高，特别在低温低湿下，产孢量都高达 1.5×10^8 个 /cm^2 以上，萌发率达到 30% 以上。此外，经紫外照射后该两菌株的菌落直径与不处理的差异很小。这些都说明这两个菌株具有较强的抗寒、抗旱和抗紫外线能力，对今后的野外应用提供了潜在的生物学优势。

病原真菌穿透表皮过程中首先需要分泌脂肪酶先水解昆虫表皮的蜡质层，然后是蛋白酶和几丁质酶降解体壁的蛋白质和几丁质（李文华等，2001）。冯明光（1998）等发现白僵菌蛋白酶活性与对黑血蝗（*Melanoplus sanguinipe*）的毒力相关性显著，据此提出用蛋白酶作为菌种毒力初期筛选的指标。石晓珍等（2008）在绿僵菌几丁质酶活性及其对椰心叶甲（*Brontispa longissima*）毒力的相关性分析中，显示几丁质酶活性可以作为一个参考指标对绿僵菌菌种进行初步筛选。Pavlyushin（1978）和 Smith 等（1981）的试验中均发现球孢白僵菌的脂肪酶活性与其对昆虫的毒力有相关性。一些研究还发现，病原真菌侵染寄主昆虫的过程中，只有菌株分泌的胞外蛋白质酶、几丁质酶和脂肪酶结合在一起才能起到穿透昆虫表皮的作用，而单种酶是不能穿透昆虫体壁的（Steenberg et al.，1999）。冯静（2006）通过扫描电镜观察被蛋白酶、几丁酶及二者混合酶液处理过的桃蚜体壁，发现蛋白酶与几丁酶混合液分解寄主体壁的能力最强。这些都表明这三种酶共同决定病原真菌的致病力强弱，通过筛选 3 种酶活性高的菌株比筛选单一种酶活性高的菌株来筛选高致病力菌株更具有可靠性。本研究以桃小食心虫虫尸为唯一有机营养液诱导培养桃小食心虫 5 个病原菌株，以胞外类枯草杆菌蛋白酶、几丁质酶和脂肪酶作为毒力指标，筛选出高产酶菌株球孢白僵菌 TST05 和粉质拟青霉 TSL02。TST05 的 3 种酶活高峰出现最早，说明该菌株更容易被桃小食心虫体壁物质诱导产生胞外酶。TSL02 的 3 种胞外酶活性仅次于 TST05。

科学家从基因水平上也证明了产胞外酶高的菌株对目标昆虫的毒力也高。St. Leger 等（1996a）研究发现超量表达 Pr1 蛋白酶基因的金龟子绿僵菌菌株对烟草夜蛾的毒力明显比野生菌株对该虫的毒力高。Fang 等（2005）人将球孢白僵菌几丁质酶基因转入到野生型菌株中超量表达，得到的重组菌株对桃蚜毒力显著提高。Lee研究还发现蜡蚧轮枝菌的胞外酶活性高的菌株对温室粉虱 *Trialeurodes vaporariorum* 致死率高。本研究将5株病原真菌的3种胞外酶活性在8d内最大值与其对桃小食心虫的10d累积的致死率做直线相关性分析，结果显示Pr1酶活性与桃小食心虫的死亡率的直线相关系数达到0.9213，几丁质酶的0.8922，脂肪酶的0.8016，可看出这3种胞外酶在病原真菌致死桃小食心虫幼虫过程中都发挥了直接作用，是该菌种的毒力因子。根据3种酶活性大小分析，菌种Pr1的作用最大，几丁质酶和脂肪酶的作用次之，这可能与昆虫体壁成分含量不同有关。

第四章

球孢白僵菌 TST05 菌株和绿僵菌 TSL06 菌株的致病力研究

一、虫源

虫源：从山西临汾地区襄汾景毛乡枣园收集的红枣落果，在室内放置数日，期间枣果中的桃小食心虫老熟幼虫会自然钻出，收集健康的老熟幼虫，作为实验虫源（图 4.1）。

图 4.1　枣果中收集健康的桃小食心虫

A: 大量的虫枣　B: 枣中的桃小食心虫

Fig. 4.1　Collected healthful *C. sasakii* from fallen fruit

A: A large number of diseased date by *C. sasakii*　B: *C. sasakii* in date

二、TST05 菌株的致病力

将 TST05 菌株接种于 PDA 培养基上 25℃培养 7d 后，收集孢子悬浮于无菌的 0.1% 吐温 -80 溶液中，配制成以下 5 种浓度的分生孢子悬液，1.0×10^9 孢子 /mL、5.0×10^8 孢子 /mL、1.0×10^8 孢子 /mL、5.0×10^7 孢子 /mL、1.0×10^7 孢子 /mL。

取上述菌悬液分别滴加到幼虫体表，每头幼虫接菌剂量 25 μL。随后将幼虫放到滤纸上自然爬行晾干约 5 min，再挪入玻璃养虫缸内，置于 25℃、相对湿度 70% 的人工气候箱内培养。同时以一组只用无菌 0.1% 吐温 - 80 水溶液处理作为对照。每组 30 头幼虫，每个处理重复 3 次。每天在体视显微镜下观察记录染菌后幼虫的行为和染病症状，连续 9 d 检查计数染病死亡虫数。将虫尸取出放在铺有无菌潮湿滤纸的培养皿中保湿培养 3~4 d，对长出白色菌丝的用显微镜进行观察，记录被 TST05 菌株感染致死的虫尸数。

数据统计：应用 Abbort 公式计算校正致死率。应用 SPSS16.0 软件的机值分析法（Probit Analysis）计算 LC_{50} 和 LT_{50}。

经检测，TST05 菌株对桃小食心虫老熟幼虫具有较强的致病力。由图 4.2 可看出，TST05 菌株对桃小食心虫老熟幼虫的致死率随分生孢子液浓度的增加而增强。分生孢子浓度为 1×10^7 孢子 /mL 时，9 d 的累积校正致死率达到了 68.57%；浓度为 1×10^8 孢子 /mL 时的累积校正致死率达到 86.59%；浓度为 1×10^9 孢子 /mL 时的致病力最强，9 d 的累积校正致死率达到了 97.50%。TST05 菌株的致病速度较快，染菌 2 d 后幼虫开始死亡。随孢子浓度增大，幼虫的死亡高峰时间也随之提前并缩短。分生孢子浓度

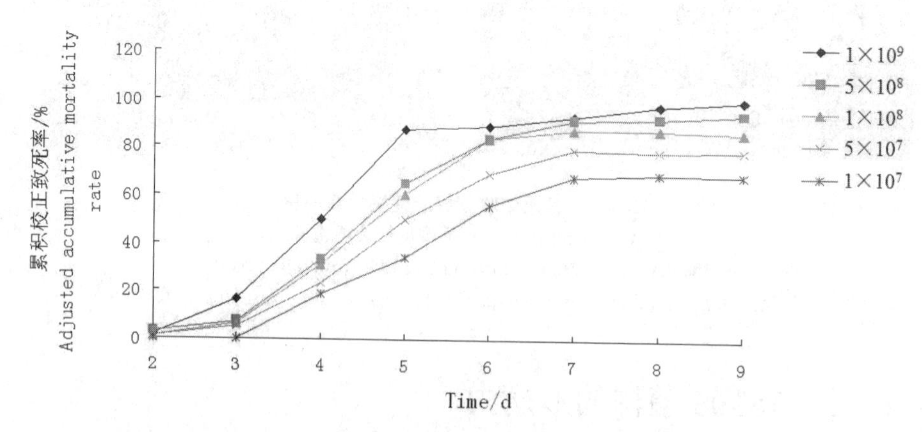

图 4.2 TST05 菌株不同浓度分生孢子悬浮液对桃小食心虫幼虫的累积校正死亡率

Fig. 4.2 Adjusted accumulative mortality rate of strain TST05 on *C. sasakii* larvae with different concentrations

为（1~5）$\times 10^7$孢子 /mL 时，在 4~7 d 死亡速率最快。浓度为（1~5）$\times 10^8$孢子 /mL 时，在 4~6 d 死亡速率最快。浓度为 1×10^9 孢子 /mL 时，在 4~5 d 死亡速率最快。致死中时 LT_{50} 也随孢子浓度增加由 6.57 d 缩短至 4.31 d（表 4.1）。

由表 4.2 看出，随着感染时间的延长，致死中浓度 LC_{50} 逐渐降低，由于死亡高峰期在 4 d 后出现，4 d 的 LC_{50} 为 2.16×10^9 孢子 /mL，5 d 的 LC_{50} 就降为 4.73×10^7 孢子 /mL。6 d 后的 LC_{50} 就降到 4.36×10^6 孢子 /mL。

表 4.1　TST05 菌株对桃小食心虫幼虫的致死中时间

Table 4.1　Median lethal time of strain TST05 against *C. sasakii* larvae

浓度 Concentration/Conidial/mL	回归方程 Regression equation	致死中时 /d Median lethal time（LT_{50}）
1×10^9	Y=−5.38 + 8.48x	4.31
5×10^8	Y=−5.62 + 8.08x	4.95
1×10^8	Y=−5.09 + 7.15x	5.14
5×10^7	Y=−4.95 + 6.49x	5.78
1×10^7	Y=−5.27 + 6.44x	6.57

表 4.2　TST05 菌株对桃小食心虫幼虫的致死中浓度

Table 4.2　Median lethal concentration of strain TST05 against *C. sasakii* larvae

时间 Time/d	回归方程 Regression equation	致死中浓度 Median lethal concentration (LC_{50})
4	Y=−0.95 + 0.41x	2.16×10^9
5	Y=−0.43 + 0.64x	4.73×10^7
6	Y= 0.19 + 0.52x	4.36×10^6
7	Y= 0.47 + 0.54x	1.32×10^6
8	Y= 0.47 + 0.64x	1.85×10^6

三、绿僵菌 TSL06 菌株对不同发育阶段的桃小食心虫致死效果研究

1. 不同浓度 TSL06 孢子悬液对桃小食心虫幼虫的致死率

用 5 个浓度 TSL06 孢子悬液为桃小食心虫染菌，之后培养 10d，每天观察感染情况（图 4.3）。结果发现，幼虫在染菌后第 1 天基本没有死亡发生；

培养到第 2 天，实验组和对照组都出现幼虫死亡的情况，死亡个数很少，但是经菌株孢子悬液处理后的实验组幼虫活力下降明显；培养到第 3 天，虫体死亡数量每组都在增加；第 4~7 天是 5 个浓度的处理组虫体死亡经历高峰期；第 8 天后，虫体大部分都被绿僵菌致死，且死亡数量逐日减少。5 个浓度孢子悬液处理组相比较，孢子悬液浓度越高，幼虫的死亡率越高，说明菌株的毒力越强。培养 10d 后，最低浓度 1.2×10^7 孢子 /mL 致死桃小食心虫的校正死亡率达到 37.66%，最高浓度 1.2×10^9 孢子 /mL 的校正杀虫率达到 85.71%，高浓度是低浓度的 2.3 倍（图 4.4）。LC_{50} 为 3.86×10^7 孢子 /mL，回归方程为：$Y= - 4.854+0.640x$，孢子悬液不同浓度之间存在一定的显著性差异（表 4.3），表明该菌株的孢子悬液在不同浓度下，对桃小食心虫的致死效果相差比较大。

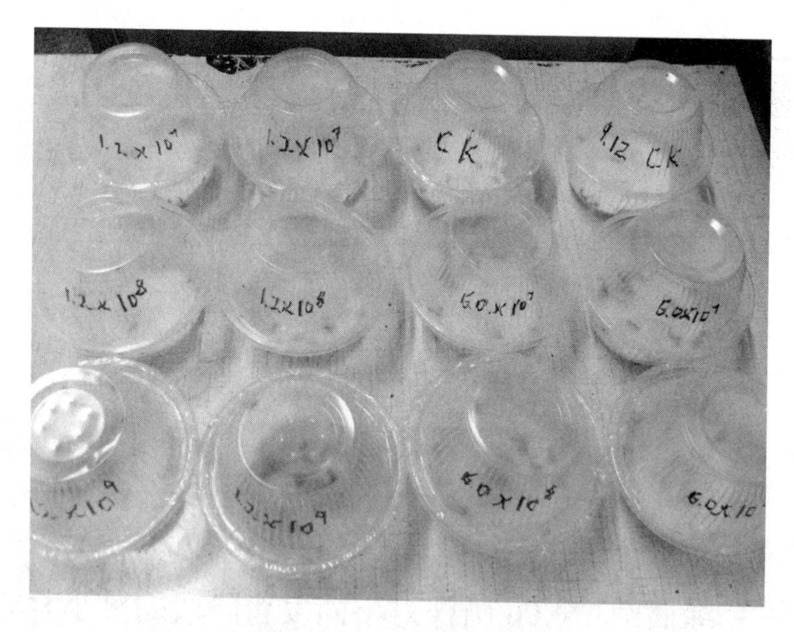

图 4.3　不同浓度 TSL06 孢子悬液侵染桃小食心虫的实验

Fig. 4.3　The infection experiment of the *C. sasakii* larvae infected with the conidial suspensions of TSL06 in five concentrations

表 4.3　5 个浓度孢子悬液对桃小食心虫幼虫的校正死亡率

Table 4.3　The corrected mortality of *C. sasakii* larvae infected by fungal conidial suspension in five concentrations

浓度 Concentration/Conidial/mL	虫数 Insect number/n	校正死亡率 Corrected mortality /%	致死中浓度 Median lethal concentration (LC_{50})
1.2×10^7	30	37.66 ± 13.50 a	
6.0×10^7	30	50.65 ± 5.95 ab	
1.2×10^8	30	67.53 ± 5.95 bc	3.86×10^7
6.0×10^8	30	72.72 ± 7.79 c	
1.2×10^9	30	85.71 ± 12.52 c	

注：数据后字母不同表示数据间差异有显著性（$P < 0.05$）

Note: The different letter followed by the data indict significant difference ($P < 0.05$)

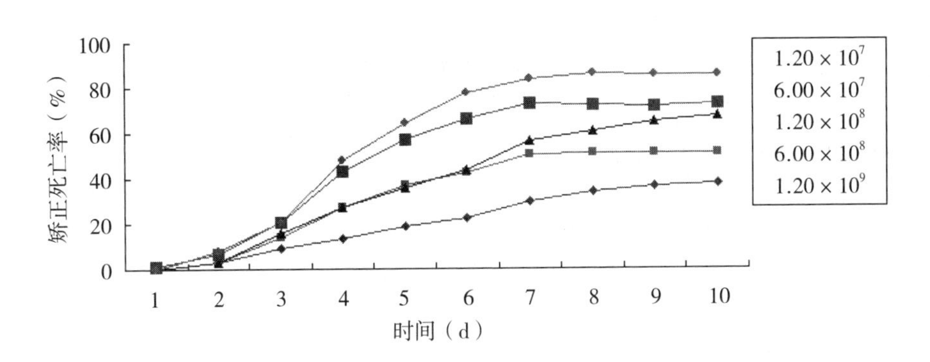

图 4.4　5 个浓度孢子悬液对桃小食心虫幼虫校正致死率的比较

Fig. 4.4　The comparison of corrected mortality of *C. sasakii* larvae infected by the conidial suspension in five concentrations

2. 对虫卵的致死实验

将 TSL06 菌株制备成 1.2×10^8 孢子 /mL 的孢子悬浮液，用移液枪吸取孢子悬浮液滴到虫卵上，对照组不做处理。实验组和对照组各做 3 组，每组 100 个虫卵，将虫卵放于一次性透气塑料饭盒中，盒内底部放入一张滤纸，在（25 ± 1）℃，（50 ± 10）% 湿度下培养 15d，观察该菌株对卵的致死情况。

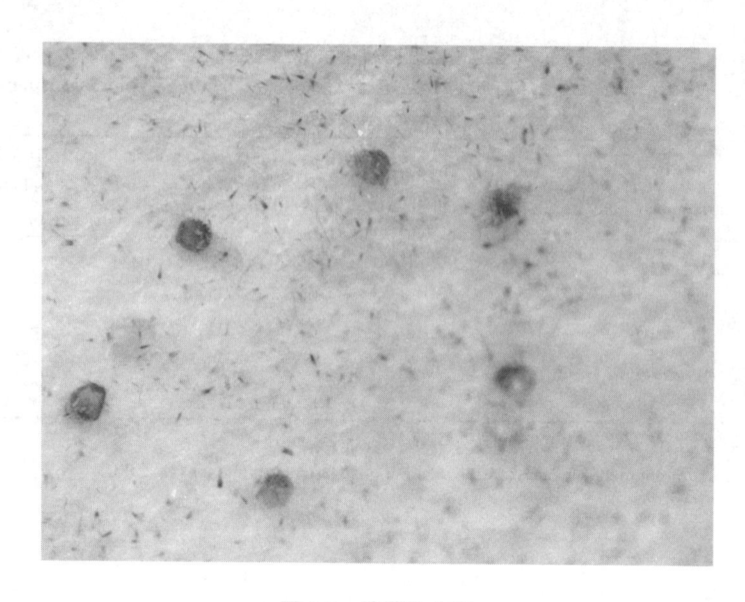

图 4.5 染菌的虫卵
Fig. 4.5 eggs infected by the conidial suspension

用移液枪吸取浓度为 1.2×10^8 孢子 /mL 悬浮液滴到虫卵上，对照组不做处理，放于（25 ± 1）℃,（50 ± 10）% 湿度下培养半个月，计算死亡率。通过表 4.4 结果可以看出，该菌株对虫卵的矫正致死率只有（3.33 ± 3.20）%，对虫卵感染效果不明显，说明卵能起到对幼虫很好的保护效果。

表 4.4 TSL06 菌株孢子悬浮液对虫卵的影响
Table 4.4 The effect of eggs infected by the conidial suspension

	未孵化率 Non hatchability rate/%	未受精率 Nonfertility rate /%	死亡率 Mortality/%	校正死亡率 Corrected mortality/%
对照组 Control	15.26 ± 10.24	10.78 ± 5.93	4.48 ± 4.50	3.33 ± 3.20
处理组 Treated	23.22 ± 10.06	15.56 ± 8.26	7.67% ± 3.06	

3. 对结夏茧桃小食心虫的致死实验

将 TSL06 菌株制备成 6.0×10^7 孢子 /mL 的孢子悬浮液，用侵染法去感染准备结夏茧的桃小食心虫，对照组不做任何处理，将感染后的桃小食心虫和对照各分成 3 组，每组 30 头虫子，置于一次性的透气塑料饭盒中，盒内放一层大约 5mm 的 8% 湿度的无菌沙子，在（25 ± 1）℃，（50 ± 10）% 湿度、15:9 的光照下培养，观察记录虫子的结茧率和羽化率，待羽化成蛾子之后转入到培养缸中，培养缸底放一层滤纸，上方用扎小孔的保鲜膜盖住，每个培养缸放 5 对羽化的蛾子，观察其产卵量和孵化率。

用 TSL06 菌株 6.0×10^7 孢子 /mL 的孢子悬浮液去侵染准备结夏茧的桃小食心虫，对照组不做任何处理，结果（表 4.5）显示，桃小食心虫在第 2 天开始结夏茧，由于实验组桃小食心虫幼虫受到菌株孢子悬液的侵染，结茧率只有（85.18 ± 2.53）%，而对照组可达 98.04%。培养到第 11 天，开始出现羽化现象，大概持续一个星期，羽化成蛾子的雌雄比例约为 1:1，实验

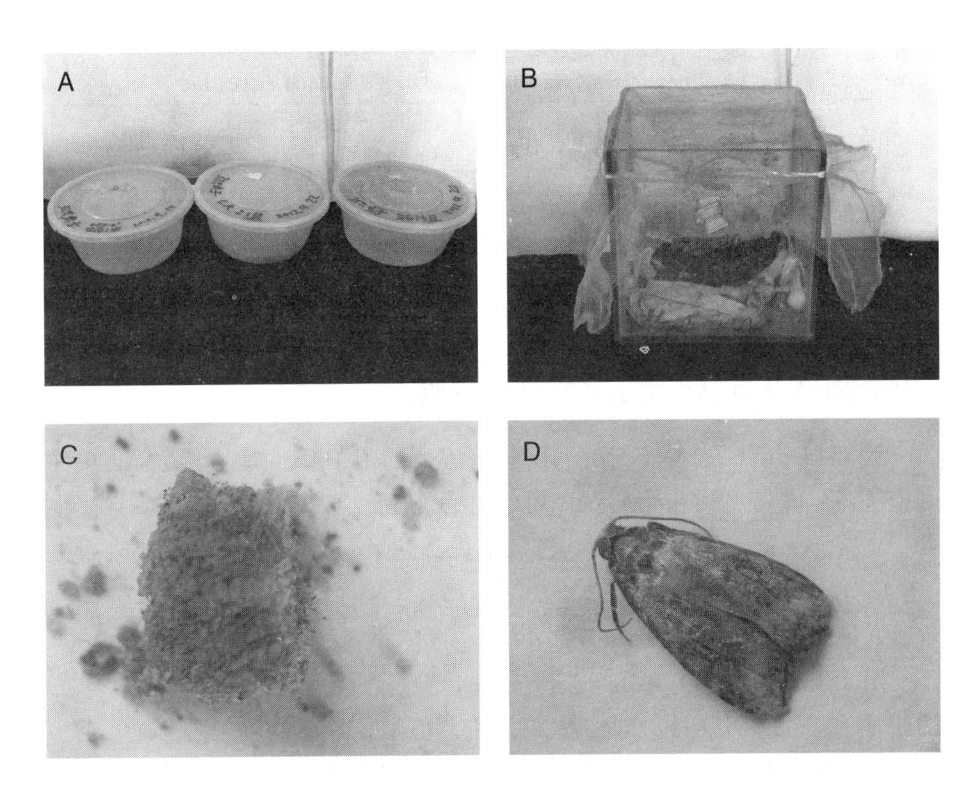

图 4.6　TSL06 菌株对结夏茧桃小食心虫的感染实验

A: 培养染菌桃小食心虫　B: 羽化后成虫在培养缸中交尾

C: 幼虫结茧后染菌死亡　D: 雌蛾产卵后死亡

Fig. 4.6　The infection experiment of *C. sasakii* of knotted summer cocoon infected by conidial suspension

A: Cultured *C. sasakii* infected by conidial suspension　B: Moths mating in the culture tank after emergence　C: The larvae death in cocoon　D: The female moths died after laid eggs

组由于在结夏茧前已有部分幼虫真正被孢子悬液感染，在夏茧的发育过程中已染病，所以，羽化率只有（46.51 ± 1.73）%，而对照组则高达 83.52%，说明该菌株孢子悬液对结夏茧的桃小食心虫幼虫侵染效果明显，不能结茧的校正死亡，12.86% 和不能羽化的校正死亡率高达 44.31%。

实验组能羽化的那些幼虫，实际上并没有真正染病，所以，与对照组一样，羽化后在第 2 天开始产卵，实验组每头雌蛾产的卵为（64 ± 16）个，对照组相差为（68 ± 11）个，略低于对照组，产卵后 1d 羽化的蛾子死亡。第 7 天卵开始出现孵化，实验组孵化率为 68.57 ± 1.94，对照组孵化率为 70.22 ± 2.33，实验组也是略低于对照组。

表 4.5　TSL06 菌株孢子悬浮液对桃小食心虫的影响

Table 4.5　The effect of *C. sasakii* infected by the conidial suspension

	结茧率 Cocoon rate/%	羽化率 Emergence rate/%	每头产卵量 Spawn quantity /n/insect	孵化率 hatchability rate /%
对照组 Control	98.04 ± 1.70	83.52 ± 5.10	68 ± 11	70.22 ± 2.33
处理组 Treated	85.18 ± 2.53	46.51 ± 1.73	64 ± 16	68.57 ± 1.94

4. 对结冬茧桃小食心虫的致死实验

将 TSL06 菌株制备成 6.0×10^7 孢子 /mL 的孢子悬浮液，用浸染法接种健康准备结冬茧的桃小食心虫，对照组为无菌蒸馏水处理，接菌后将桃小食心虫置于无菌培养盒内，盒内放一层保湿滤纸，每盒放 30 头桃小食心虫（图 4.7），每个浓度做 3 组，在（25 ± 1）℃，（50 ± 10）% 湿度下培养 10d。观察并记录处理组和对照组的死亡率。

用 TSL06 菌株 6.0×10^7 孢子 /mL 的孢子悬浮液去侵染准备结冬茧的桃小食心虫，对照组用无菌水处理，将桃小食心虫放于（25 ± 1）℃，（50 ± 10）% 湿度下培养 10d，计算死亡率。结果（表 4.6）显示，对照组死亡个数在 4~5 只，自然死亡率是 14.44%。而实验组出现大量的死亡，平均死亡率是 57.78%，校正死亡率高达（50.65 ± 5.95）%。结果说明，在室内对老熟桃小食心虫幼虫侵染，使其在结冬茧的过程染病，就可以使其来年出土幼虫虫口密度降低一半，为野外的生物防治提供了科学依据。

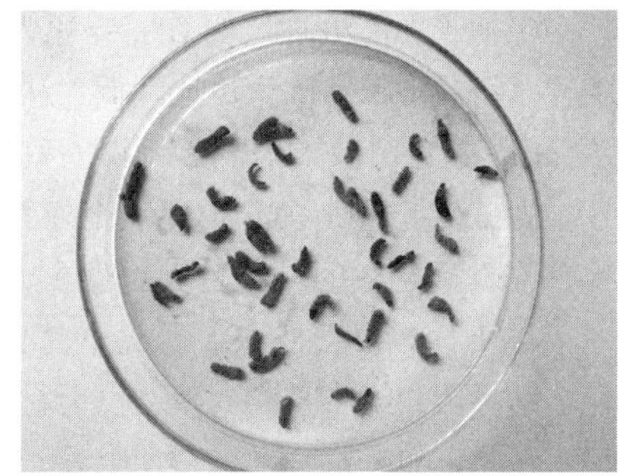

图 4.7 TSL06 菌株致死准备结冬茧的桃小食心虫
Fig. 4.7 *C. sasakii* of knotted winter cocoon infected by conidial suspension

表 4.6 TSL06 菌株孢子悬浮液对桃小食心虫的影响
Table 4.6 The effect of *C. sasakii* infected by the conidial suspension

	虫数 Insect number/n	死亡率 Mortality /%	校正死亡率 Corrected mortality %
对照组 Control	30	14.44 ± 3.85	50.65 ± 5.95
处理组 Treated	30	57.78 ± 5.09	

四、讨论

球孢白僵菌 TST05 菌株，经试验证实在一定的孢子浓度范围[(10^7~10^9)孢子 /mL]对桃小食心虫幼虫具有较强的致病力。以往研究证实，经高浓度的孢子悬液处理，可使大量孢子附着在昆虫体表并萌发，从而导致病菌更快更有效地侵入昆虫体内并增殖（Santoro et al.，2008）。本研究证实其具有剂量效应关系，随着浓度的增加，对桃小食心虫幼虫的致死率增加，致死中时缩短。病原真菌对昆虫的致死作用主要是侵入到昆虫体内，通过分泌毒素和大量增殖消耗昆虫体内营养并破坏器官组织，使昆虫死亡，所以，昆虫从染菌到发病死亡有一定的延迟期。这也正是人们通常所谓的化学杀虫剂效果快而明显，生物杀虫剂效果慢的原因（St. Leger，2001）。菌株对靶标害虫致死速度快，致死中时 LT_{50} 短，在实际生物防治应用中有很重要的意义。TST05 菌株对桃小食心虫幼虫的致死速度较快，桃小食心虫幼虫的死亡高峰开始于处理后第 4 天，集中在 4~7 d。并随着孢子浓度的升高，死亡时间越集中，LT_{50} 越短，1×10^7 孢子 /mL 处理组的 LT_{50} 为 6.57 d，

1×10^{9}孢子 /mL 处理组的 LT_{50} 缩短为 4.31 d。致死中浓度 LC_{50} 的研究表明，随着时间的延长，LC_{50} 迅速降低，从 4 d 的 10^{9} 孢子 /mL 降低到 6 d 的 10^{6} 孢子 /mL，这也反映了 TST05 菌株的致死时间较为集中的特性。

为了研究桃小食心虫在那个发育阶段易感染绿僵菌，我们从野外采集虫枣，收集老熟的桃小食心虫幼虫，在实验室开始培养，成功地在室内建立了桃小食心虫种群。根据桃小食心虫的生活史，我们选择桃小食心虫的卵、结夏茧和结冬茧的老熟幼虫为材料，分别让其感染绿僵菌菌悬液，结果显示，对虫卵的影响甚微，在野外，虫卵主要产在果实的萼凹部，如果喷洒菌悬液，卵很难能接触上，而且卵壳具有很强的保护作用，所以，在这个时期用菌悬液防治效果不明显。对结夏茧的老熟幼虫用菌悬液处理后，首先有 12.86% 的虫子不能结茧就死亡了，另一部分染菌仍能结茧，在 9~11d 的滞育期结束后，不能羽化的校正死亡率高达 44.31%。结果显示，对结夏茧的老熟幼虫让其感染菌悬液或菌粉，是一个很好的防治关键期。对结冬茧的老熟幼虫用菌悬液处理后，为了能在较短的时间看到效果，每天要剥去虫子自然结的茧丝，在室内观察 10d 后，校正死亡率高达（50.65 ± 5.95）%。在野外，结冬茧的老熟幼虫从虫果中钻出，掉在树冠下的枯落叶中，然后钻进 10cm 的表层土中结茧滞育约 7~8 个月，来年春季 4~5 月才出土，如果在结冬茧前感染绿僵菌，在漫长的滞育期染病，到来年死亡率比室内的死亡效果要好。结果说明，对结冬茧的老熟幼虫用菌防治也是一个关键时期，室内的实验，为野外防治提供了科学依据。因此，我们了解桃小食心虫的在果树上的生活史是防治桃小食心虫的前提，桃小食心虫在不同的寄主植物上有着不同的生活史和生活规律，这些不同的寄主影响并制约着害虫的生长发育和繁殖（Kim et al.，2002；Ishiguri et al.，2006），本研究建立种群的害虫来源于受桃小食心虫为害最严重的枣树（李定旭，2012），根据其在我国北方枣树上的生活史来培育实验所需不同发育阶段的虫源。

第五章
球孢白僵菌 TST05 侵染桃小食心虫过程中胞外酶和海藻糖酶的作用研究

选择对桃小食心虫具有高致病力的球孢白僵菌 TST05 菌株为供试菌株，将其制备成孢子悬浮液后接种到桃小食心虫幼虫表皮和虫尸培养基上，对菌株进行培养，测定了该菌株胞外酶（类枯草杆菌蛋白酶、几丁质酶和脂肪酶）和海藻糖酶的活性，分析比较了酶活性的变化趋势，揭示球孢白僵菌胞外酶和海藻糖酶在入侵桃小食心虫过程中的作用机理。

一、桃小食心虫表皮结构

试验制备了正常桃小食心虫表皮结构的透射电镜切片材料，拍照后对透射图片进行观察。

从桃小食心虫体壁的透射电镜图 5.1 中可以看出，该虫体壁由 4 个部分组成，即上表皮，原表皮、形成层和真皮层构成。图中上表皮很薄，由脂肪和蜡质组成，原表皮是由几丁质和蛋白质构成的片层结构，形成层相对很薄，真皮层由活性细胞组成。

二、球孢白僵菌 3 种胞外酶的活性在桃小食心虫表皮上的变化趋势

以桃小食心虫表皮作为诱导培养基，培养球孢白僵菌 TST05 菌株，测定其类枯草杆菌蛋白酶、几丁质酶和脂肪酶 1~8d 的活性。

供试的桃小食心虫老熟幼虫分别在 2009 年和 2010 年 9 月采集获得，此期正值钻蛀在果实内的桃小食心虫发育为老熟幼虫，开始脱果，准备入土越

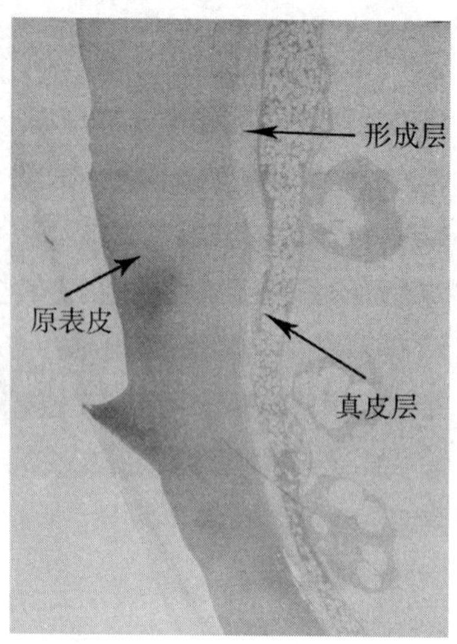

图 5.1　桃小食心虫体壁结构透射电镜图片

Fig. 5.1　Transmission electron micrographs of the cuticular structure of *Carposina sasakii*

冬阶段，将采集的被桃小食心虫钻蛀的枣和苹果，放置于室内，让桃小食心虫幼虫自然从果实中钻出，将一部分健康虫体用自来水反复冲洗干净，置于烘箱内，60℃烘干，将烘干的虫尸保存供胞外酶诱导试验使用。

准确称取健康的桃小食心虫虫尸 0.15g 研磨成粉末，加入到 50mL 含有 0.03%NaCl，0.03%$MgSO_4$，0.03%K_2HPO_4 和 15mL 孢子悬浮液（孢子浓度 5×10^7 个 /mL），置于 25℃、150r/min 摇床上连续培养 8 d。每天取样，在 15000g 离心力下 4℃的冷冻离心机离心 20min 后，取上清液即为酶液，测定类枯草杆菌蛋白酶、几丁质酶、脂肪酶活性。

类枯草杆菌蛋白酶 (Pr1) 活的测定：参照 St.Leger 等（1987b）的方法，并略作改动。将 30mL 酶液、30 μL Pr1 底物（Suc-Ala-Ala-Pro-Phe-pNA）和 30 μL Tris-HCl（50mmol/L, pH8.0）加入到 1.5mL 的离心管中，充分混匀后于 28℃水浴锅中反应 20 min，然后加 110 mL 冰预冷的乙酸终止酶解反应。空白对照组是将上述反应体系的 Pr1 底物用 30 μL 二甲基亚枫（DMSO）代替。最后用酶标仪在 410 nm 处测定反应混合物的 OD 值。根据标准曲线计算计算酶活，以每分钟催化分解 Suc-Ala-Ala-Pro-Phe-pNA 生成 1 μg 硝基苯胺的酶量为一个酶活单位。

几丁质酶活的测定：参照曹广春（2007）的方法，将 0.1mL 上述制备好的酶液与 0.1mL 胶体几丁质加入到离心管中，于 37℃下在水浴锅中水浴 4h。在 8 000rpm 的离心速度下离心 5min 终止酶解反应。吸取离心后的上清液 0.1mL，然后加入 0.04mL 四硼酸钾溶液，充分摇匀后在沸水浴中反应 5min，迅速用自来水冷却至室温，然后再加入 10% 二甲氨基苯甲醛试剂 0.6mL，同样在 37℃下水浴保温 20min，再次用自来水冷却至室温。将反应体系 200 μL 加入到酶标板中，用酶标仪在 585nm 处测定 OD 值。根据标准曲线计算酶活，以每分钟催化分解几丁质生成 1 μgN- 乙酰胺基葡萄糖的酶量为一个酶活单位。

脂肪酶活的测定：参照 Walter 等（2005）的方法稍作改进。基质液分 A 液和 B 液两部分，A 液为 10mL 含 30mg 对硝基棕榈酸的异丙醇；B 液为 90mL 的 0.05mol/L Tris-HCl 缓冲液（pH=8.0），含有 207mg 脱氧胆酸钠和 100mg 阿拉伯胶。将 A、B 液均匀混合后即为基质液。测定时，将 200 μL 的基质液在 37℃水浴锅预热 10min，然后加入 20 μL 的酶液与基质液混合均匀，再在 37℃水浴 20min，后立即向反应液中加入 300 μL 的三氯乙酸（0.05mol/L）并使其混合均匀，室内放置 5min 终止反应，最后再加入 320 μL 的 NaOH（0.05mol/L）调 pH 值，使其与反应前相一致。对照组是先加三氯乙酸再加酶液。最后将反应混合物 200 μL 加到酶标板中用酶标仪在 410nm 处测定 OD 值。根据标准曲线计算酶活，以每分钟催化分解脂肪生成 1 μg 硝酸苯胺的酶量为一个酶活单位。

结果 (表 5.1) 显示，类枯草杆菌蛋白酶在第 1~3 天酶活性处于较高水平，且酶活性呈增长趋势，但增长差异不显著，在第 3 天酶活性达最大值即（12.427 ± 0.686）U/g，此后开始降低，第 4 天、第 5 天酶活性降低幅度与第 3 天差异达显著水平，5~8d 该酶活性波动呈平缓趋势，第 6 天达到最低值为（8.146 ± 0.701）U/g。

从表 5.1 看出，菌株 TST05 的几丁质酶活性在 8d 呈增长趋势，从第 1 天的（0.153 ± 0.019）U/g 上升到第 8 天的（1.467 ± 0.108）U/g，其中前 3 天酶活性增长幅度很大，差异水平显著。第 3 天后增长趋势缓慢，第 4~7 天间差异水平不显著；第 6 天、第 7 天酶活力才与第 3 天之间增长幅度具有显著的差异性，第 8 天与第 5 天之间增长差异水平显著。

该菌株脂肪酶活性在第 1 天活性较低，为（0.302 ± 0.018）U/g，第 2 天后开始迅速增长，到第 6 天达最高峰，为（2.654 ± 0.163）U/g，从第 1 天到第 6 天增长幅度几乎达显著差异性，6 天后脂肪酶活性开始下降，第 7 天酶活性还处于较高水平，与第 6 天差异不显著，为（2.475 ± 0.106）U/g。

表 5.1　球孢白僵菌 TST05 类枯草杆菌蛋白酶、几丁质酶和脂肪酶活性变化趋势

Table 5.1　The trend of subtilisin-like protease, chitinase and lipase activity of the strain TST05

培养时间 Cultivation time/d	类枯草杆菌蛋白酶活性 Subtilisin-like protease activity/U/g	几丁质酶活性 Chitinase activity/U/g	脂肪酶活性 Lipase activity/U/g
1	11.294 ± 0.283 ab	0.153 ± 0.019 e	0.302 ± 0.018 e
2	11.756 ± 0.416 ab	0.781 ± 0.082 d	1.174 ± 0.208 d
3	12.427 ± 0.686 a	1.129 ± 0.132 c	1.696 ± 0.130 c
4	10.396 ± 1.242 b	1.241 ± 0.096 bc	2.056 ± 0.300 bc
5	8.473 ± 1.420 c	1.278 ± 0.031 bc	2.316 ± 0.170 ab
6	8.146 ± 0.701 c	1.309 ± 0.040 ab	2.654 ± 0.163 a
7	8.295 ± 0.505 c	1.380 ± 0.035 ab	2.475 ± 0.106 a
8	8.652 ± 0.292 c	1.467 ± 0.108 a	

注：数据后字母不同表示数据间差异有显著性（$P < 0.05$）。下表同

Note: The different letter followed by the data indict significant difference ($P < 0.05$). The same as in the following tables

三、3 种胞外酶与桃小食心虫体壁组成之间的相互关系

从图 5.1 可以看出，桃小食心虫的体壁最外层即上表皮很薄，是由含脂肪的蜡质层等构成。图 5.2 结果显示，脂肪酶在第 1 天就有活性，随后酶活性以差异性显著水平不断的增高，第 6 天达到最大值。这说明球孢白僵菌在入侵桃小食心虫体壁过程中其分泌的脂肪酶具有降解该幼虫体壁上表皮的能力。桃小食心虫体壁的原表皮是由网状的几丁质和镶嵌在其中的蛋白质构成的片层结构（图 5.1）。图 5.2 显示类枯草杆菌蛋白酶在前 3d 的活性很高，与此相对应的几丁质酶活性呈现逐渐上升趋势。这说明球孢白僵菌在入侵桃小食心虫过程中分泌的这两种酶是与该虫的体壁原表皮结构相一致，真菌入侵原表皮过程中首先分泌大量的 Pr1 降解表皮中的蛋白质，使原表皮中的网状几丁质暴露，从而诱导大量的几丁质酶产生并降解几丁质，因此，菌丝成功穿透了原表皮。结果还显示类枯草杆菌蛋白酶活性要远大于脂肪酶和几丁质酶的活性，在第 3 天，类枯草杆菌蛋白酶活性达到最大值（12.427 ± 0.686）U/g，此时几丁质酶为（1.129 ± 0.132）U/g，脂肪酶为（1.696 ± 0.130）U/g，Pr1 活性是几丁质酶活性的 11 倍，是脂肪酶活性

的 7.3 倍。推测可能与桃小食心虫表皮成分含量有关。

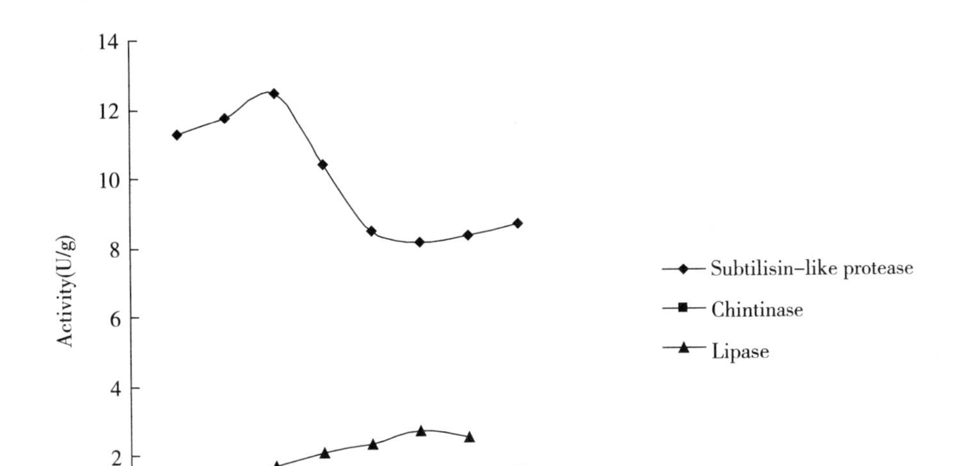

图 5.2　球孢白僵菌 TST05 类枯草杆菌蛋白酶、几丁质酶及脂肪酶活性变化趋势

Fig. 5.2　The trend of subtilisin-like protease, chitinase and lipase of the strain TST05

四、海藻糖酶活性和海藻糖含量的变化趋势

以桃小食心虫虫体为培养基培养球孢白僵菌 TST05，测定该菌株海藻糖酶 1~6d 的活性。将桃小食心虫的虫体 1g 加 20mL 蒸馏磷酸缓冲液用匀浆器匀浆后装锥形瓶里，每个瓶里添加 5mL 的孢子浓度为 1×10^8 个 /mL 的菌悬液，置于 25℃、150r/min 摇床上连续培养 6 d，每天取样，在 15000g 离心力下 4℃的冷冻离心机离心 20min 后，取上清液即为酶液，测定海藻糖酶活性和海藻糖含量。

海藻糖含量测定：采用蒽酮法并略加改进：显色剂为 0.02g 的蒽酮与 10mL 的 80% 的硫酸水溶液。用活虫体匀浆培养基上培养的菌液 5 μL 加入 200 μL 离心管，然后加入 5 μL 的 1% 硫酸水溶液，于 90℃水浴锅加热 10min，用冰冷却后，加入 5 μL 的 30% 氢氧化钾水溶液，再继续 90℃加热 10 min，冰冷却后加入 100 μL 显色剂，90℃加热 10min，冰冷却后用移液枪移入酶标板，立即于 630nm 用酶标仪测定 OD 值。

海藻糖酶活性测定：将 20 μL 海藻糖酶液与 20 μL 的 40mM 的海藻糖底物在 37℃下反应 30min，煮沸 2min 终止反应，采用葡萄糖试剂盒测定葡萄糖的含量。对照组为 20 μL 海藻糖酶液与 20 μL 的磷酸缓冲液混合后测葡萄糖含量。以每分钟催化分解海藻糖生成 1 μg 葡萄糖的酶量为一个酶活单位。

结果显示（图 5.3），海藻糖酶在前 2 天的活性高，在第 2 天酶活达到最高峰，为（3.622 ± 0.185）mU/mg，与其他几天差异达到显著性，2d 后活性开始迅速下降，3~6d 该酶活性呈现缓慢降低趋势，这 4 天的差异性不显著。说明真菌入侵桃小食心虫的过程中大量分泌了海藻糖酶。

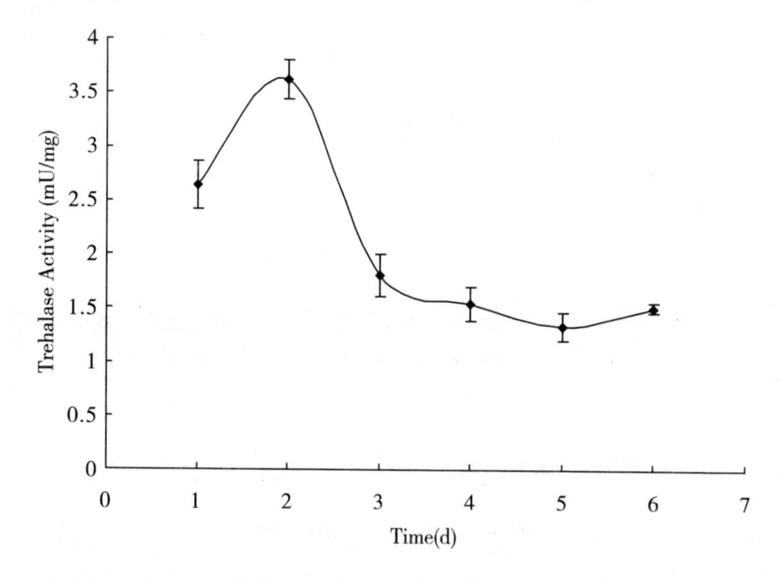

图 5.3　球孢白僵菌 TST05 海藻糖酶活性变化趋势

Fig. 5.3　The trend of trehalase activity of the strain TST05

如图 5.4 所示，海藻糖的含量随着天数的增加逐渐降低。说明海藻糖被菌的海藻糖酶降解。在第 1 天海藻糖含量最高，为（0.473 ± 0.024）mmol/L，与其他 5d 差异性极其显著；第 2 天的海藻糖含量为（0.284 ± 0.031）mmol/L，比第 1 天降低了 40%，下降幅度最大，与其他几天差异性显著；第 3 天的海藻糖含量为（0.128 ± 0.007）mmol/L，比第 1 天降低了 72.9%，下降幅度也较大，此后 4 天降低幅度相对较小。

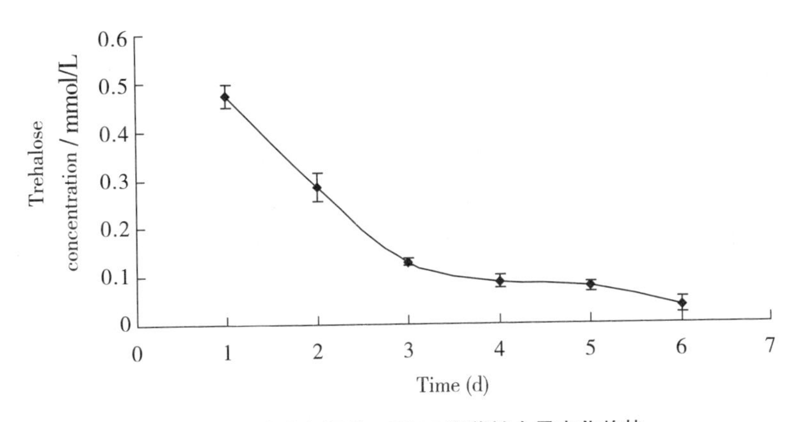

图 5.4　球孢白僵菌 TST05 海藻糖含量变化趋势

Fig. 5.4　The trend of trehalose concertration of the strain TST05

五、菌的海藻糖酶活性和虫体内海藻糖含量之间的相互关系

以桃小食心虫虫体为培养基培养球孢白僵菌，测定比较海藻糖酶活性和海藻糖含量之间的关系。结果发现（表 5.2），当海藻糖酶活性在前 2d 处于高活性时，海藻糖含量的降低幅度很大，第 2 天比第 1 天降低了 40%，然后又在第 3 天降低了 72%。在 3d 以后，海藻糖酶活性维持在一个较低水平时，相对应海藻糖含量下降趋势缓慢了，降低率从 72% 降低到 92%，此时海藻糖含量也很低。这说明球孢白僵菌在入侵桃小食心虫的过程中分泌了大量的海藻糖酶，该酶将虫体的海藻糖分解为葡萄糖，为真菌的生长与繁殖提供了营养物质。

表 5.2　球孢白僵菌 TST05 海藻糖酶活性和虫体海藻糖含量变化的趋势

Table 5.2　The trend of trehalase activity of the strain TST05 and trehalos concertration of larvae

时间 Time（d）	海藻糖酶活性 Trehalase Activity / mU/mg	海藻糖含量 Trehalose concertration / mmol/L	降低率 decrease ratio / %
1	2.645 ± 0.224 b	0.473 ± 0.024 a	—
2	3.622 ± 0.185 a	0.284 ± 0.031 b	40.0
3	1.804 ± 0.190 c	0.128 ± 0.007 c	72.9
4	1.541 ± 0.162 cd	0.087 ± 0.014 d	81.6
5	1.333 ± 0.133 d	0.076 ± 0.010 d	83.9
6	1.510 ± 0.049 cd	0.037 ± 0.017 e	92.2

六、讨论

昆虫体壁是昆虫抵御外来微生物入侵和抵抗机械压力的重要屏障，本研究通过对桃小食心虫体壁结构观察后发现，该虫幼虫体壁可分为4部分即上表皮、原表皮、形成层和真皮层，组成成分主要有蛋白质、几丁质和脂肪；外表皮主要由脂肪和碳水化合物组成，原表皮是体壁的主要部分，主要由几丁质和镶嵌在其间的蛋白质组成，真皮层向外分泌物质形成昆虫体壁。

虫生真菌分泌的水解酶通过降解体壁的成分而穿透体壁侵入到虫体体腔，这些水解酶系是一个复杂的体系，它们作用于昆虫体壁的相应成分，降解成可溶物质为真菌提供营养成分，清除了入侵昆虫的屏障。St.Leger等（1994）研究中将绿僵菌接种到粉碎的蝗虫表皮上，发现这些水解酶在出现时间上有一定的顺序，24h内首先检测出的是蛋白酶和酯酶的活性，然后检测出N-乙酰葡萄糖苷酶，3~5d后才可检测出几丁质酶和脂肪酶的活性。

以桃小食心虫表皮为培养基培养球孢白僵菌TST05时，类枯草杆菌蛋白酶在前3d酶活性持续增长并处于较高水平，在第3天达到最大值（12.427 ± 0.686）U/g后开始下降。与此对应的是几丁质酶活性在1~8d一直处于增长趋势，在第8天达到最大值为（1.467 ± 0.108）U/g。通过对该菌株类枯草杆菌蛋白酶和几丁质酶的酶活变化趋势进行比较分析，发现菌株的Pr1和几丁质酶在入侵桃小食心虫体壁过程中的作用有前后顺序，类枯草杆菌蛋白酶在前期发挥主要作用，几丁质酶在后期发挥主要作用，这与该虫的体壁结构是相一致的。说明球孢白僵菌菌丝穿透桃小食心虫体壁过程中首先是Pr1降解了表皮中的蛋白质后使表皮中的几丁质暴露，从而诱导了几丁质酶的大量产生，几丁质酶将表皮的几丁质分解，菌丝成功穿透表皮进入虫体体腔。St.Leger等（1991）在研究球孢白僵菌侵染蝗虫及彭国良等（2009）在研究蜡蚧霉感染沙里院褐球蚧时发现，病原真菌首先蛋白酶作用将昆虫表皮蛋白降解，于是表皮暴露出几丁质，并诱导产生几丁质酶，后将表皮几丁质降解。St.Leger等（1996b）研究绿僵菌对烟草天蛾（*Manduca sexta*）的侵染过程中，发现蛋白酶与几丁质酶的活性产生时期不同，蛋白酶总是在菌株侵染表皮过程中的早期产生，而几丁质酶总是在穿透过程的后期大量产生和发生活性，在初期的作用较小。本研究结果与其相似。

Dwayne等（1988）研究白僵菌在含有酵母膏、蛋白胨和葡萄糖培养基上的脂肪酶活性变化，发现白僵菌直到第 5 天才出现脂肪酶活性，说明了白僵菌在入侵昆虫过程中早期不产生脂肪酶，他由此推测可能脂肪酶在入侵昆虫体壁的作用较小，而在入侵血腔后发挥较大作用。我们的研究发现，球孢白僵菌以桃小食心虫表皮为培养基时，在第 1 天就测定出脂肪酶的酶活，1~3d 酶活性快速增长，4~6d 酶活性增长相对缓慢，第 6 天就达到酶活的高峰期然后下降。这与 Dwayne 等人研究结果是不同的，可推测出脂肪酶在病原菌菌丝入侵虫体的前期对含有脂肪、蜡层等的上表皮成分具有分解能力。

病原真菌入侵到昆虫体内后，主要通过吸收营养物质和释放毒素而成功致死寄主。海藻糖是昆虫体内血淋巴中主要糖类和主要能量物质，海藻糖是一种由 2 个葡萄糖分子结合而成的一种非还原性双糖。它具有与其他糖类不同的功能，即能有效地保护生物分子的结构不被破坏，从而能有效地保护和维持生命体的生命过程和生物特征。正常状态下昆虫血淋巴中的葡萄糖浓度很低，而海藻糖存在于已知所有种类的昆虫中的组织结构中，是昆虫血淋巴中主要的糖类和能量物质，其含量大约占血淋巴糖类的 80%~90%（Wyatt，1967）。血淋巴中海藻糖含量的变化对于昆虫摄取碳水化合物以及体内营养的动态平衡的调控具有重要意义（Thompson，2003）。因此，昆虫体内的海藻糖对于昆虫的生命具有重要意义，其耗竭必然导致昆虫的生命衰竭甚至死亡（Xia et al.，2002）。

昆虫体内海藻糖是病原真菌的主要营养源之一，可作为病原真菌在寄主体内生长的碳源。海藻糖等二糖对许多真菌来说是非渗透性的，这就要求病原真菌必须分泌相应的水解酶类，将海藻糖降解成小分子后才能吸收利用（Xia et al.，2002）。海藻糖酶水解作用可将海藻糖专一性的水解成两分子的葡萄糖。因此，产生海藻糖酶等水解酶降解昆虫血淋巴中海藻糖是病原真菌消耗营养物质的重要方式之一。Xia 等（2002）和 Zhao 等（2006）的研究均表明病原真菌进入昆虫血腔后在其繁殖生长过程中会产生相应的海藻糖水解酶。因此，海藻糖酶在病原真菌侵染侵入昆虫体腔中与寄主昆虫竞争性利用寄主体内营养物质方面起着重要的作用，也就是在昆虫病原真菌的致病过程中起着重要的作用。Xia 等（2000，2001）的研究中表明，绿僵菌侵入到昆虫血腔后在寄主体内会分泌海藻糖酶，使昆虫血液中的海藻糖降解为葡萄糖，从而为绿僵菌在昆虫体内生长与繁殖提供所需的碳源。

因此，病原真菌的海藻糖酶在致死昆虫中具有重要的作用，虫体血淋巴中的海藻糖就成为了病原真菌入侵昆虫的一个重要的靶标（Zhao et al.，

2006)。

本研究中以桃小食心虫虫体为培养基培养球孢白僵菌 TST05，测定 1~6d 菌株的海藻糖酶活性和虫体海藻糖含量的变化。结果表明，培养基中的海藻糖含量随着培养菌株的天数增加逐渐降低。前 3 天海藻糖的含量呈直线下降，降低幅度很大，而相应菌株在前 2 天的海藻糖酶活性很高，第 2 天达到高峰期为（3.622 ± 0.185）mU/mg，说明前期菌株产生大量的海藻糖酶并降解了海藻糖，使海藻糖含量大幅度降低。2d 后海藻糖酶活开始下降，在 3~6 天该酶活性维持在较低水平，与此相对应海藻糖的含量也很低，与第 1 天相比几乎下降了 80% 以上。这说明在培养后期，可能是因为培养基中海藻糖的含量大量减少，菌株产酶能力减小。该研究表明球孢白僵菌在入侵桃小食心虫的过程中分泌了大量的海藻糖酶，该酶将虫体的海藻糖分解成葡萄糖，为真菌的生长与繁殖提供了碳源营养。

第六章
桃小食心虫幼虫感染 TST05 菌株后的组织病理学变化

病原真菌对昆虫侵染的主要途径是通过与昆虫体壁接触，进而穿透体壁侵入血腔。真菌进入血腔后，虫体内的血淋巴、脂肪体、消化道等内部组织器官就成了病菌攻击侵染的靶标。因此，了解昆虫的体表特征、表皮结构和内部器官的显微与超微结构是研究病原真菌侵染过程和致病机理的基础。以往国内外都没有针对桃小食心虫在此方面的研究报道。本研究通过光学显微镜、扫描电镜和透射电镜技术，观察了桃小食心虫幼虫的体表特征和内部组织器官形态结构，研究了球孢白僵菌 TST05 菌株孢子在桃小食心虫幼虫体表的分布、附着、萌发，菌丝生长、对体壁的穿透过程和对内部组织器官的侵染症状，分析了病菌感染引起寄主昆虫的组织病理学变化特征，为揭示球孢白僵菌对桃小食心虫幼虫的致病机理提供新的证据。

一、材料和方法

1. 桃小食心虫幼虫的染菌处理

桃小食心虫老熟幼虫的准备：2009 年 9 月在山西省稷山县和襄汾县的枣园收集桃小食心虫钻蛀的虫枣，放在室内等老熟幼虫自然脱果爬出，收集备用。

TST05 菌株孢子悬浮液的制备：将 TST05 菌株接种在 PDA 培养基上，25℃培养 7 天后，将分生孢子刮下，置于 0.1% 吐温 -80 无菌水溶液中。磁力搅拌器搅拌均匀，经血球计数板计数，配成 5×10^7 孢子 /mL 的孢子悬浮液。

桃小食心虫幼虫的染菌处理：将收集的桃小食心虫老熟幼虫在制备好的孢子悬浮液中浸没 3 s，以感染真菌。将接菌后的幼虫放在玻璃养虫缸内，置于 25℃、相对湿度 85% 的人工气候箱内培养。对照组幼虫以同样方式在 0.1% 吐温 -80 无菌水溶液中浸没 3 s 处理。每组处理 200 头幼虫，重复 3 次。

2. 病理症状与组织切片的显微观察

外部症状观察：接菌后，每天用体视显微镜观察幼虫的行为表现和外部症状，并用 Olympus C5050Z 数码相机拍照。

虫体解剖与显微观察：将桃小食心虫幼虫腹面向上用昆虫针固定在蜡盘上，置于体视显微镜下。沿虫体的腹面中线用解剖刀片将表皮剖开，用昆虫针固定好。用解剖针将脂肪体轻轻剥离，分离出肠道、马氏管，观察其形态构造，并拍照。

石蜡切片的制备与观察：在染菌处理后的 24h、48h、72h、96h、120h 和 144 h 分别取 10 头幼虫做石蜡切片。对照组的幼虫只在 144 h 取样。将取样的幼虫浸入含 4% 戊二醛的 0.2 mol/L pH 7.2 的磷酸缓冲液中，置于 4℃ 冰箱中 48 h 作固定处理。随后，用磷酸缓冲液漂洗 3 次，再将样品通过乙醇系列溶液脱水、二甲苯透明、透蜡、石蜡包埋（Liu et al.，2009）。包埋后的样品用莱卡 RM225 全自动切片机切成 4 μm 厚的连续切片，将切片固定在载玻片上，经 HE 染色（Becnel，1997）后用盖玻片盖住，用中性树胶封存。制备好的石蜡切片用 OLYMPUS BX-51 光学显微镜观察并拍照。

3. 组织病理学变化的电镜观察

扫描电镜：在染菌处理后的 24h、48h 和 72 h 分别取 10 头幼虫作为扫描电镜样品。空白对照组的幼虫在 72 h 取样。固定方法及清洗方法同石蜡切片。用浓度递增 10% 的丙酮系列溶液脱水，液体二氧化碳置换丙酮，EMS 850 临界点干燥器干燥，粘台后喷金，在 JSM-840 扫描电子显微镜下观察（操作电压 15KV），Canon EOS 350D 数码相机拍照（Liu et al.，2009）。

透射电镜：透射电镜样品的取样、固定、清洗同石蜡切片。然后将样品用 1% 锇酸在 4℃条件下后固定 3 h。经用浓度递增 10% 的乙醇系列溶液脱水，Epon 812 包埋。1 μm 厚的半薄切片固定在载玻片上，用 1% 甲苯胺蓝染色后，Olympus BX-51 光学显微镜观察。包埋物经修块后，用 Reichert

Jung 超薄切片机切成 0.08 μm 的超薄切片，乙酸双氧铀和柠檬酸铅双染法染色，EM-1200EX 透射电子显微镜观察并拍照（Liu et al.，2009）。

二、结果与分析

1. 染菌后桃小食心虫幼虫的外部症状

正常的桃小食心虫幼虫行动活跃，体色为鲜艳的橘红色（图 6.1A）。感染 TST05 菌株 24 h 后，幼虫体壁出现了一些黑点和黑斑（图 6.1B）。随后，幼虫逐渐表现出行动迟缓、对触碰不敏感等染病症状，虫体表面的黑色斑点增多。死亡幼虫的体表颜色由正常的橘红色变成了黑红色（图 6.1C）。死亡 24h 后，虫尸体表长出很多菌丝，尤以节间褶处明显更密更多（图 6.1D）。随着菌丝生长，菌丝层增厚，菌丝更加致密（图 6.1E），幼虫死亡 48h 后，菌丝完全覆盖了整个虫尸，并开始产生孢子（图 6.1F）。

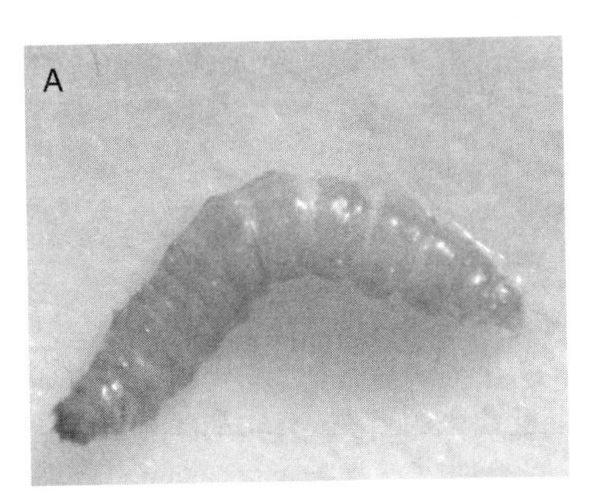

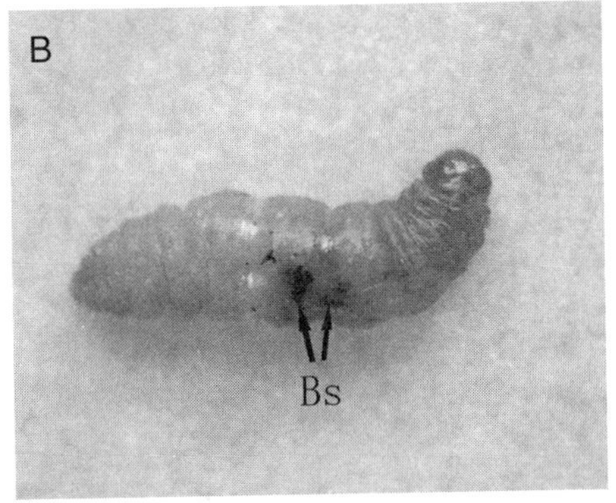

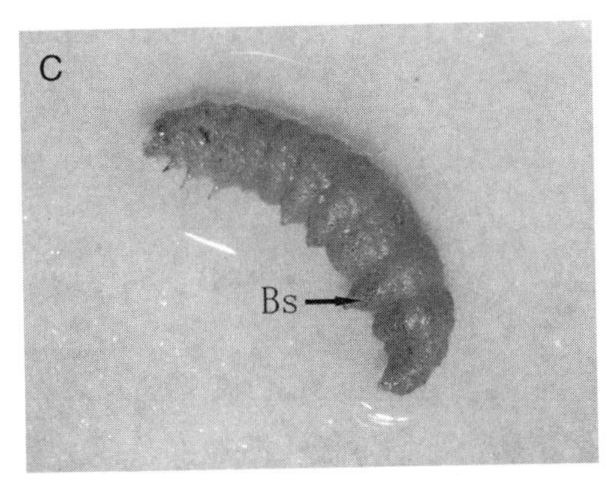

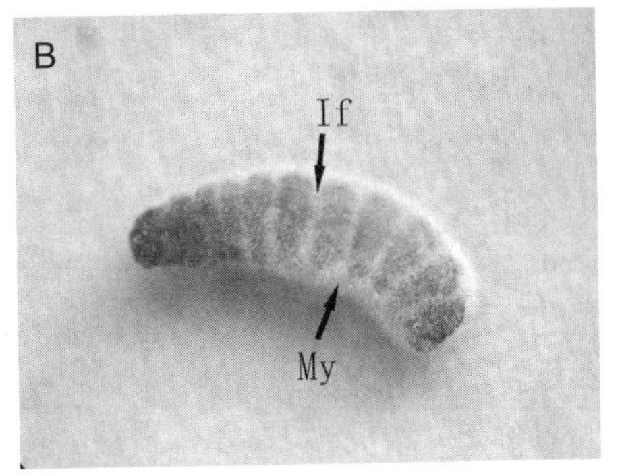

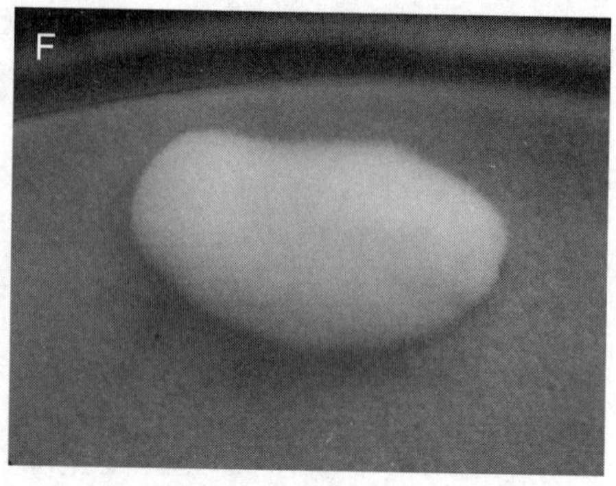

图 6.1　桃小食心虫幼虫感染 TST05 菌株后的外部症状

A: 健康幼虫　B: 感染 24 h 后，幼虫体表出现黑斑（Bs）　C: 感染 120 h 后，幼虫死亡，虫体颜色已由正常的橘红色变为黑红色，体表布满黑斑　D: 感染 144 h 后，虫尸表面长出菌丝（My），在节间褶（If）处尤为密集　E: 感染 156 h 后，菌丝覆盖了虫尸体表　F: 感染 168 h 后，菌丝完全包裹了虫尸，并开始产生孢子

Fig. 6.1　The external symptoms of *Carposina sasakii* larvae infected by *Beauveria bassiana* TST05.

A: Healthy larvae　B: The infected larvae. At 24 h after inoculation, black spots (Bs) appeared in the cuticle　C: At 120 h after inoculation, the dark spots increased on body surface. And the larvae died with the body color changed to dark red　D: At 144 h after inoculation, mycelia (My) grew out the dead larvae's body, occurring more thickly in the intersegmental folds (If)　E: At 156 h after inoculation, the insect cadaver was covered by mycelia　F: At 168 h after inoculation, mycelia covered over the insect cadaver and began to produce conidium

2. TST05 菌株孢子在桃小食心虫幼虫体表的附着、萌发与入侵

桃小食心虫幼虫的虫体分头、胸、腹 3 体段，头部高度骨化，具 1 对触角，两侧各 6 只单眼。口器为咀嚼式（图 6.2A），下端有一个突出的箭筒状结构的吐丝器，是鳞翅目幼虫为吐丝所特化出来的结构。幼虫的头壳硬而光滑，具有稀疏的刚毛，染菌后只有很少的孢子附着。而幼虫口器和触角基部具有皱褶和凹陷，易于孢子的聚集和附着（图 6.2B）。口器下方放大后可以看到其凹陷处附着有大量的孢子（图 6.2C）。

幼虫胸部 3 个胸节，各具胸足 1 对，在胸足上也发现有孢子附着（图 6.2D）。腹部十节，第 3~6 节和第 10 腹节上各着生有腹足 1 对，臀节上有臀足 1 对。腹足末端具有能伸缩的趾，趾的末端有成排的小沟，为环式趾沟。腹足及其趾沟的凹陷处也有很多孢子附着（图 6.2E）。

腹部 1~8 腹节的两侧各有一个气门（图 6.2F）。气门开口圆形，气门腔内有很多纵横交错的密生细毛的刷状过滤结构，称为筛板（图 6.2G）。孢子

能附着在气孔的空隙处（图 6.2H），但试验中未发现菌丝能从气门入侵。

桃小食心虫幼虫胸部和腹部各体节表面除了节间褶处都长有排列较规则而密集的刺状突起，称为棘刺，在棘刺之间散布着稀疏的长刚毛（图 6.2K）。刚毛细长光滑，观察到孢子竟能在刚毛表面附着萌发（图 6.2I），孢子萌发的芽管可以直接在刚毛表面入侵或从基部的刚毛窝侵入（图 6.2J）。而棘刺间的体表并不平坦，附着有很多孢子（图 6.2M）。

染菌后 24~36 h，可观察到孢子的萌发。萌发的孢子表面能产生黏液（图 6.2 N），黏液层中含有的水解酶，能降解昆虫表皮，从中获取营养，供菌丝生长蔓延。图 6.2 N 显示表皮上有降解的小孔。有的在芽管前端长出侵入钉对体壁进行穿刺（图 6.2O），有的则延长成菌丝，并在幼虫体表蔓延一段距离后，才在合适的位置穿透体壁（图 6.2P）。

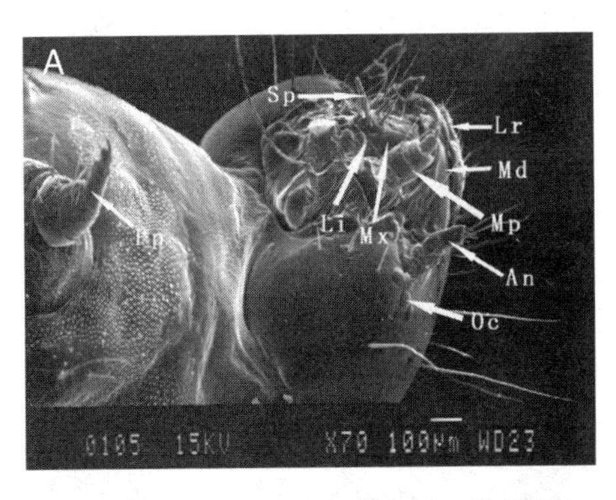

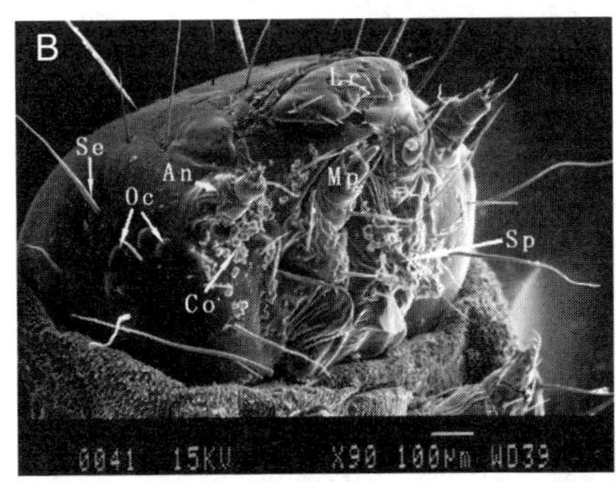

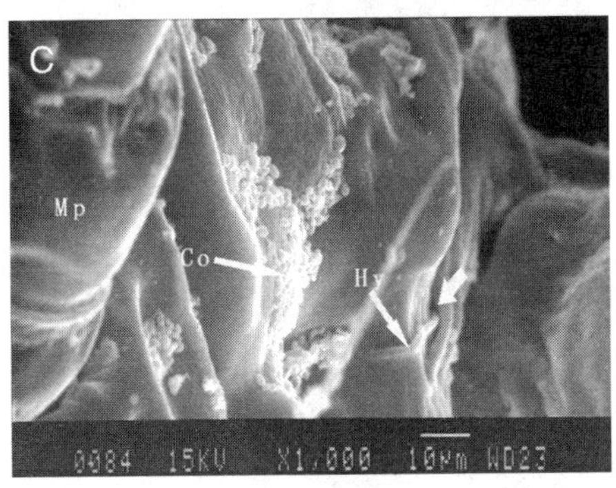

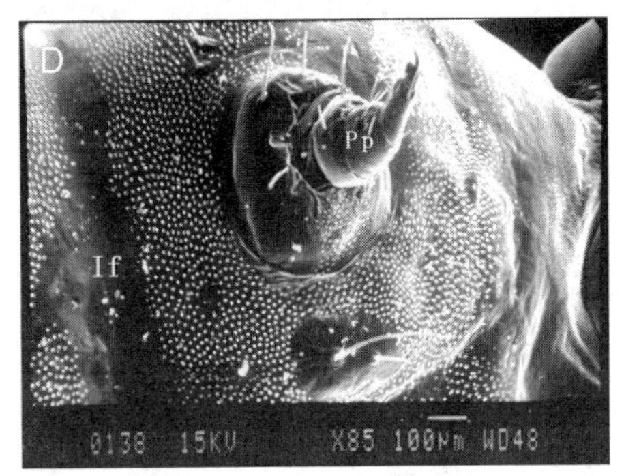

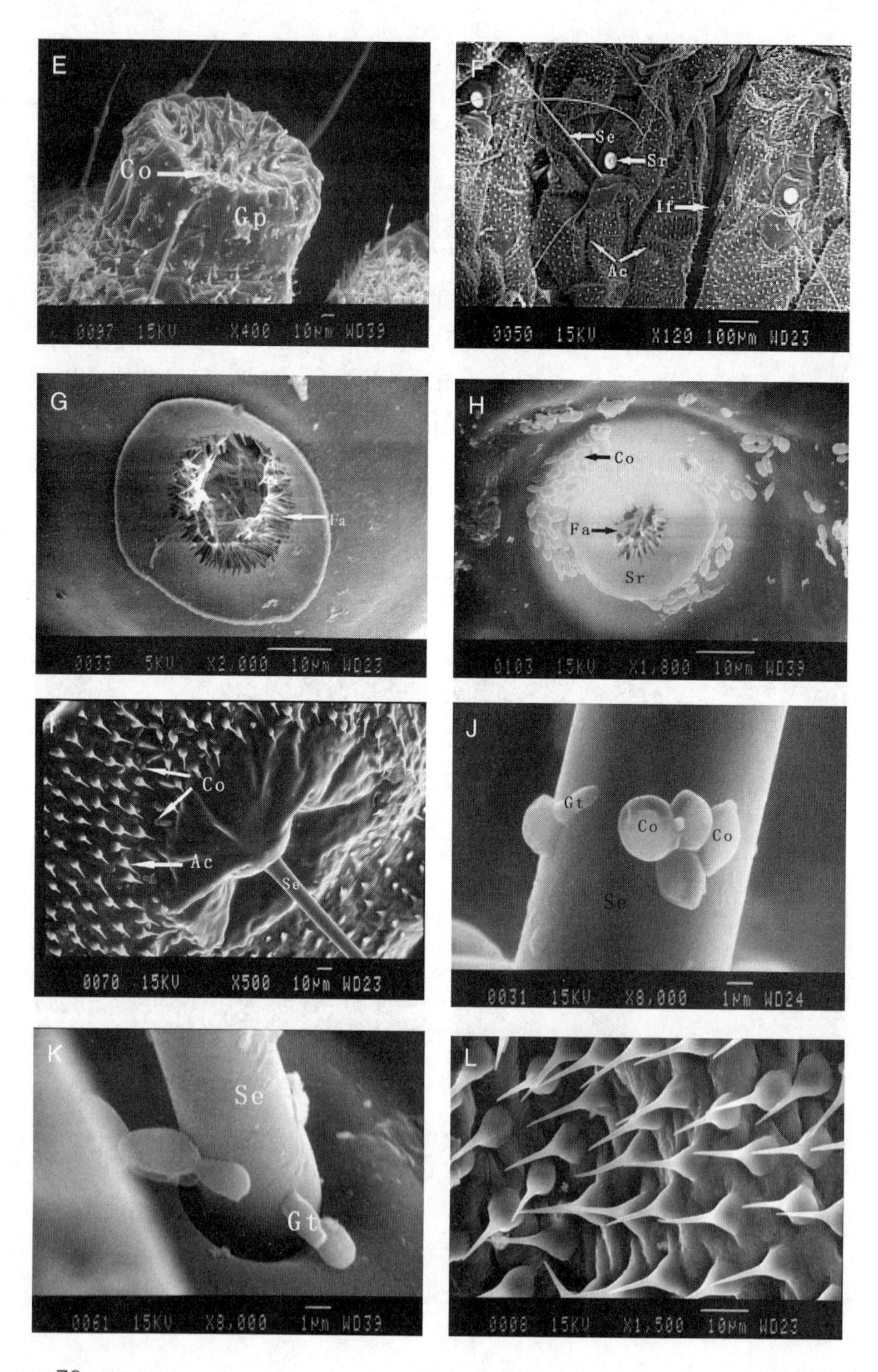
E
Co
Gp
0097 15KV X400 10μm WD39
F
Se
Sr
If
Ac
0050 15KV X120 100μm WD23
G
Fa
0033 5KV X2,000 10μm WD23
H
Co
Fa
Sr
0103 15KV X1,800 10μm WD39
I
Co
Ac
Se
0070 15KV X500 10μm WD23
J
Gt
Co
Co
Se
0031 15KV X8,000 1μm WD24
K
Se
Gt
0061 15KV X8,000 1μm WD39
L
0008 15KV X1,500 10μm WD23

图 6.2　TST05 菌株在桃小食心虫幼虫体表的附着、萌发、穿透的扫描电镜照片

A: 头部。显示骨化的头壳和咀嚼式口器。An: 触角，Lr: 上唇，Md: 上颚，Mx: 下颚，Mp: 下颚须，Li: 下唇，Sp: 吐丝器，Oc: 单眼　B: 头部。显示孢子（Co）聚集在口器和触角（An）的基部　C: 放大图。显示孢子附着在下颚须和吐丝器间的沟槽内以及一个菌丝（Hy）延伸并穿入体壁，箭头处为明显的穿透位点　D: 胸足（Pp）　E: 腹足（Gp）　F: 腹部的 3 个体节。显示节间褶（If）、刚毛（Se）、气门（Sr）和体表上大量的棘刺（Ac）　G: 腹部的气门（Sr），显示气门的过滤结构（Fa）　H: 大量孢子附着在气门周围　I: 刚毛和棘刺（Ac）　J: 孢子附着在刚毛上，并萌发出芽管（Gt）　K: 芽管穿透进入刚毛　L: 棘刺的放大图　M: 大量孢子聚集在棘刺基部的体表上　N: 孢子表面产生黏液。箭头处为芽管前方出现的小孔　O: 孢子萌发，芽管直接穿透进入体壁　P: 菌丝在体表延伸，前端生成穿透钉（Peg）进攻体壁

Fig.6.2　SEM photographs of the attachment, germination and penetration of *B. bassiana* TST05 on the surface of *C. sasakii* larvae

A: The head, showing the sclerised head capsule and chewing mouthparts. An: antenna, Lr: labrum, Md: mandible, Mx: maxilla, Mp: maxillary palpus, Li: labium, Sp: spinneret, Oc: ocellus　B: The head of the larva, showing the conidia (Co) attached on the ventral surface around the mouthparts and antennae　C: Magnified view of the conidia attached on the sulcus and grooves between the maxillary palp and spinneret. A hypha (Hy) was also visible growing into and piercing an obvious invasion site (arrow)　D: Pereiopod (Pp)　E: Gastropod (Gp)　F: Three segments of the abdomen. The intersegmental fold (If), seta (Se), spiracle (Sr) and large numbers of acanthae (Ac) are shown in cuticle　G: An abdominal spiracle (Sr), showing the filter apparatus (Fa) in the spiracle　H: Many conidia (Co) surround the spiracle　I: The seta and acanthae (Ac)　J: Some conidia (Co) attached to the seta and germinated to form a germ tube (Gt)　K: The germ tube penetrated into the seta L: Magnified view of the acanthae M: Mass conidia (Co) adhered to the cuticle around the acanthae (Ac) N: The mucilage was generated on the surface of conidia. A small hole appeared in front of the germ tube O: Conidia (Co) germinated, and the germ tube (Gt) penetrated directly into the integument (arrow) P: Hyphae (Hy) extended on the cuticular surface (Cu) and invaded by means of the penetration peg (Peg)

3. 菌丝对幼虫体壁的穿透

桃小食心虫幼虫的体壁从外向里分为表皮层、皮细胞层和底膜。表皮层包括上表皮和原表皮。原表皮主要由呈多层平行薄片状的蛋白质和几丁质复合物构成。由于分子密度不同，在透射电镜下能看到清晰的片层结构（图 6.3A）。通过透射电镜技术观察真菌对幼虫体壁的穿透以及对体壁的破坏。图 6.3B 显示真菌感染时孢子先接触上表皮，此时幼虫的体壁还未受到破坏，仍然完整。当真菌穿透上表皮进入原表皮，在上表皮的穿透位点上会形成一个凹陷的深色斑点，并且也破坏了侵入位点的原表皮结构（图 6.3C）。菌丝进入原表皮后，由于菌丝生长延伸的机械挤压作用和分泌的胞外水解酶对周围蛋白质、几丁质的降解作用，使片层结构受到破坏。图 6.3D 显示真菌进入原表皮后，菌丝周围的表皮结构受到破坏，片层结构完全消失。

4. 菌丝侵入血淋巴

在桃小食心虫幼虫病理学石蜡切片上观察到，当真菌附着及入侵昆虫体壁时，就激活了幼虫的免疫防御反应，表皮下血淋巴中出现了血细胞的聚集现象（图 6.4A）。菌丝穿透表皮层过程中，寄主的免疫防御系统启动，包裹菌丝生成黑化体以阻挡菌丝的生长延伸。在表皮层下方也观察到黑化体（图 6.4B）。当作为寄主最外层抵抗屏障的体壁没有阻挡住真菌后，真菌侵入血淋巴。血淋巴是寄主的内部抵抗屏障，在菌丝侵入到血腔后，血淋巴中也出现了血细胞的聚集和血细胞参与形成的黑化体（图 6.4C）。当真菌最终战胜了寄主的免疫防御系统后，菌丝就在幼虫的血腔中快速生长、大量繁殖，在血淋巴中产生大量的芽生孢子（图 6.4D）。芽生孢子随血淋巴四处扩散，进一步感染幼虫的内部组织和器官。

5. 幼虫内部组织器官的感染症状

在体视显微镜下解剖桃小食心虫老熟幼虫时，观察到幼虫体内充满白色

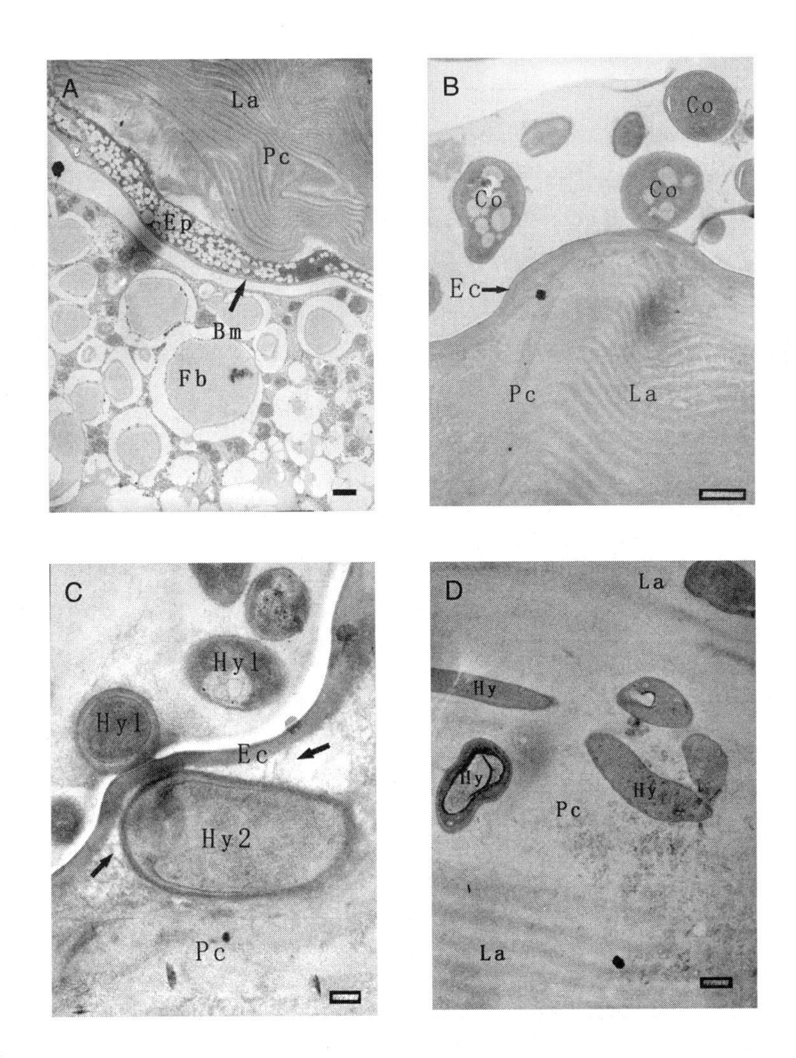

图 6.3　TST05 菌株侵染桃小食心虫体壁的透射电镜照片

A: 正常的表皮。Pc: 原表皮，Ep: 皮细胞，Bm: 底膜，La: 片层，Fb: 脂肪体，bar = 2μm　B: 染菌 12 h 后分生孢子附着在体壁，原表皮中的片层结构清晰可见。Ec: 上表皮，bar = 1μm　C: 表皮层的横切图。显示一菌丝（Hy1）正附着在体壁，另一菌丝（Hy2）已经进入体表并破坏了表皮结构（箭头处），bar = 200 nm　D: 原表皮中，菌丝（Hy）周围的片层结构（La）已经消失，bar = 1μm

Fig. 6.3　TEM photographs of the integument, documenting the invasion of *B. bassiana* TST05

A: Normal cuticle. Pc：procuticle, Ep: epidermis，Bm: basement membrane, La: lamellae, Fb: fat body, bar = 2μm　B：At 12 h after inoculation, conidia (Co) were attached to the integument. The lamellae (La) of the cuticle (Cu) were clearly visible. Ec: epicuticle, bar = 1μm　C: Cross section of the integument showing a hypha (Hy1) adhering to the integument. Another hypha (Hy2) has entered the cuticle and disrupted the cuticlar structure (arrow), bar = 200 nm　D: In the procuticle, hyphal invasion caused the disappearance of the lamellae (La) around the hyphae (Hy), bar = 1μm

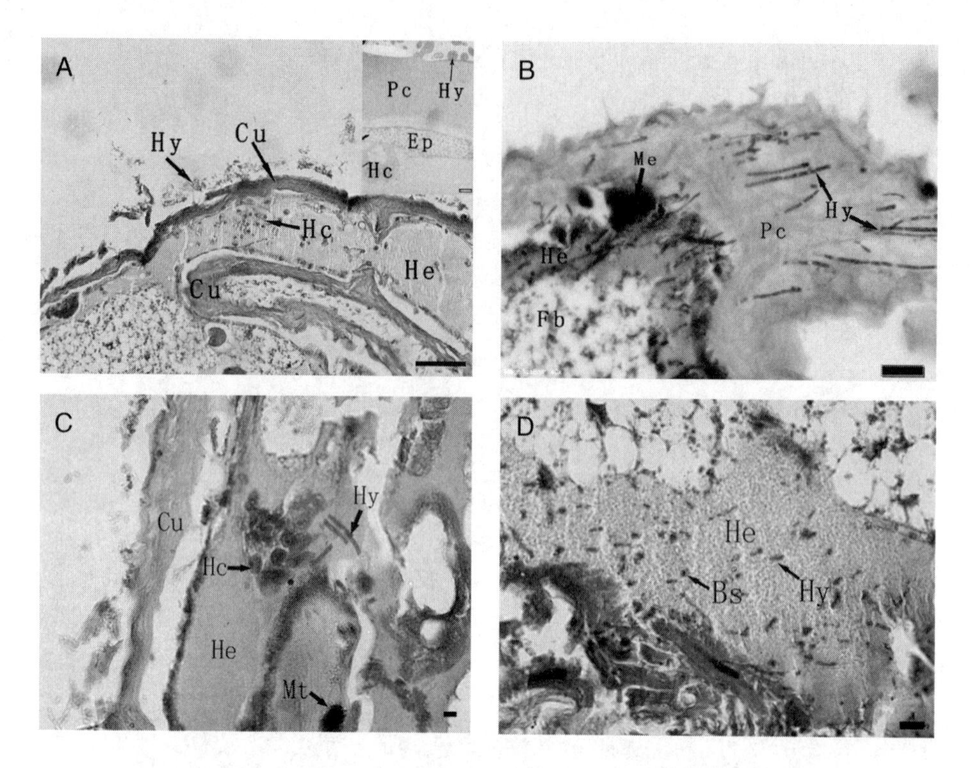

图 6.4 桃小食心虫感染球孢白僵菌 TST05 后的防御反应

A: 菌丝（Hy）对表皮的侵染（Cu）刺激血淋巴（He）中血细胞（Hc）产生聚集。Bar = 50μm，右上角小图为透射电镜图，显示一个血细胞已经转移到表皮下。Ep: 原表皮，bar = 2μm　B: 大量菌丝（Hy）在原表皮（Pc）中延伸，并侵入到血淋巴中。在表皮层下出现黑化体（Me）。Fb：脂肪体，bar = 20μm　C: 血淋巴（He）中出现了血细胞（Hc）聚集和黑化（Me），bar = 10μm　D: 芽生孢子（Bs）和菌丝（Hy）在血淋巴（He）中大量增殖，bar =20μm

Fig. 6.4　Micrographs of the histological sections, showing the defensive response of the host to *B. bassiana* TST05

A: The fungal attack on the cuticle (Cu) stimulated a defensive response of the hemocytes (Hc) aggregating in hemolymph (He). Hy: hyphae, bar=50μm. TEM photograph in (A) shows that a hemocyte had moved to the epidermis (Ep), bar = 2μm　B: A mass of hyphae (Hy) in the procuticle (Pc) and the hemolymph (He). A melanization (Me) appeared under the procuticle. Fb: fat body, bar = 20μm　C: Hemocytes (Hc) aggregation and melanization (Me) emerged in the hemolymph (He), bar = 10μm　D: The hemolymph (He) was colonized by blastospores (Bs) and hyphae (Hy), bar = 20μm

的片状、带状的脂肪体组织和长的、透明的管状丝腺（6.5A）。石蜡切片显示正常的脂肪体结构紧密，边缘很清晰光滑（图 6.5C）。被菌丝侵染后的脂肪体结构变松散、出现空泡，边缘模糊甚至消失，组织已经完全被破坏（图 6.5D）。将脂肪体剥离后，能看到纵贯在血腔中央的肠道以及虫体两侧连接气门气管输送的白色侧纵干（图 6.5B）。肠道由前肠、中肠和后肠构成，作为排泄器官的马氏管着生在中肠与后肠的交界处。桃小食心虫幼虫肠道两侧分别有 3 条马氏管，弯曲褶叠于中、后肠的肠壁上或周围。扫描电镜下观察马氏管为螺旋状，表面有小皱褶（图 6.5E），断面呈蜂窝状（图 6.5F）。石蜡切片（图 6.5G）显示马氏管管壁为单层上皮细胞，细胞的外围只有一层基膜，没有肌肉层。原生质呈网状结构，内含不规则的结晶。感染后，菌丝大量侵入马氏管（图 6.5H）。

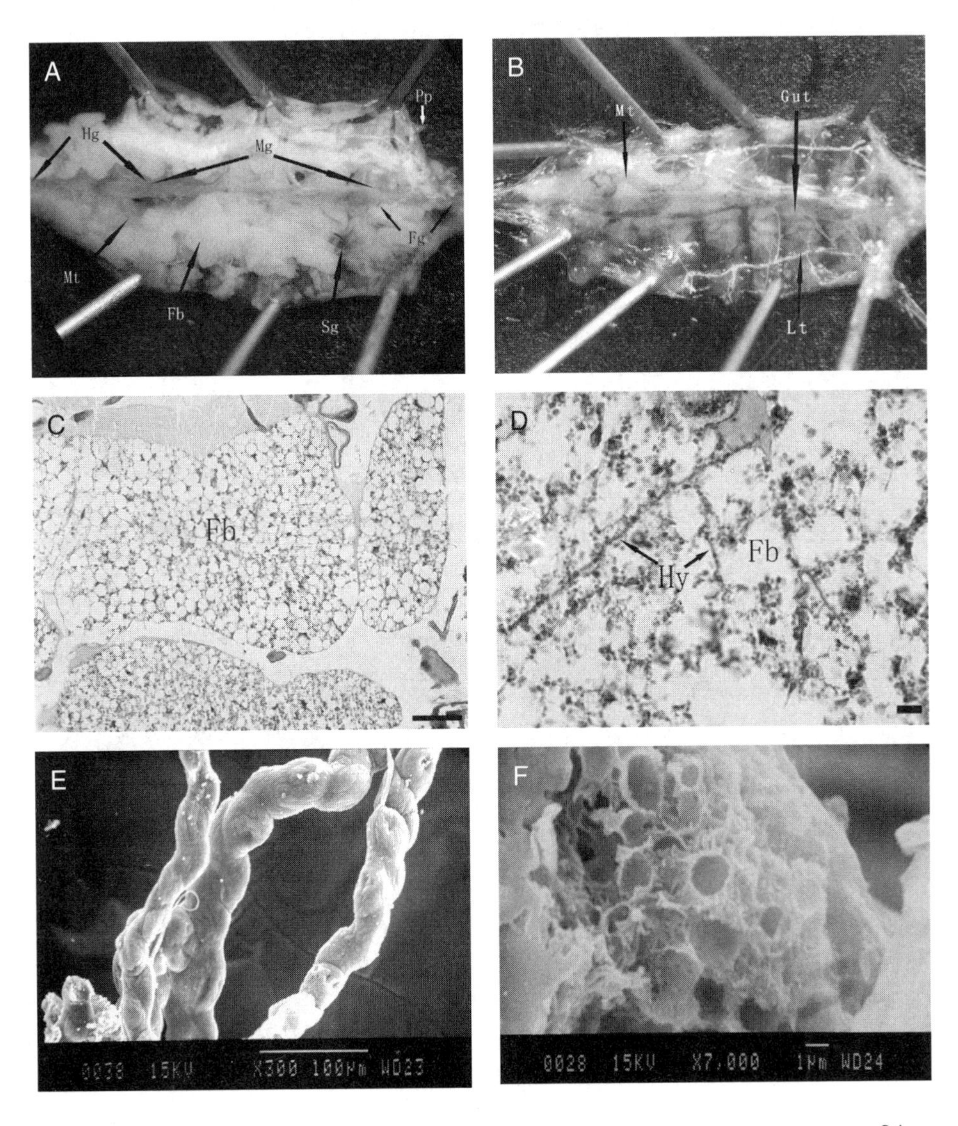

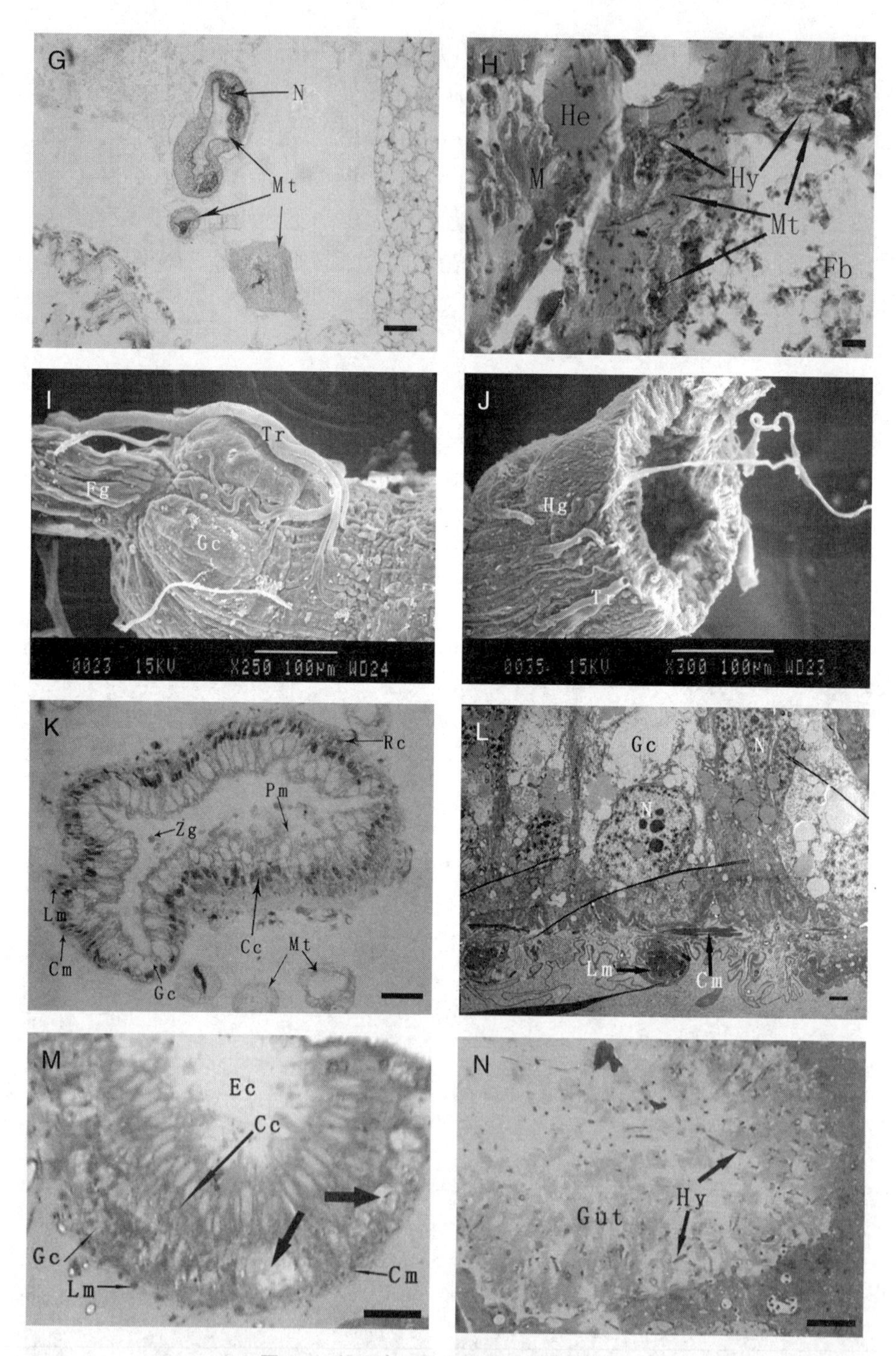

图 6.5　桃小食心虫幼虫的内部组织照片

A, B 为解剖照片，C, D, G, H, K, M, N 为石蜡切片，E, F, I, J 为扫描电镜照片，L 为透射电镜照片。A: 桃小食心虫幼虫解剖照片。Fb: 脂肪体，Mt: 马氏管，Fg: 前肠，Mg: 中肠，Hg: 后肠，Sg: 丝腺，Pp: 胸足　B: 剥去脂肪体的解剖照片。Gut: 肠道，Lt: 侧纵干　C: 正常的脂肪体（Fb），bar = 50 μ m　D: 被感染的脂肪体，显示细胞结构被破坏。Hy: 菌丝，bar =20μm　E: 马氏管　F: 马氏管的断面　G: 马氏管的横切面。N: 细胞核，Mt: 马氏管，bar = 20μm　H: 大量菌丝（Hy）侵入马氏管（Mt）。He: 血淋巴，Fb: 脂肪体，bar=10μm　I: 前肠和中肠的外表面，显示膨出的胃盲囊（Gc）和肠道表面的气管（Tr）　J: 后肠的外表面　K: 正常的中肠横截面。Cc: 柱状细胞，Gc: 杯状细胞，Cm: 环肌，Lm: 纵肌，Pm: 围食膜，Rc: 再生细胞，Zg: 酶原颗粒，Mt: 马氏管，bar = 20 μ m　L: 中肠放大的透射电镜照片，bar = 2μm。M: 感染早期阶段的幼虫肠道横截面，显示正常结构和一些受损细胞（箭头处）。Ec: 肠腔，bar = 20μm。N: 肠道（Gut）结构被真菌完全破坏，Hy: 菌丝，bar = 20μm

Fig. 6.5　Micrographs of the histological sections of *C. sasakii* larvae

A,B are dissection photographs, C, D, G, H, K, M and N are paraffin slides, E, F, I, J are SEM photographs, L is TEM photograph　A: The dissection photograph of *C. sasakii* larvae. Fb: fat body, Mt: Malpighian tubule, Fg: foregut, Mg: midgut, Hg: hindgut, Sg: silk gland, Pp: Pereiopod　B: The fat body was stripped in the dissection photograph. Lt: lateral longitudinal trunk　C: The normal fat body (Fb). Bar = 50μm　D: The infected fat body, showing loss of cellular structure. Hy: hyphae, bar = 20μm. E: Malpighian tubules　F: Cross–section of Malpighian tubules　G: Cross section of malpighian tubule. N: nucleus, Mt: Malpighian tubule, bar = 20μm　H: Mass hyphae (Hy) invaded the Malpighian tubules (Mt). He: hemolymph, Fb: fat body, bar = 10μm　I: The outer surface of foregut and midgut, showing the bulging gastric caeca (Gc) and the trachea (Tr) on the intestinal surface　J: The outer surface of the hindgut　K: Cross–section of the normal midgut. Cc: columnar cell, Cm: circular muscle, Gc: goblet cell, Lm: longitudinal muscle，Pm: peritrophic membrane, Rc: regenerative cells, Zg: zymogen granule, Mt: Malpighian tubule, bar = 20μm　L: TEM photograph of magnified view of midgut, bar = 2μm　M: Cross section of the larval gut at the early infective stage, showing the normal structure and some injured cells (arrow). Ec: enteric cavity, bar = 20μm　N: The structure of the gut was completely destroyed by the fungus. Hy: hyphae, bar = 20μm

扫描电镜照片显示中肠（图 6.5I）和后肠（图 6.5J）表面的肌肉突起，有明显的纵向肌肉条纹。此外还有很多气管遍布在肠道表面，为肠道各组织细胞提供充足的氧气。后肠肠壁细胞较小，肠壁内侧有很多小的隆脊。在石蜡切片上（图 6.5K）能看到中肠肠壁很厚，主要由大的单层肠壁细胞组成，从外侧到内侧分别为围膜、纵肌、环肌、底膜、肠壁细胞。正常幼虫的肠壁中相间排列的柱状细胞和杯状细胞清晰可见，杯状细胞的核圆形，较大，常处于细胞底部。柱状细胞狭长柱形，细胞核椭圆形，指向肠腔的一端。（图 6.5L）在感染的早期，中肠中还没有出现菌丝时，一些中肠细胞就已经空泡化，其中的细胞质和细胞核消失。（图 6.5M）。在感染的后期，菌丝完全占据了中肠，中肠的结构已经被破坏殆尽（图 6.5N）。同时，肌肉组织也被菌丝侵染。图 6.6A 显示菌丝已侵入肌肉组织，此时肌肉结构还较完整，但菌丝周围的肌纤维已出现裂隙，部分被分离成碎块。在感染的后期，肌肉的结构完全被破坏，一些肌肉纤维已经消失不见（图 6.6B）。

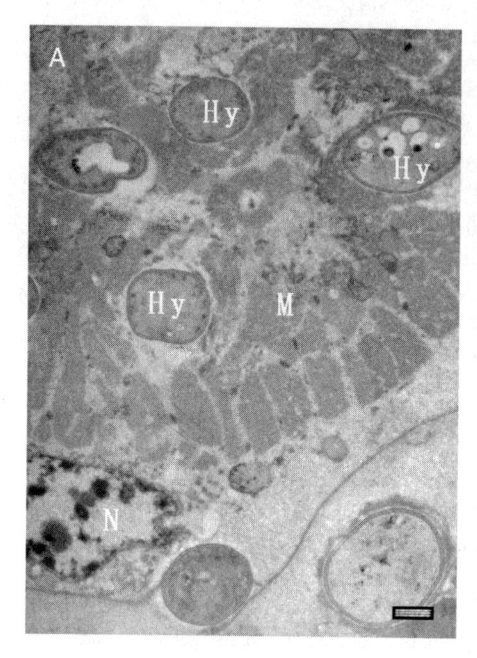

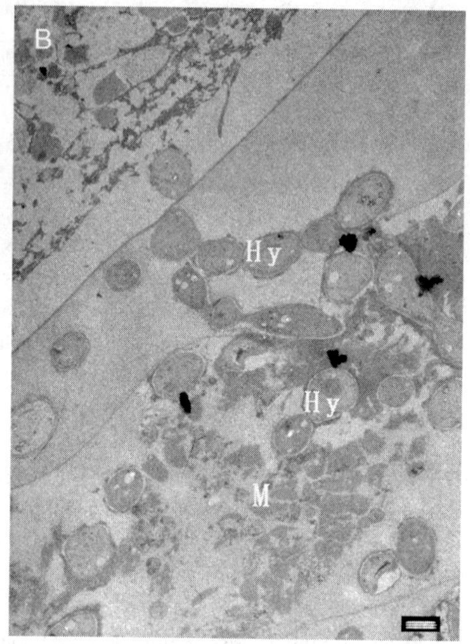

图 6.6　桃小食心虫肌肉组织被感染的的透射电镜照片

A: 菌丝（Hy）已感染肌肉组织（M）。此时肌细胞的核（N）和一部分肌纤维还没被破坏，仍能观察到。bar = 1μm　B: 肌纤维（Mf）被菌丝分解，肌肉组织的结构已被完全破坏。Bar = 2μm

Fig. 6.6　TEM photographs of host muscle infection

A: Hyphae (Hy) have infected the muscle tissue (M). Some muscle fibers and the nucleus (N) of the muscle cell can still be observed, bar = 1μm　B: The muscle fiber (Mf), resolved by the hyphal infection. The muscle tissue had been decomposed. bar = 2μm

桃小食心虫是鳞翅目昆虫，具有丝腺。本试验采用的是老熟幼虫，将要吐丝结茧，丝腺腔中充满了液体丝。通过透射电镜技术观察到菌丝对桃小食心虫丝腺内部的侵染过程（图 6.7）。图 6.7A 显示菌丝已破坏了丝腺细胞的结构并进入了丝腺腔，正在进攻液体丝。液体丝包括外层的丝胶和内部的液体丝素。液体丝素由许多大小不一的液泡和大量的丝素纤维团组成（洪健等，1999）。菌丝首先侵入丝胶层（图 6.7B），随后一些菌丝占据了丝胶层，另一些菌丝则继续侵染液体丝素（图 6.7C）并进入到液体丝素的液泡中，使原先分散的液泡融合（图 6.7D）。

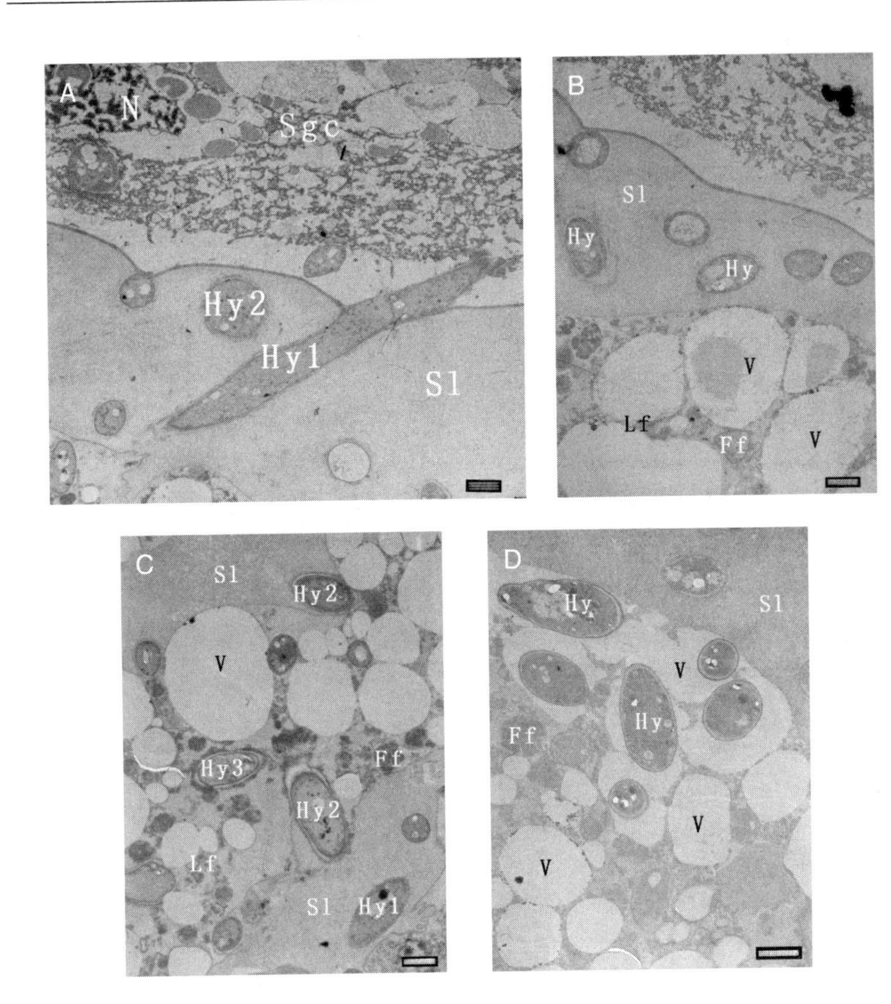

图 6.7 桃小食心虫幼虫丝腺被感染的透射电镜照片

A: 完全被破坏的丝腺细胞（Sgc）和丝腺腔中的液体丝。显示一个菌丝（Hy1）正在穿透丝胶层（Sl），另一个菌丝（Hy 2）已进入。N: 核，bar = 2μm B: 许多菌丝（Hy）已经侵入了丝胶层（Sl）。Lf: 液体丝素，Ff: 丝素纤维，V: 液泡，bar = 2μm C: 在丝腺腔中的液体丝素和丝胶层。显示一些菌丝（Hy1）已侵入到丝胶层，另一些菌丝（Hy 2）正在入侵液体丝素，还有一些菌丝（Hy 3）已进入到内部的液体丝素（Lf）并分散在液泡（V）周围。Bar = 2μm D: 菌丝也侵入到液泡（V）中，破坏了液泡膜。Bar = 2μm

Fig. 6.7 TEM photographs of silk gland infection of *C. sasakii* larvae

A: The silk gland cell (Sgc), completely destroyed, and the liquid silk in the silk gland lumen, showing one hypha (Hy1) penetrating the sericin layer (Sl). Other hyphae (Hy2) have entered. N: nuclei, bar = 2μm B: Many hyphae (Hy) have infected the sericin layer (Sl). Lf: liquid fibroin, Ff: Fibroin fiber, V: vacuole, bar = 2μm C: The liquid fibroin and sericin layer in the silk gland lumen, showing some invading hyphae (Hy1) in the sericin layer, some (Hy2) attacking the liquid fibroin, and some (Hy3) that had entered the inner liquid fibroin (Lf) and dispersed around the vacuoles (V), bar = 2μm D: Hyphal invasion caused the membrane of the vacuoles (V) to dissolve; bar = 2μm

6. TST05 菌株从桃小食心虫虫尸上的再释放

菌丝在幼虫体内大量增殖，消耗虫体营养，感染各个器官组织，幼虫早已因代谢紊乱、器官衰竭等原因死亡。在感染的后期，菌丝耗尽虫尸内的营养后，菌丝将突破幼虫体表钻出（图 6.8）。图 6.8 A 显示菌丝正在穿破表皮层，已将上表皮顶起。图 6.8B 显示菌丝已突破体壁，向外界扩展生长。一旦菌丝钻出体外，就会迅速生长并生成大量的分生孢子。分生孢子将扩散到环境中，作为新的感染源感染其他幼虫。

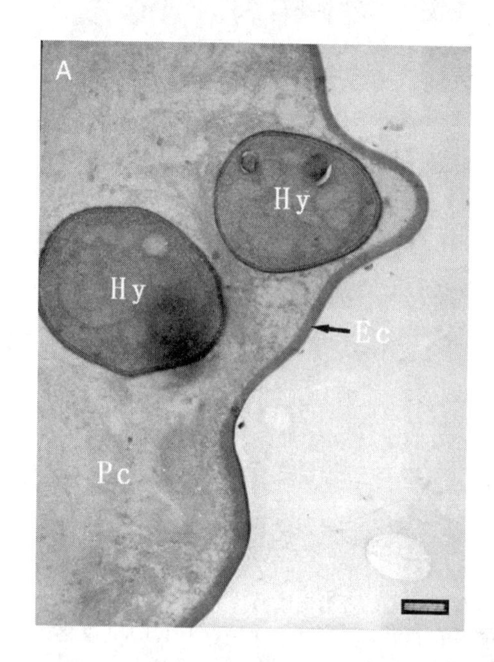

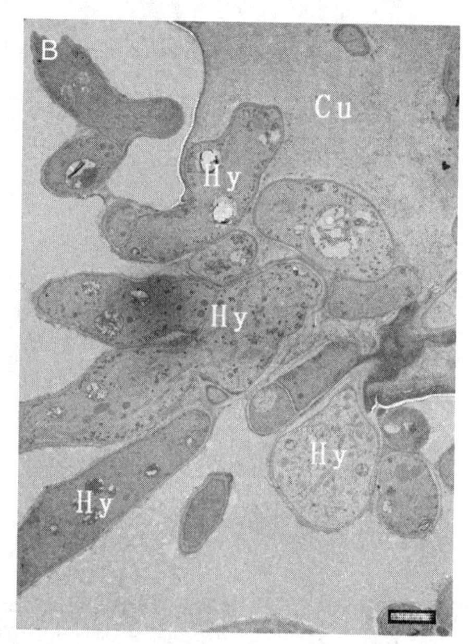

图 6.8　菌丝穿破寄主体表释放出来的透射电镜照片

A: 菌丝（Hy）正准备钻出表皮层，已将上表皮（Ec）顶起。Pc: 原表皮，bar = 500nm　B: 菌丝（Hy）已突破表皮层（Cu），释放到外界。Bar = 2μm

Fig. 6.8　TEM photographs of the release of hyphae from the host cadaver

A: Some hyphae (Hy) began to bore out through the cuticle (Cu). Ec: epicuticle, Pc: procuticle, bar = 500nm　B: Release of hyphae (Hy) to the outside of the cuticle (Cu), bar = 2μm

三、讨论

本研究通过观察孢子在幼虫体表的分布、萌发、延伸，菌丝对幼虫体表的穿透以及对体内各组织的侵染，描述了桃小食心虫老熟幼虫被 TST05 菌株感染的过程。

桃小食心虫幼虫的头部骨质化且光滑。这些特点不利于孢子的附着和穿透，仅观察到少量的孢子附着于此。但是头部的口器底部存在很多皱褶，聚集了大量的孢子。口器处凹凸不平的特征有利于孢子的附着和入侵。这与 *Botrytis cinerea* 在 *Thrips obscuratus* 头部上的分布类似（Fermaud et al.，1995）。不过，王音等（2005）报道小菜蛾的头部对于绿僵菌的感染就很敏感。尽管气门是幼虫体表与外界相通的开口，但在本研究中未发现真菌能从气门侵入幼虫体内。气门结构中的刷状筛板不仅对进入体内的空气有过滤作用，还可能起到了阻碍菌丝进入的作用。王晓红等（2009）在白僵菌感染桑天牛幼虫的研究中也有相同的发现。Pekrul 和 Grula（1979）研究球孢白僵菌感染棉铃虫时发现菌丝能从气门中入侵。

尽管在幼虫胸部和腹部密布着很多起到保护作用的棘刺，但是仍然有很多的孢子附着在棘刺的底部，孢子萌发后侵入幼虫体壁。在感染的早期，幼虫体节间的节间褶处是孢子聚集和穿透的主要部位。王晓红等（2009）研究白僵菌感染桑天牛幼虫和 Wraight 等（1990）研究 *Erynia radicans* 感染 *Empoasca fabae* 时也发现相似的现象。

早先的研究表明菌丝在寄主体表的延伸和穿透会对寄主体壁产生机械压力以及酶促降解作用，从而导致体壁被破坏（Goettel et al.，1989）。在穿透寄主体壁的同时，球孢白僵菌能产生一系列的胞外酶如蛋白酶、几丁质酶、酯酶等降解体壁（田志来等，2008）。本研究显示 TST05 菌株侵染桃小食心虫幼虫主要是通过穿透体壁进入血腔。菌丝的穿透钉可使幼虫体表产生裂缝，从而使菌丝穿透进去。穿透体壁时，菌丝破坏了体壁中规律的平行片层结构，使其变形、降解甚至消失。这个发现表明 TST05 菌株对桃小食心虫幼虫的侵染过程也综合了机械压力和胞外酶降解的作用。

本研究观察到，桃小食心虫幼虫在经 TST05 菌株感染处理 24 h 内体表就出现黑斑。此外，石蜡切片显示在菌丝侵入位点下方的血腔中出现了血细胞的聚集，体壁和血腔中也发现了一些黑化物。这些证据显示了桃小食心虫幼虫在真菌入侵时产生了免疫应答反应。

战胜了寄主的免疫防御体系后，真菌就利用血腔中的营养，在血腔中大量繁殖，进一步感染寄主的内部组织。

桃小食心虫越冬幼虫脂肪体非常发达，体腔内充满了脂肪体。脂肪体在细胞能量贮存以及保护机体免受外界胁迫等方面发挥了重要的作用

（Thompson，2003）。脂肪体是昆虫的代谢场所，相当于脊椎动物中肝脏和动物脂肪功能（Becker et al.，1996）。海藻糖是由脂肪体专门合成的（Candyd et al.，1961）。海藻糖作为昆虫体内重要血糖，对于昆虫有很重要的生理意义，它能保护细胞内的生物分子结构在恶劣的条件下不被破坏，从而维持生命过程和生物特征。海藻糖的有与无，对昆虫则意味着生存或者死亡（于彩虹等，2008）。由此可见，脂肪体也是昆虫体内重要的组织。而被真菌侵染后，脂肪体也被入侵的菌丝破坏殆尽。本研究还观察到马氏管、消化道、肌肉组织的感染症状，以及真菌对丝腺腔中丝胶层和液体丝素的侵染和占据。

当寄主体内的营养物质消耗殆尽后，菌丝突破虫尸的体表。此时可看到菌丝从虫尸上长出，尤其是体壁较为薄弱的部位如节间褶处更为浓密。随后菌丝生长完全包围虫尸，并产生及释放新的分生孢子作为新的感染源感染其他寄主。

一些研究发现球孢白僵菌能分泌大分子蛋白 Bclp，能破坏 *Galleria mellonella* 的体表和细胞（Fuguet et al.，2004）。而且，从球孢白僵菌的代谢物分离出来的毒素还能破坏草地夜蛾的细胞膜、细胞核、线粒体和核糖体（武艺等，1999）。本研究没有检测 TST05 菌株的毒素，但是观察到中肠细胞在真菌侵入肠道前就有一定的破坏，以及死亡幼虫黑红的体色和僵硬的状态，也显示 TST05 菌株产生的毒素也在感染过程中起到了一定的作用。

本研究观察到 TST05 菌株在幼虫体壁上的附着、萌发、入侵，以及对血淋巴、内部组织的感染过程，从组织病理学上证明了球孢白僵菌 TST05 菌株是桃小食心虫幼虫的有效病原菌。

第七章 桃小食心虫感染 TST05 菌株后的生理生化反应

为了抵抗病原真菌的入侵和感染，昆虫在长期的进化中产生了相应的免疫防御体系（Pathan et al.，2007；Wojda et al.，2009；Yanagawa et al.，2008），包括细胞免疫和体液免疫。细胞免疫是当外来病原菌入侵时，血细胞就会做出防御反应，表现在血细胞大量快速聚集，对病原物进行吞噬，或将病原包裹起来，使其停止感染或者死亡。体液免疫是指当病原菌入侵时，诱导昆虫的防御性生理生化反应，使体液中产生能钝化或杀死入侵病原体的某些可溶的化学物质，如无活性的酚氧化酶原转变为有活性的酚氧化酶产生醌类物质（李季生等，2006），生成黑色素，最终形成黑化体和结节（Feldhaar et al.，2008）。同时，昆虫体内一些解毒酶和保护酶在真菌侵染时也能对机体起到保护作用。此外，病原真菌侵染过程中，要利用昆虫体内的营养物质进行生长和繁殖，从而影响寄主的营养代谢。因此，为深入地了解 TST05 菌株侵染过程中对昆虫的免疫机制的破坏作用和对桃小食心虫幼虫的致病机理，本文研究了桃小食心虫幼虫在 TST05 菌株侵染时的营养代谢、酚氧化酶活性、代谢酶系、保护酶系的活性变化等多种生理生化反应。

一、TST05 菌株感染对幼虫体内营养代谢的影响

制备 TST05 菌株的 1×10^7 孢子 /mL 孢子悬浮液，滴加到桃小食心虫老熟幼虫虫体上，每个幼虫滴加 25 μL 后放置在滤纸上自由爬行。待晾干后置于玻璃养虫缸中，在 25℃，相对湿度 70% 的人工气候箱培养。以滴加无菌吐温 -80 溶液的幼虫作为对照组。每组 150 头幼虫，重复 3 次。

在处理后的 1~8 d 逐日分别在各处理组取样，每组取 10 只幼虫。先用

0.2mol/L pH7.0 的磷酸缓冲液漂洗幼虫 3 次，用滤纸吸干，准确称量幼虫体重，按 1mL/g 体重加入预冷的上述磷酸缓冲液，用 DY892 Ⅱ玻璃电动匀浆机（宁波新芝生物科技股份有限公司）冰浴中 825 rpm 匀浆 2min。匀浆液用 Eppendorf 5804R 低温冷冻离心机在 4℃、15 000 g 离心 30min，除去液面表层的脂类，吸出上清液进行以下测定。测定时，分别做预试验，依据预试验结果对其进行适当稀释。

海藻糖含量、海藻糖酶活性参照雷芳等（2006）的方法进行测定。海藻糖酶以每分钟每毫克蛋白生成 1 μmol/L 葡萄糖为 1 个活性单位，以 μmol/(min · mg) 表示。葡萄糖含量测定按照南京建成生物工程研究所定购的试剂盒操作方法进行。采用碧云天的 BCA 蛋白浓度测定试剂盒测定总蛋白质含量，测定方法及步骤依照试剂盒说明进行。

各组桃小食心虫幼虫在处理后的 1~8 d，逐日取样测定其体内海藻糖酶活性、海藻糖、葡萄糖和蛋白质含量的变化，结果显示感染 TST05 菌株对其影响较大（图 7.1~ 图 7.4）。

海藻糖是昆虫体内的储存糖。如图 7.1 所示，对照组幼虫体内的海藻糖含量含量较平稳，在 4.08~4.70 mmol/L 有小幅波动，经统计分析，它们之间没有显著差异。而染菌组幼虫体内的海藻糖含量则下降很明显，在染菌

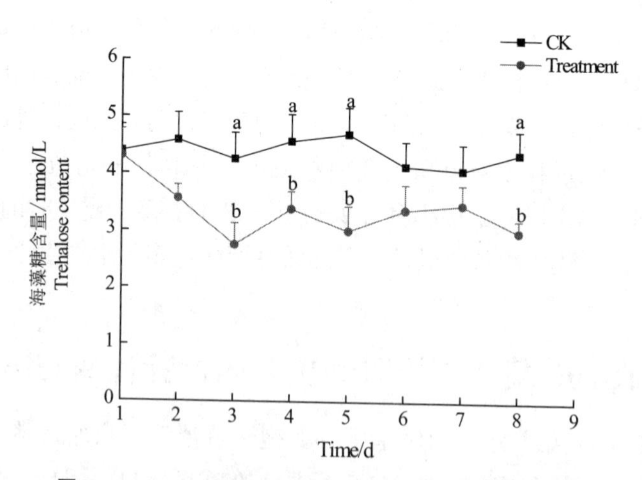

图 7.1　TST05 菌株感染对幼虫体内海藻糖含量的影响

Fig. 7.1　The effect of stain TST05 on the trehalose content of larvae

注：图中不同字母表示同一时间染菌组与对照组间差异有显著性（$P < 0.05$）。下图同

Note：Different letters mean significant difference（$P < 0.05$）between the treatment and the control at the same time. The same as in the following figures

2 d 后急剧下降，3 d 后降到最低点，为 2.75 mmol/L，与对照组相比降低了 35.45%，其差异达到极显著水平（$P < 0.01$）。4 d 后虽略有回升，但始终低于对照组。

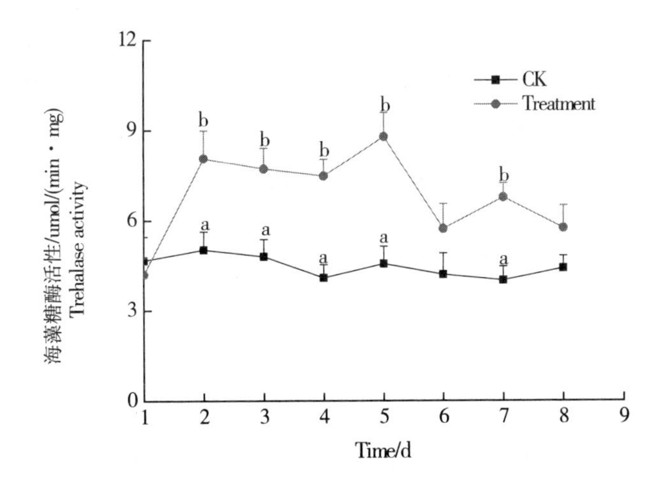

图 7.2　TST05 菌株感染对幼虫体内海藻糖酶活性的影响

Fig. 7.2　The effect of stain TST05 on the trehalase activity of larvae

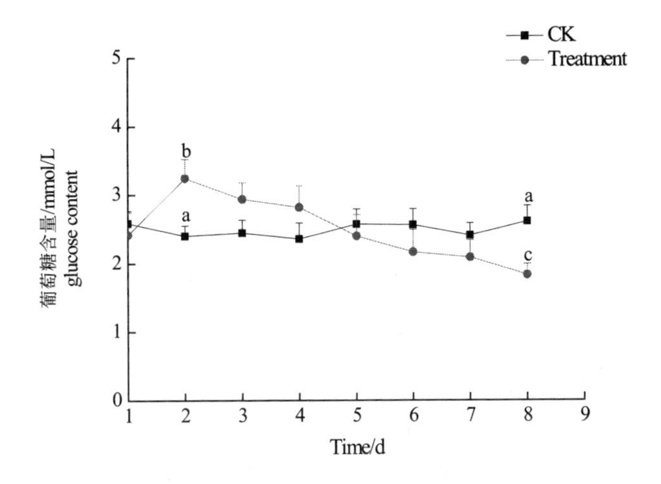

图 7.3　TST05 菌株感染对幼虫体内葡萄糖含量的影响

Fig. 7.3　The effect of stain TST05 on the glucose content of larvae

对虫体内海藻糖酶活性的测定结果显示（图 7.2），染菌对海藻糖酶的影响与海藻糖正好相反。染菌后桃小食心虫幼虫体内的海藻糖酶活性迅速升高。染菌 2 d 后，海藻糖酶活性就由原来的 4.21 U/（min · mg）急剧升高到 8.06 U/（min · mg），染菌后 5 d 海藻糖酶活性达到了高峰，为 8.78 U/（min · mg），是对照组的 1.91 倍。随后染菌组的海藻糖酶活性下降，但在试验期内始终高于对照组。

对虫体内葡萄糖含量的测定结果显示（图 7.3），对照组幼虫体内的葡萄糖含量在试验期内一直较平稳，维持在 2.36~2.61 mmol/L。而染菌组幼虫体内的葡萄糖含量则有较大变化。在感染的早期，葡萄糖含量升高。在感染 2 d 后，葡萄糖含量就迅速升高到 3.24 mmol/L，达到对照组的 1.35 倍，差异达到显著水平（$P < 0.05$）。随后就一直处于下降的趋势，但在 3 d、4 d 时还略高于对照组，6 d 以后显著低于对照组（$P < 0.05$）。

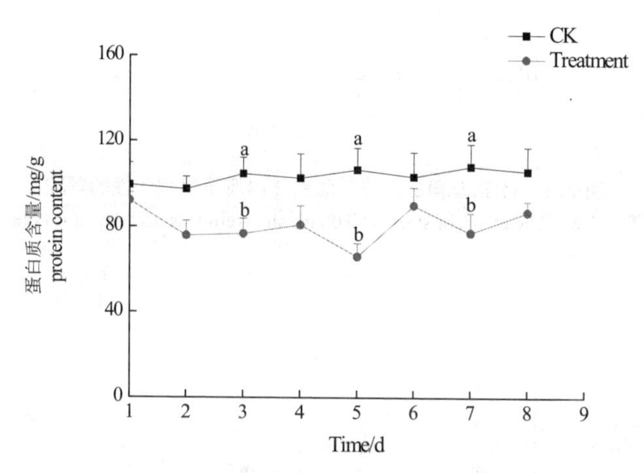

图 7.4　TST05 菌株感染对幼虫体内蛋白质含量的影响

Fig. 7.4　The effect of stain TST05 on the protein content of larvae

同期对虫体内蛋白质含量变化测定结果显示（图 7.4），对照组幼虫的蛋白质含量较稳定，为 97.43~108.12 mg/g。而染菌组虫体内的蛋白质含量则呈现明显的降低趋势。感染 3 d 后蛋白质含量降低到 76.67 mg/g，与对照组相比降低了 26.92%，5 d 的蛋白质含量降低到 66.06 mg/g，只有对照组的 61.58%，与对照之间的差异达到了极显著水平（$P < 0.05$）。

研究发现海藻糖是昆虫营养物质储存的主要方式，它是血淋巴中最主要的糖类，占到了整个血淋巴中糖类含量的 80%~90%。在昆虫需要提供能量时，海藻糖就被降解成葡萄糖。本试验结果表明，病原真菌对体壁的入侵激发了寄主的防御反应，调动各种抵抗因子需要消耗大量的能量。所以真菌感染 2 d 后，受到应激反应的幼虫体内海藻糖酶活性急剧升高，降解海藻糖，导致海藻糖含量的迅速降低，由此大幅提高体内葡萄糖的含量，用于体内的防御反应；而侵入幼虫体内的真菌菌丝需要葡萄糖作为能源和碳源来进行生长和繁殖。菌丝利用了寄主体内的葡萄糖，诱导寄主补偿性地提高海藻糖酶的活性。同时，真菌也具有海藻糖酶，将昆虫血淋巴中更多的海藻糖降解成葡萄糖，以供其利用。于是染菌组的海藻糖酶活性始终高于对照组，海藻糖含量则低于对照组；真菌的入侵，需要葡萄糖作为碳源，因此消耗寄主体内的葡萄糖。随着菌丝在幼虫体内生长和大量繁殖，葡萄糖被大量消耗，后期虫体内葡萄糖含量便呈现显著下降的趋势。

海藻糖对于昆虫有重要的生理意义（于彩虹等，2008）。真菌入侵使海藻糖被大量地消耗，为了维持正常的生理活动，虫体可分解蛋白质通过糖异生途径生成糖，来补充海藻糖。同时，菌丝在幼虫血腔内大量增殖，侵染各个组织器官，消耗寄主的蛋白质。因此，染菌组幼虫的蛋白质含量在染菌 3 d 后即显著低于对照组。

二、TST05 菌株感染对桃小食心虫幼虫多酚氧化酶的影响

幼虫染菌处理同上，在处理后的 1~6 d 逐日分别在各处理组取样，每组取 10 只幼虫。先用 0.1mol/L pH6.8 的磷酸缓冲液漂洗幼虫 3 次，用滤纸吸干，准确称量幼虫体重，按 5 mL/g 体重加入预冷的上述磷酸缓冲液，冰浴中匀浆。匀浆液在 4℃下 15 000g 离心 30 min，除去液面表层的脂类，取上清液测定多酚氧化酶（PO）活力。用酶标仪法测定酶活力（Hung et al., 1996）：10 μL 酶液中加入在 190 μL 的底物［40 mmol/L L-DOPA（L- 多巴（左旋 3,4- 二羟基苯丙氨酸）购置于 Sigma 公司］溶于 0.1 mol/L pH6.8 的磷酸缓冲液），振荡 5s，用 Spectramax M5 酶标仪在 490 nm 下测定 5min 内的 OD 值的变化，作线形曲线，计算出每分钟 OD_{490} 的变化。酶的活性单位以每分钟每毫克蛋白［OD_{490}（min · mg）］来表示。

试验结果（表 7.1）表明，对照组桃小食心虫幼虫的多酚氧化酶（PO）活性保持相对稳定，变化幅度较小。但染菌组幼虫的 PO 酶活力则有显著变化，在染菌后 3d、4d、5d 酶活性大幅升高，分别比对照组高 48.51%、

30.82%、48.98%，与对照组之间的差异达显著水平（$P < 0.05$）。染菌 6d 后其 PO 酶活力显著下降，酶活力大小与对照组相仿。

表 7.1　桃小食心虫幼虫感染 TST05 菌株后多酚氧化酶活性的变化 / OD_{490} / (min · mg)

Table 7.1　Phenoloxidase (PO) activity of *C. sasakii* larvae after infected by strain TST05

	1d	2d	3d	4d	5d	6d
对照组 Control	1.58 ± 0.22 a	1.52 ± 0.16 a	1.34 ± 0.22 a	1.46 ± 0.04 a	1.47 ± 0.12 a	1.53 ± 0.26 a
处理组 Treatment	1.35 ± 0.18 a	1.27 ± 0.36 a	1.99 ± 0.18 b	1.91 ± 0.51 b	2.19 ± 0.57 c	1.57 ± 0.47 a

注：数据后字母不同表示数据间差异有显著性（$P < 0.05$）。下表同

Note：The different letter followed by the data indict significant difference ($P < 0.05$). The same as in the following tables

在第六章对桃小食心虫幼虫染菌后的组织病理学研究中，观察到染菌 24 h 后，虫体表面出现了黑色斑点和斑块，显示了黑色素的形成。在病理学石蜡切片上也观察到，在病原菌入侵体壁位点下方的血腔中，出现了血细胞的聚集。随着感染时间的延长，血腔中出现了黑化体。这些证据都表明，病原菌的入侵诱发了桃小食心虫幼虫的免疫防御反应。多酚氧化酶在此免疫反应中发挥了重要的功能（Söderhäll et al.，1990；高兴祥等，2004），可催化 N- 乙酰多巴胺形成醌类化合物，其与蛋白质结合形成的黑化体（Hiruma et al.，2009；Ashida et al.，1990；Sugumaran，1998）能将入侵的菌丝包裹于内，形成物理阻隔，并且醌类物质对入侵的菌丝也是有毒的，从而使菌丝失去继续侵染的能力。通常表皮上的黑化体可在幼虫蜕皮时脱去，使寄主完全恢复健康（Chouvenc et al.，2009）。本试验中桃小食心虫老熟幼虫不再蜕皮，因此，染菌后在表皮形成的黑化一直存在。本研究结果显示染菌后多酚氧化酶的活性大幅升高，表明多酚氧化酶参与了免疫防御反应，在寄主表皮黑化和血细胞包囊黑化过程中发挥了作用。在感染的后期，随着菌丝的大量侵入和繁殖，昆虫的生理防御和免疫机能被真菌攻击而受到破坏，PO 活性就在第 6 天表现出下降。

三、TST05 菌株感染对解毒酶的影响

幼虫染菌处理同上，在处理后的 1~8 d 逐日分别在各处理组取样，每组取 10 只幼虫。先用 0.2mol/L pH7.0 的磷酸缓冲液漂洗幼虫 3 次，用滤纸吸干，准确称量幼虫体重，按 1mL/g 体重加入预冷的上述磷酸缓冲液，用 DY892 Ⅱ玻璃电动匀浆机（宁波新芝生物科技股份有限公司）冰浴中 825 rpm 匀浆 2 min。匀浆液用 Eppendorf 5804R 低温冷冻离心机在 4℃、15 000 g 离心 30 min，除去液面表层的脂类，吸出上清液进行以下各种酶活测定。测定时，分别做预试验，依据预试验结果对其进行适当稀释。

谷胱甘肽 –*S*– 转移酶（GSTs）、羧酸酯酶（CarE）的活性参照阴琨等（2008）的方法进行测定。GSTs 的活性单位规定为：每分钟每毫克蛋白生成 1 μmol 产物为 1 个酶活单位，表示为 μmol/（min · mg）。CarE 的活性单位规定为：每分钟每毫克蛋白生成 1 μmol α – 萘酚为 1 个酶活单位，表示为 μmol/（min · mg）。

表 7.2　TST05 菌株感染对桃小食心虫幼虫 GSTs 和 CarE 酶活性的影响

Table 7.2　The effect of stain TST05 on GSTs and CarE activity of larvae

天数	GSTs /μmol/（min · mg）		CarE /μmol/（min · mg）	
Days（d）	对照组 Control	处理组 Treatment	对照组 Control	处理组 Treatment
1	60.15 ± 0.58 a	90.57 ± 14.25 b	1.62 ± 0.21 a	1.75 ± 0.63 a
2	66.22 ± 4.67 a	216.75 ± 21.94 c	1.51 ± 0.08 a	1.43 ± 0.54 a
3	58.02 ± 5.48 a	222.86 ± 29.30 d	1.46 ± 0.13 a	1.65 ± 0.11a
4	56.51 ± 9.14 a	84.08 ± 12.02 b	1.59 ± 0.08 a	1.88 ± 0.17 a
5	52.99 ± 9.05 a	60.31 ± 8.40 a	1.61 ± 0.28 a	2.41 ± 0.25 b
6	47.84 ± 5.59 a	33.94 ± 6.03 e	1.58 ± 0.17 a	1.86 ± 0.20 a
7	46.18 ± 5.82 a	36.47 ± 2.13 e	1.52 ± 0.35 a	1.64 ± 0.44 a
8	55.68 ± 9.35 a	35.09 ± 5.40 e	1.38 ± 0.10 a	1.65 ± 0.10 a

谷胱甘肽 –*S*– 转移酶（GSTs）和羧酸酯酶（CarE）是昆虫体内两种重要的解毒酶。试验结果显示（表 7.2），染菌对桃小食心虫幼虫体内 GSTs 活力的影响较大。桃小食心虫幼虫染菌 1 d 后，虫体内的 GSTs 活力开始显著升高，2 d 后酶活力急剧升高，达到了对照组的 3.27 倍，3 d 后则达到峰值 222.86 μmol/（min · mg），是对照组的 3.84 倍，与对照组间的差异都有显著性（$P < 0.05$）。4 d 后酶活力开始下降，但仍然显著高于对照组。5 d 后酶活力降至与对照组酶活力相当，6 d 后的酶活都低于对照组，差异都达到显

著水平（$P < 0.05$）。

真菌的侵染对桃小食心虫幼虫 CarE 活力的影响不如对 GSTs 那么显著。染菌后幼虫的 CarE 略有升高，在 5 d 后活性达到最高值 2.41 μmol/（mg · min），是对照组的 1.50 倍，差异有显著性（$P < 0.05$），随后酶活力降低，其值虽略高于对照组，但没有显著性差异。

GSTs 能催化内源的还原型谷胱甘肽（GSH）与外源的有害物质结合发生反应，将其排出体外，从而保护体内的蛋白质和核酸等免受氧化损伤（Chasseaud，1973）。CarE 是一种水解酶类，能催化酯类化合物水解，研究发现其可以通过与杀虫剂结合从而阻止其达到作用靶标或是通过直接将其水解掉而降低杀虫剂的毒性作用。这两种酶是昆虫体内重要的解毒酶，能代谢多种杀虫剂，是昆虫耐药性和抗药性产生的基础，对保护昆虫抵御虫生真菌的入侵和感染方面起着重要的作用。解毒酶活性的变化表明，侵入虫体的真菌可能产生了一些毒素物质，激活了虫体内自身的防御系统，使 GSTs 和 CarE 的活性显著提高，从而加速对毒物的代谢。但随着感染程度的加深，真菌菌丝在体内的大量增殖和对虫体组织的破坏，导致酶活性又显著降低。

四、TST05 菌株感染对保护酶的影响

幼虫染菌处理及粗酶液制备同上，超氧化物歧化酶（SOD）、谷胱甘肽过氧化物（GSH-Px）、过氧化物酶（POD）、过氧化氢酶（CAT）的活性测定与酶活单位的计算均按照南京建成生物工程研究所定购的试剂盒操作方法进行测定。SOD 活性单位：以每毫克组织蛋白抑制 NBT 光化还原 50%作为 1 个酶活性单位。GSH-Px 活性单位规定为：每毫克组织蛋白，每分钟扣除非酶反应的作用，使反应体系中 GSH 浓度降低 1 μmol/L 为 1 个活力单位。POD 活性单位：以每毫克组织蛋白在 37℃每分钟催化产生 1 μg 的底物酶量作为 1 个酶活力单位。CAT 活性单位：每毫克组织蛋白每秒钟分解 1 μmol 的 H_2O_2 的量为 1 个活力单位。这 4 种酶的活性单位均以 U/（mg · pr）表示。

试验结果表明，菌丝的侵染会引起桃小食心虫幼虫体内的保护酶活性发生显著变化。但这 4 种保护酶——超氧化物歧化酶（SOD）、谷胱甘肽过氧化物（GSH-Px）、过氧化氢酶（CAT）和过氧化物酶（POD）的变化趋势却不一样。

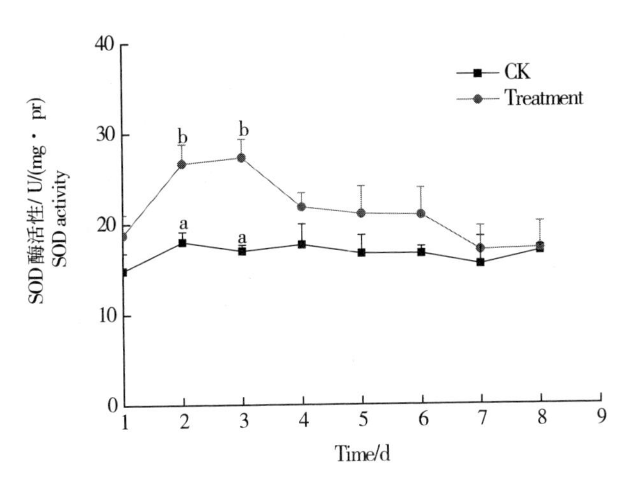

图 7.5　TST05 菌株感染对桃小食心虫幼虫 SOD 酶活性的影响

Fig. 7.5　The effect of stain TST05 on the SOD activity of larvae

桃小食心虫幼虫感染真菌后，虫体内 SOD、GSH-Px、POD 活性变化的趋势为先升高后降低（图 7.5~ 图 7.7）。染菌组幼虫的 SOD 活性在 2 d 后显著升高，达到对照组的 1.48 倍，3 d 则达到对照组的 1.61 倍，都与对照组有显著性差异（$P < 0.05$）。GSH-Px 活性在染菌后也显著升高（$P < 0.05$）（图 7.6），在染菌后 1~2 d，该酶活性分别高出对照组 1.22 和 1.21 倍，特别在 3 d 后酶活性达到最高值 46.85 U/（mg · pr），是对照组的 3.95 倍。随后

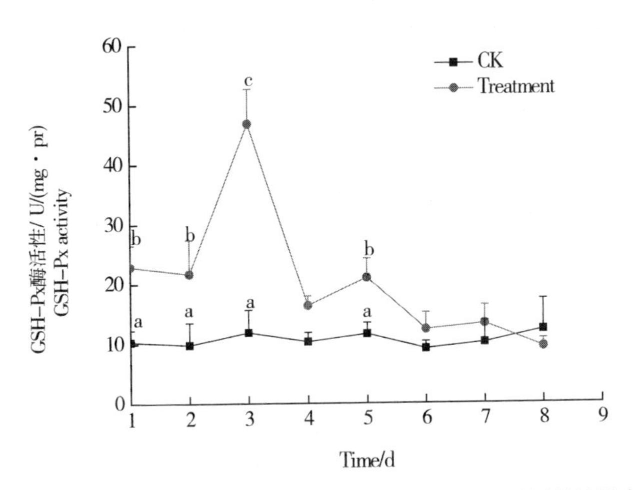

图 7.6　TST05 菌株感染对桃小食心虫幼虫 GSH-Px 酶活性的影响

Fig. 7.6　The effect of stain TST05 on the GSH-Px activity of larvae

该酶活性显示出下降的趋势，直到8d后略低于对照组。

染菌幼虫体内POD的活性变化与GSH-Px的变化趋势相仿，也表现出先升高后降低的趋势。感染2d后POD的活性还略低于对照组，而3 d后其活性升高到峰值1.42 U/（mg·pr），超出对照组52.69%，与对照组之间的差异达到显著水平（$P < 0.05$）。4d后该酶活性又降低到0.86 U/（mg·pr），随后呈小幅度波动，但与对照组之间都没有显著差异。

桃小食心虫幼虫感染真菌后，虫体内CAT活性的变化（图7.8）与其他保护酶都不相同。感染组幼虫体内的CAT活性在大部分时间都显著低于对

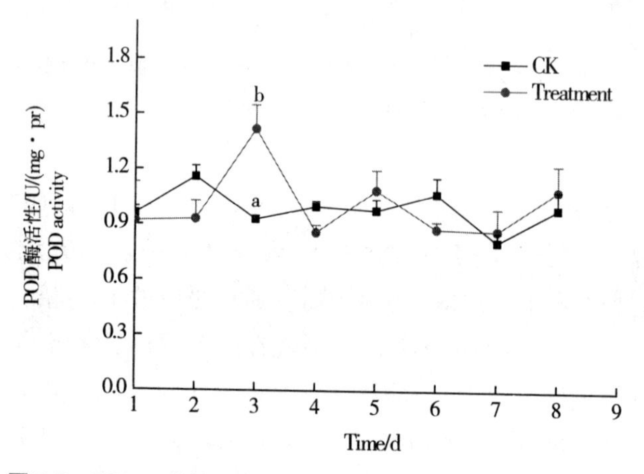

图7.7　TST05菌株感染对桃小食心虫幼虫POD酶活性的影响
Fig. 7.7　The effect of stain TST05 on the POD activity of larvae

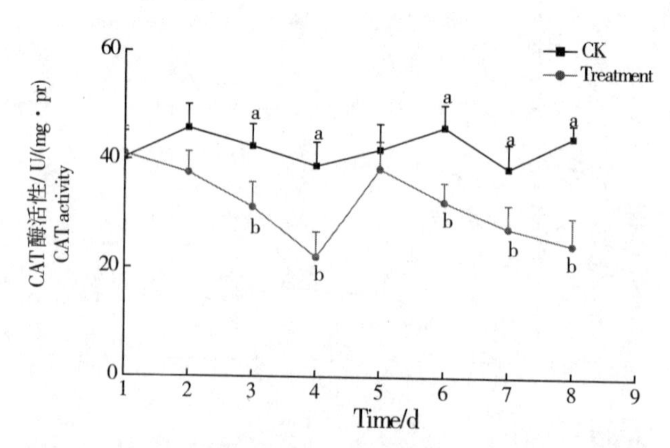

图7.8　TST05菌株感染对桃小食心虫幼虫CAT酶活性的影响
Fig. 7.8　The effect of stain TST05 on the CAT activity of larvae

照组（$P < 0.05$），其中在 4 d 后的酶活性降到最低值 22.14 U/（mg·pr），仅是对照组的 56.78%。虽然 5 d 后的酶活性上升，接近对照组的水平，但随后又下降，都显著低于对照组。

SOD、GSH-Px、POD 和 CAT 都属于生物体内的保护酶系，其作用是保护生物机体免受氧化损伤，在昆虫抵御病菌的入侵和感染方面起重要作用。以往的研究表明昆虫在受到病原菌感染后，会启动机体内的保护酶系统进行防御（李周直等，1994；李会平等，2007；牛宇等，2005）。SOD 能歧化超氧阴离子自由基，而 GSH-Px、POD 和 CAT 都可分解 H_2O_2，去除氧化损害。其中 GSH-Px 是一种重要的催化过氧化物分解的酶，它能特异性地催化 GSH 对过氧化氢和脂质过氧化物的还原反应。一般认为 GSH-Px 在细胞内能消除有害的过氧化代谢产物，阻断过氧化连锁反应，从而起到保护细胞膜结构和功能完整的作用。

在本研究中桃小食心虫幼虫体内的 GSH-Px、SOD 和 POD 活性在真菌感染的早期，都有迅速的升高，在后期则出现不同程度的下降，表明真菌的侵染对幼虫造成一定的氧化损伤，诱使幼虫启动了抗氧化机制对其进行防御。其中 GSH-Px 活力在感染的 1 d 后就显著地升高，而且总体的升高幅度也大大高于 SOD 和 POD 活力的升高，说明其在此防御机制中起到了主要的作用。随着感染时间的延长，真菌对虫体的侵染和破坏加深，使这 3 种保护酶的活性降低。这与李会平等（2007）研究桑天牛幼虫，牛宇等（2005）研究油松毛虫时发现幼虫感染白僵菌后，虫体内 SOD、POD 都表现出先升高后下降的趋势相同。与上述三种酶活性变化趋势不同，染菌虫体的 CAT 活性始终都低于对照组，表明 TST05 菌株的入侵对 CAT 酶有较强的抑制或破坏作用，这与王龙江等（2010）研究红火蚁感染白僵菌后体内 CAT 酶活性显著降低的变化相仿。

五、TST05 菌株感染对乙酰胆碱酯酶的影响

幼虫染菌处理及粗酶液制备同上，乙酰胆碱酯酶（AChE）的活性采用南京建成生物工程研究的试剂盒进行测定。具体操作方法与酶活性计算按照说明书进行。AChE 活性单位：每毫克组织蛋白在 37℃保温 6min，水解反应体系中 1 μmol 基质为 1 个酶活单位，以 U/（mg·pr）表示。

真菌的侵染对桃小食心虫幼虫乙酰胆碱酯酶（AChE）的活力也是有明

显的激活作用（图 7.9）。感染 1 d 后 AChE 活力开始出现升高，2~3 d 的酶活力急剧升高，分别是对照组的 1.74 和 1.63 倍，与对照组有显著性差异（$P < 0.05$）。随后，酶活力降低，与对照组没有显著性差异。

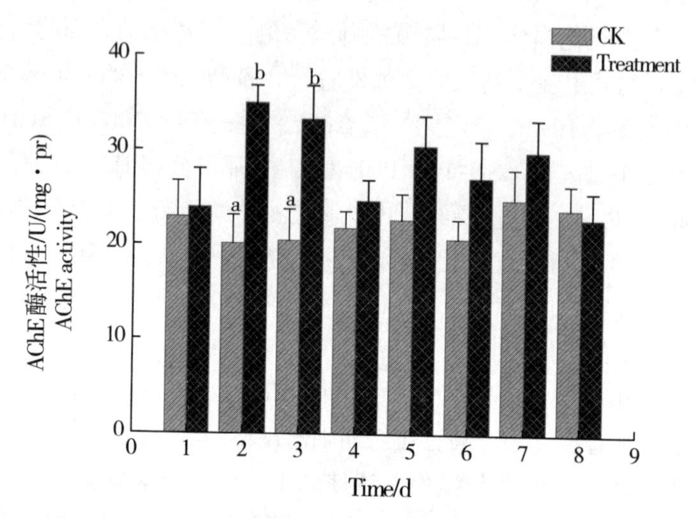

图 7.9　TST05 菌株感染对桃小食心虫幼虫 AChE 酶活性的影响

Fig. 7.9　The effect of stain TST05 on the AChE activity of larvae

AChE 是昆虫神经传导中十分重要的分解酶，分解神经末梢释放的神经递质乙酰胆碱，维持昆虫神经系统的正常工作。有机磷和氨基甲酸酯杀虫剂的作用靶标就是昆虫体内的 AChE。研究表明靶标酶不敏感是昆虫对杀虫剂产生抗药性的一种生化机制（Smissaert，1964；Soderlund et al.，1989；张月亮等，2007）。AChE 活力越高，则说明虫体对杀虫剂的敏感度越高。张月亮等（2007）研究发现越冬后的桃小食心虫幼虫对多种化学杀虫剂较越冬前更为敏感，而越冬后幼虫体内的 AChE 活力的是越冬前的 1.41 倍。本研究发现感染 TST05 菌株可导致桃小食心虫幼虫体内 AChE 酶活性升高，表明菌株的感染或代谢毒素可能对幼虫的神经传导有一定影响，提高了幼虫对杀虫剂的敏感性。这可能是以往研究发现的添加 *B. bassiana* 在降低了杀虫剂用量的情况下还能提高防效（Quintela et al.，1998）的一个原因。

六、讨论

为进一步研究球孢白僵菌对桃小食心虫幼虫的致病机制，本研究分析了球孢白僵菌 TST05 菌株侵染后，桃小食心虫幼虫体内营养物质的含量变化、多酚氧化酶、海藻糖酶、谷胱甘肽 -*S*- 转移酶、羧酸酯酶、超氧化物歧化酶、过氧化氢酶、过氧化物酶、谷胱甘肽过氧化物酶和乙酰胆碱酯酶等的活性变化。研究发现真菌侵染影响了桃小食心虫幼虫的生理代谢，激发了幼虫免疫反应。菌丝对体壁的侵染激活了幼虫体内 PO 的活性，对入侵体壁和血淋巴的菌丝进行硬化和黑化。据 Chouvenc 等（2009）报道，此时若能将入侵的菌丝完全包裹在黑化体中，那么幼虫就能恢复健康。而当菌丝没有完全被拦截住时，菌丝就开始了在血淋巴大量增殖和侵染的阶段。而此时幼虫机体的免疫防御系统也继续发挥着作用，在调动各种防御因子时消耗的大量能量由虫体内贮存的海藻糖分解提供。同时真菌的生长与增殖也需要利用寄主血淋巴中的碳源和氮源营养，真菌自身也产生海藻糖酶，将海藻糖转化为葡萄糖作为碳源吸收利用。由此引起此阶段幼虫体内海藻糖酶活性升高，海藻糖和蛋白质含量降低，葡萄糖含量升高。后期随着葡萄糖被消耗，其含量逐渐降低。薛皎亮等（2006）等测定了油松毛虫被白僵菌感染后，体内蛋白质的含量和多酚氧化酶活性的变化，也发现虫体内多酚氧化酶的活性呈现出先升高后下降的趋势，蛋白质含量则持续下降，这与本研究结果一致。

此外，本研究发现桃小食心虫的解毒酶和保护酶也参与了防御反应。GSTs 和 CarE 是昆虫体内降解外源有毒物质如一些化学杀虫剂的重要的解毒酶。球孢白僵菌已被证实分泌多种毒素（Hamill et al.，1969；Suzuki et al.，1977；武艺等，1998），如白僵菌素（beauvericin）、球孢交酯（Bassianolide）等。在幼虫受到 TST05 菌株感染后，体内 GSTs 活性迅速提高，CarE 活性也表现出了升高的趋势，可能对 TST05 菌株分泌的一些毒素物质产生降解作用。在幼虫受到 TST05 菌株感染后，GSH-Px、SOD 和 POD 这三种保护酶的活性出现大幅度的升高，尤其是 GSH-Px 酶活性升高更为显著，表明真菌的入侵对虫体产生了类似氧化损伤的侵害，促使幼虫体内的抗氧化酶发生反应，为保护虫体，维持机体正常的生命活动而提高了活性。与上述几种酶的反应不同，在幼虫受到 TST05 菌株感染后，CAT 酶活性反而低于对照组，说明 CAT 酶可能受到了真菌的抑制。

本研究还发现了化学杀虫剂常用的靶标酶 AChE 在虫体受到 TST05 菌株感染后出现了升高的现象。这显示菌株的感染对幼虫的神经传导有影响，预示了感染使幼虫对杀虫剂的敏感性提高。具体的作用机理还需要进一步研究。

综上所述，本研究结果提供了桃小食心虫幼虫感染球孢白僵菌后虫体内的防御反应和相关酶活性变化的一些新证据，对深入理解白僵菌对桃小食心虫幼虫的致病机理具有重要意义。

第八章 TST05 和 TSL06 菌株的生物学特性及菌粉制剂的制备

一、TST05 菌株的生物学特性研究

以往的研究发现，同一种病原真菌不同来源菌株的生物学特性及致病力也存在一些差异（Lacey et al.，1999），其致病力主要取决于菌株、害虫虫态以及环境条件等多种因素。而菌株产孢量的高低、孢子萌发的快慢与多少等因子都与毒力有很大的相关性（王成树等，1998），外界温度、湿度则是影响其毒力的两个最重要的环境因子（王宝辉等，2009；Inglis et al.，1997；季香云等，2003）。因此，研究 TST05 菌株的生物学特性，即培养条件与环境条件对产孢量和孢子萌发的影响，对应用该菌株进行生物防治具有重要意义。本章研究了不同培养基、温度、湿度条件对 TST05 菌株的菌落生长、产孢量、孢子萌发的影响，为大规模生产应用该菌株提供依据。

1. 不同培养条件对 TST05 菌株菌落生长和产孢量的影响

（1）不同培养基的影响。选用 5 种培养基，分别为 Cazpek、PDA、PPDA、SDAY、SMAY。各培养基的配方组成见表 8.1。将此 5 种培养基分别制成固体平板培养基待用。

吸取制备好的浓度为 1×10^6 孢子 /mL 的孢子悬浮液，按每个培养皿接种 5 μL 的接种量分别滴加到 Cazpek、PDA、PPDA、SMAY、SDAY 平板培养基的中央。待悬浮液被吸收后，将培养皿移至（25 ± 1.5）℃的恒温培养箱中培养。每个处理设 5 重复，每隔 1 天用十字交叉法测量 1 次菌落直径，共测定 9 d。同时观察不同培养基上菌落生长状况。培养 40 h 后，在体视显微镜下观察菌落生长状况，确定最初产孢时间。培养 14 d 后，用直径

表 8.1　培养基的配方组成
Table 8.1　The ingredients of medium

培养基 Medium	成分 Ingredient
Cazpek	$NaNO_3$ 3 g、K_2HPO_4 1 g、$MgSO_4 \cdot 7H_2O$ 0.5 g、KCl 0.5 g、$FeSO_4 \cdot 7H_2O$ 0.01g 蔗糖 30 g、琼脂 15 g、蒸馏水 1 000 mL
PDA	马铃薯 200 g、葡萄糖 20 g、琼脂 15 g、蒸馏水 1 000 mL
PPDA	马铃薯 200 g、葡萄糖 20 g、蛋白胨 10 g、琼脂 15 g、蒸馏水 1 000 mL
SDAY	蛋白胨 10 g、葡萄糖 40 g、酵母膏 2 g、琼脂 15 g、蒸馏水 1 000 mL
SMAY	蛋白胨 10 g、麦芽糖 40 g、酵母膏 2 g、琼脂 15 g、蒸馏水 1 000 mL

为 5 mm 的打孔器在距离培养皿中心相同的位置取菌块，放入小烧杯中，加 0.1% 吐温 -80 的水溶液 20 mL，经磁力搅拌器搅拌均匀后，用血球计数板测定孢子数，计算产孢量。

在 5 种培养基上试验结果显示（表 8.2），TST05 菌株在 Cazpek 培养基上菌落生长速度最慢，培养 14 d 后菌落直径为 3.82 cm，初始产孢时间为 70 h，产孢量只有 2.41×10^7 孢子 /mL，显著低于其他 4 种培养基。而在 PDA、PPDA、SDAY、SMAY 4 种培养基上，TST05 菌株的生长情况及产孢量没有显著性差异，菌落生长与时间之间呈较好的线性关系，相关系数 $R^2 > 0.99$。试验中也观察到在这 4 种培养基上生长的菌落厚而致密，孢子非常密集。其中在 PDA 培养基上的菌落直径虽然不是最大，但是初始产孢时间却较早，产孢量也较多，达到 4.50×10^7 孢子 /mL。综合考虑成本等因素，以下试验选用 PDA 培养基。

表 8.2　不同培养基上 TST05 菌株菌落生长及产孢情况
Table 8.2　The colony growth and sporulation of strain TST05 on the different medium

培养基 Medium	菌落直径 / cm Colony diameter	菌落的生长速率 Growth rate of colony	初始产孢时间 / h Beginning time of sporulation	产孢量 / 10^7 孢子 /mL Conidia yeild
Cazpek	3.82 ± 0.25 b	$Y = 0.47x + 0.04$ ($R^2 = 0.994$)	70	2.41 ± 0.36 b
PDA	4.67 ± 0.75 a	$Y = 0.57x + 0.28$ ($R^2 = 0.994$)	48	4.50 ± 0.43 a
PPDA	4.78 ± 0.26 a	$Y = 0.59x + 0.15$ ($R^2 = 0.996$)	53	4.23 ± 0.16 a
SDAY	5.18 ± 0.27 a	$Y = 0.66x - 0.20$ ($R^2 = 0.994$)	53	4.35 ± 0.54 a
SMAY	4.76 ± 0.33 a	$Y = 0.61x - 0.11$ ($R^2 = 0.998$)	50	3.95 ± 0.31 a

注：同一列数据后字母不同表示差异有显著性（$P < 0.05$）。下表同

Note: Different letters in the same column indicate significant difference ($P < 0.05$). The same as in the following table

（2）温度的影响。

吸取孢子悬浮液 5 μL 接种到 PDA 培养基后，将培养皿分别放置于温度设置为 15℃、20℃、25℃、30℃、（35 ± 1.5）℃的人工气候箱（SPX-250I-C 型，上海博讯实业有限公司医疗设备厂生产）中避光培养，相对湿度均设为 100%。每处理重复 5 皿，定期测定菌落直径，计数产孢量，方法同上。

试验结果显示（表 8.3），TST05 菌株的生长适应温度范围较宽。在低温 15℃和高温 35℃条件下都能生长和产孢，虽然菌落直径、产孢量显著小于在 20~30℃时生长的菌落，但产孢量仍达到了 1.32×10^7 孢子 /mL 以上。在 20~30℃时都能达到很好的生长和较高的产孢量，菌落生长与时间呈较好的线性关系，其中 25℃时斜率最大，表明生长速度最快。在 25℃培养时营养生长量最大，菌落直径为 4.94 cm，产孢量也最多，达到 6.19×10^7 孢子 /mL，显著高于 20℃和 30℃。

表 8.3　不同温度下 TST05 菌株生长与产孢情况

Table 8.3　The colony growth and sporulation of strain TST05 on the different temperature

温度 /℃ Temperature	菌落直径 / cm Colony diameter	菌落的生长速率 Growth rate of colony	产孢量 / 10^7 孢子 /mL Conidia yeild
15	2.22 ± 0.19 d	$Y= 0.16x + 0.38$ ($R^2= 0.989$)	1.32 ± 0.13 c
20	4.53 ± 0.16 b	$Y= 0.39x + 0.16$ ($R^2 = 0.989$)	4.04 ± 0.23 b
25	4.94 ± 0.11 a	$Y= 0.42x + 0.31$ ($R^2= 0.992$)	6.19 ± 0.32 a
30	4.42 ± 0.08 b	$Y= 0.36x + 0.35$ ($R^2= 0.982$)	4.09 ± 0.33 b
35	2.55 ± 0.09 c	$Y= 0.19x + 0.63$ ($R^2= 0.982$)	1.58 ± 0.13 c

（3）湿度的影响。

培养的相对湿度分别设置为 30%、50%、70%、80%、90%、（100 ± 10）%，温度均设为（25 ± 1.5）℃。将 PDA 平板培养基预先分别置于各自不同的湿度中 2d 后，再吸取孢子悬浮液 5 μL 接种。然后将培养皿置于该湿度的人工气候箱中避光培养。每处理重复 5 皿，定期测定菌落直径和产孢量，方法同上。

试验结果显示（表 8.4），TST05 菌株生长和产孢所需的湿度范围也较宽。25℃时，当相对湿度降到 30% 时，虽然菌落生长较慢，菌落直径为 2.81 cm，但产孢量也能达到 1.37×10^7 孢子 /mL。随着湿度的加大，菌株的菌落直径、生长速度和产孢量都有显著的增加。相对湿度为 80% 时，菌落直径达到 3.58 cm，产孢量为 3.75×10^7 孢子 /mL。当相对湿度达到 100% 时，TST05 菌株的菌落直径最大、生长速度最快、产孢量也最多，显著高于其他各组。

表 8.4 不同湿度下 TST05 菌株生长与产孢情况

Table 8.4 The colony growth and sporulation of strain TST05 on the different humidity

相对湿度 / % Relative humidity	菌落直径 / cm Colony diameter	菌落的生长速率 Growth rate of colony	产孢量 / 10^7 孢子 /mL Conidia yeild
100	4.94 ± 0.11 a	$Y = 0.42x + 0.31$ ($R^2 = 0.992$)	6.19 ± 0.32 a
90	4.18 ± 0.36 b	$Y = 0.32x + 0.56$ ($R^2 = 0.992$)	4.81 ± 0.32 b
80	3.58 ± 0.08 c	$Y = 0.23x + 0.94$ ($R^2 = 0.996$)	3.75 ± 0.26 c
70	3.42 ± 0.13 c	$Y = 0.23x + 0.94$ ($R^2 = 0.996$)	2.75 ± 0.20 d
50	3.18 ± 0.23 cd	$Y = 0.22x + 0.68$ ($R^2 = 0.993$)	1.76 ± 0.26 e
30	2.81 ± 0.15 d	$Y = 0.19x + 0.63$ ($R^2 = 0.991$)	1.37 ± 0.07 f

2. 温湿度对 TST05 菌株孢子萌发的影响

取 20 μL 配好的孢子悬浮营养液（含有 0.5% 蛋白胨，2% 葡萄糖、0.1% KH_2PO_4 和 0.1% 吐温 –80），涂在无菌的洁净的载玻片上。风干后，将载玻片放于灭过菌的培养皿中，置于设定了不同温湿度的人工气候箱中进行培养。

温度：将上述装有载玻片的培养皿分别放置于 15℃、20℃、25℃、30℃、(35 ± 1.5) ℃的人工气候箱中培养，相对湿度均设为 100%。培养 48 h 后镜检统计孢子萌发情况。试验中的每个处理均设 3 个重复，每个重复检查 5 个视野，每个视野检查孢子数不少于 100 个孢子。

湿度：将上述装有载玻片的培养皿分别放置于相对湿度设置为 30%、50%、70%、80%、90%、(100 ± 10) % 的人工气候箱中培养，温度均设为 (25 ± 1.5) ℃。检测方法同上。

从试验结果（图 8.1）可看出，相对湿度 100% 时，TST05 菌株的孢子在 15~35℃的条件下都能萌发。但是温度的高低对孢子的萌发有显著影响。15℃时的萌发率为 52.28%，萌发率随着温度的升高而逐渐增加。25℃时的萌发率最高，达到 98.49%，显著高于其他温度下孢子萌发率。随着温度的进一步升高，萌发率开始下降。30℃时降到 75.23%，35℃时为 29.82%，显著低于其他试验温度。由此可见 25℃是 TST05 菌株孢子萌发的最适温度。

此菌株孢子耐受低温 15℃的能力好于耐受高温 35℃的能力。

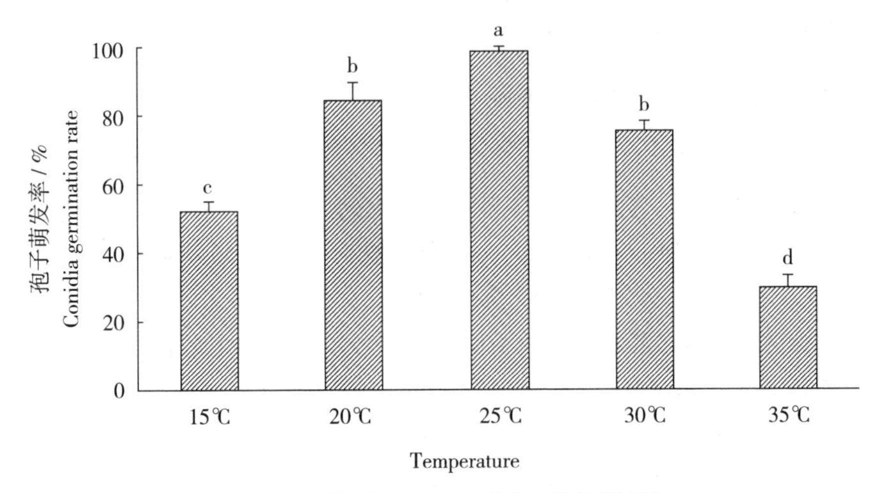

图 8.1　不同温度对 TST05 菌株孢子萌发的影响

注：图中标记不同字母表示各处理组间数据的差异有显著性（$P < 0.05$）。下图同

Fig. 8.1　The effect of temperature on the conidia germination of strain TST05

Note: Different letters mean significant difference（$P < 0.05$）between data of the treatment groups

The same as in the following figures

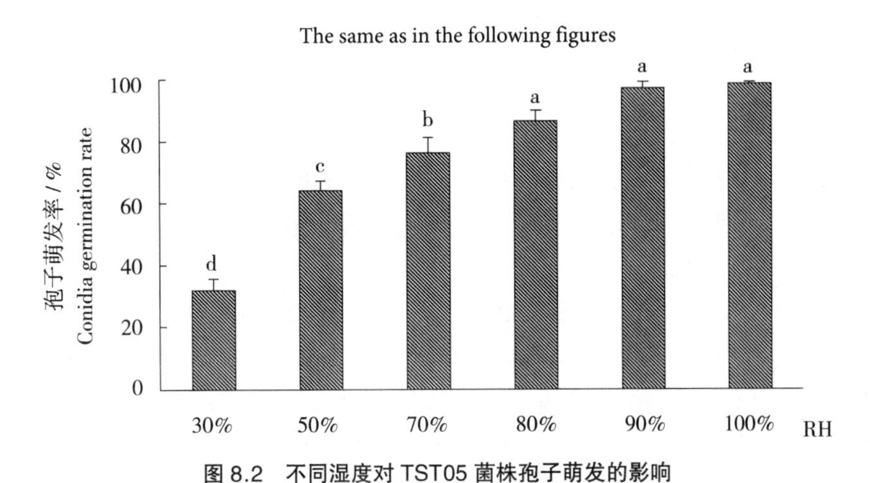

图 8.2　不同湿度对 TST05 菌株孢子萌发的影响

Fig. 8.2　The effect of humidity on the conidia germination of strain TST05

试验结果（图 8.2）显示，25℃时，孢子在 30%~100% 的相对湿度范围内均能萌发，萌发率随湿度的降低而降低。相对湿度在 80% 以上时，孢子

萌发率能达到 90% 以上。相对湿度 70% 时萌发率降为 76.43%，50% 时孢子萌发率为 63.95%。30% 时，孢子萌发率为 32.12%。因此，TST05 菌株孢萌发的适宜相对湿度在 80% 以上。

3. TST05 菌粉的制备研究

（1）TST05 菌粉的制备。

斜面菌种培养：制备含健康桃小食心虫幼虫虫尸 10 g/L 浸出液的 PDA 斜面培养基，接种 1×10^6 孢子 /mL 孢子悬液，放入培养箱培养，温度 20~28℃。待菌丝长满斜面并产孢时备用。

二级液体扩大培养：在无菌条件下，将培养好的斜面菌种连同培养基一起刮入含有 500 mL PDA 的液体培养基的三角瓶中培养。每试管菌种接种 3 瓶，接种后的三角瓶放入恒温震荡培养箱，25℃下 180 r/min，培养 10 d。

三级固体菌粉制剂培养：将麦麸 70%，谷壳 28%，奶粉 2% 按比例称好后，按总重量的 70%~80% 加水，混合均匀，制成三级固体培养基，湿度以用手紧紧抓握时刚能滴水为度。搅拌均匀后分别称取 100g 装入楔形瓶（A）和塑料袋（B）。塑料袋两端各插入一根直径 3 cm，长度 10 cm 的玻璃管后密封袋口，楔形瓶口和玻璃管口用棉塞和报纸密封。用 121℃，1.5Pa/kg 的高压灭菌 40 min，灭菌后取出，冷却至室温，在无菌环境下接入上述二级液体培养好的菌种，接种量为 20 mL。在 25℃、相对湿度为 75% 的条件下培养 20 d。

（2）菌粉制剂产孢量的测定。

称取 1.0 g 不同培养时间的菌粉，加入无菌水 50 mL，用磁力搅拌器搅拌均匀。用血球计数板测定孢子数。每组样品重复 3 次取样测定。

（3）菌粉制剂胞外蛋白酶活性的测定。

称取不同培养时间的菌粉 1.0 g，溶于 15 mL 2 mol/L pH7 预冷的磷酸缓冲液中，4℃ 15000 g 离心 20 min，吸取上清液作为粗酶液。蛋白酶的酶活性测定采用 Folin 酚法，用酶标仪测定酶液的 OD_{680}，根据标准曲线，计算酶活性。采用碧云天的 BCA 蛋白浓度测定试剂盒测定总蛋白质含量。蛋白酶的酶活性单位规定为每分钟每毫克蛋白分解蛋白质生成 1 μg 酪氨酸为 1 个酶活单位。每组样品重复 6 次。

（4）两种培养容器对 TST05 菌株生长的影响。

从图 8.3 可以看出，TST05 菌株在楔形瓶和塑料袋中都能旺盛生长，培养基表面都已经长满白色浓密的菌丝。

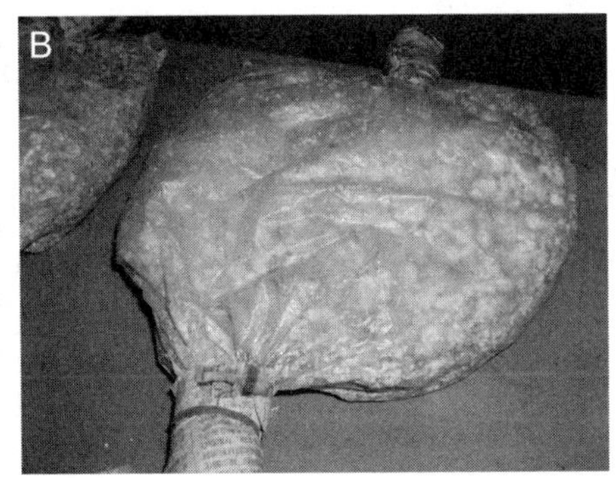

图 8.3　TST05 菌株在两种容器中的生长情况

A: 楔形瓶　B: 塑料袋

Fig. 8.3　Growth characteristics of the strain TST05 in two different vessels

A: wedg-shaped bottle　B: plastic bag

表 8.5　两种培养容器对 TST05 菌株产孢量的影响 / $\times 10^9$ 孢子 /g

Table 8.5　The effect of different vessels on the conidia yeild of strain TST05 /$\times 10^9$ conidia /g

培养时间 / d Time	8	12	20
A	1.73 ± 0.29 a	2.56 ± 0.05 a	8.83 ± 0.51 a
B	3.66 ± 0.20 b	7.35 ± 1.69 b	12.50 ± 1.84 b

分别测定了培养 8d、12d、20 d 后，TST05 菌株在楔形瓶（A）中和塑料袋（B）中培养的产孢量，结果显示（表 8.5），随着培养时间的延长，两种容器中培养基上的产孢量都逐渐升高。塑料袋培养的产孢量始终高于楔形瓶中培养的，8 d 的产孢量为楔形瓶中的 2.12 倍，差异达到显著水平（$P < 0.05$），12d 和 20d 的分别为 2.87 倍和 1.42 倍，都有极显著差异（$P < 0.01$）。

蛋白酶活性测定结果显示（表 8.6），随着培养时间的延长，两种容器中培养物的蛋白酶活性都有极显著的升高（$P < 0.01$）。楔形瓶中培养物的蛋白酶活性从 8 d 的 59.80 U/（mg・pr）达到了 20 d 时的 500.76 U/（mg・pr）。塑料袋中培养物的蛋白酶活性始终极显著高于楔形瓶中培养物（$P < 0.01$），20 d 时的蛋白酶活性达到了 770.34 U/（mg・pr），是楔形

瓶中的1.54倍。

表8.6　菌株TST05在两种培养方式下的蛋白酶活性比较 / U/（mg·pr）
Table 8.6　Comparison of protease activities of strain TST05 cultivated in two ways

培养时间 / d Time	8	12	20
A	59.80 ± 5.96 a	177.47 ± 10.08 a	500.76 ± 16.38 a
B	113.11 ± 9.10 b	249.99 ± 10.30 b	770.34 ± 71.79 b

4. 讨论

本试验结果表明TST05菌株易于培养，营养需求不高，适应性较强。在营养较贫乏的PDA培养基上也能很好地生长，不论是营养生长还是产孢量都与在PPDA、SDAY、SMAY培养基上相仿，这有利于生产应用时降低生产成本。不同温湿度试验结果表明该菌株适宜生长的温湿度范围较宽，在相对湿度100%、20~30℃时，或在最适宜的25℃、相对湿度大于80%时，都能得到很好的生长和较高的产孢量。同时在低温15℃、高温35℃、低湿度条件下也能较好地生长和产孢，说明该菌株对温湿度的适应性较强，利于在林间温湿度变化幅度较大的情况下存活。

作为昆虫的病原真菌，孢子的萌发和入侵是感染寄主的首要条件（Talaei-hassanloui et al.，2007；Hajek et al.，2003；田志来等，2008）。TST05菌株的孢子在较宽的温湿度范围内都能萌发。在最适的温度25℃时，即使相对湿度降到30%，孢子萌发率也能达到32.12%。较低温度对孢子萌发影响不大，15℃时孢子萌发率能达到52.28%。高温对该菌株孢子的萌发影响较大。35℃时，相对湿度100%时孢子萌发率为29.82%。以往的研究报道桃小食心虫幼虫出土也需要一定的湿度，赵兴敏（2002）调查报告显示，湿度变化对桃小食心虫的发生影响十分明显，当空气湿度升高时，虫口发生数量增加。花蕾等（1993）研究表明，在室内适宜湿度条件下（维持花盆内5cm处土温在23~25℃，土壤含水量在13%左右），来自不同寄主桃小食心虫越冬幼虫的出土均有一个明显的高峰。所以促使桃小食心虫幼虫出土的湿度也有利于孢子的萌发。同时，我们可以利用自然环境中的短期高湿条件，例如雨前喷施菌剂，或结合果园管理人为创造短期的高湿条件，在施用菌制剂后进行灌溉，保持土壤的短时湿润，就能使足够的孢子得到萌发，达到侵染寄主，提高防治效果的目的。鉴于 TST05 菌株在低温和低湿条件下能保持较好的生长和孢子萌发，我们认为，该菌株能适应干旱低温条件，可开发应用为我国北方地区防治桃小食心虫的生物制剂。

随之，进行了制备 TST05 菌株菌粉制剂的初步研究。依据前期研究，楔形瓶可以作为实验室内制备菌粉制剂的培养容器，培养效果优于普通的塑料袋和罐头瓶。此次研究采用了在塑料袋两端插入玻璃管再封口，这样大大提高了通气效果。用楔形瓶和塑料袋两种培养方法都能得到浓密的菌丝。而塑料袋中的菌丝更为密集，培养基几乎都被白色的菌丝覆盖。此外，通过检测产孢量和胞外蛋白酶活性，也发现 TST05 菌株在两端插入玻璃管的塑料袋中的培养效果大大优于用楔形瓶培养。这种培养方式不仅通气效果好，而且由于塑料袋较软，在培养过程中能较容易地将培养物摇散，有利于培养物内部的菌丝翻到表面充分接触空气，因此菌丝生长得更好，这为扩大培养提供了新的启发。

二、绿僵菌 TSL06 菌株的抗紫外能力研究

真菌在野外不同环境下生长情况都不相同，适应性差别很大，而且不同浓度下真菌的杀虫能力也有差别。本节研究 TSL06 菌株在不同温度下，紫外照射前后该菌株的菌落直径、产孢量、孢子萌发率。

1. TSL06 菌株的抗紫外能力

将培养好的菌配制成 1×10^8 孢子 /mL 孢子悬液，用移液枪点接于 PDA 培养基上，每个培养皿滴 3 滴，每滴 10 μL，呈等边三角形，置于 CJ-C 系列洁净工作台中紫外照射 30min，用未经紫外照射做对照组。

（1）紫外照射对菌株生长的影响。

用紫外灯照射菌株后，在 20℃、25℃、30℃下培养，不同天数下测量紫外照射后菌落直径和未紫外照射对照组的菌落直径，观察其抗紫外能力。由图 8.4 可知，在 20℃、25℃、30℃下菌株的菌落直径都随着培养的时间增加在增大，25℃下生长速率较快，为最适宜生长的温度范围，平均生长速率达到了 0.405 ~ 0.475cm/d。30℃下生长速率高于 20℃下的生长速率，但是低于 25℃的生长速率。该菌株在这 3 个温度下，前 4d 对照组和紫外照射组的菌落直径变化都很小，说明该菌株有很强的抗紫外能力，到第 6 天开

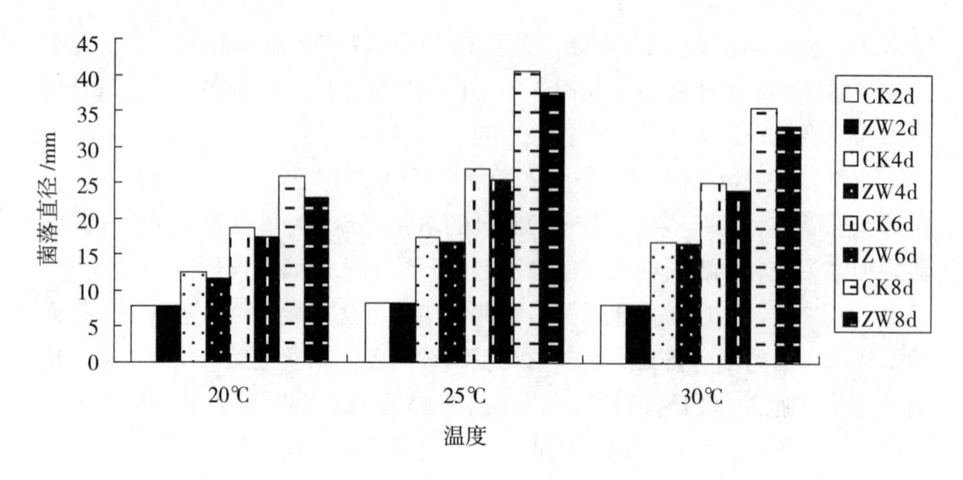

图 8.4 抗紫外能力
Fig. 8.4 Anti-ultraviolet ability

始，对照组的菌落直径开始高于紫外照射组，到了第 8 天对照组明显高于紫外照射组，紫外照射对金龟子绿僵菌菌落产生了明显的影响。

由结果可以得出，在不同的培养温度下，紫外照射组和对照组，TSL06 菌株直径都在不断增长，前 4d 该菌株抗紫外能力强，之后抗紫外能力不断降低，且明显低于对照组的生长速率。

（2）紫外照射对菌株产孢量的影响。

表 8.7 紫外照射后菌株的产孢量 /10^8 孢子 /cm^2
Table 8.7 The conidia production of strain after ultraviolet irradiation/10^8 conidia/cm^2

温度 Temperature	20℃	25℃	30℃
对照组 Control	0.867 ± 0.083	4.280 ± 0.160	3.520 ± 0.120
处理组 Treated	0.680 ± 0.080	4.093 ± 0.140	3.373 ± 0.101

用紫外灯照射菌株后，在 20℃、25℃、30℃下培养 7d 后，用直径为 5mm 的打孔器在菌落中央到边缘的中间处打孔，在每个培养皿上的 3 个菌落各打一个孔，将取到的样放到 10mL 含有 0.1% 吐温 -80 的溶液中，充分震荡孢子分散均匀，用血球计数板测定产孢量，每组重复 3 次。

可以看出（表 8.7），菌株在 25℃条件下，产孢量是最高的，对照组达到了（4.280 ± 0.160）× 10^8 孢子 /cm^2，紫外照射组也达到了（4.093 ± 0.140）× 10^8 孢子 /cm^2，为最适宜的产孢温度，30℃下产孢量次之，20℃下产孢量最低，在相同温度下，对照组的产孢量都要高于紫外照射组的产孢量，但是产孢量相差不大。由此得出，该菌株的最适产孢温度是25℃，且抗紫外能力比较强，适应性强。

（3）紫外照射对菌株孢子萌发率的影响。

孢子萌发率测定方法：配制孢子萌发营养液：取孢子悬浮液 1mL，加入到 10mL 的营养液（蔗糖 0.5g，蛋白胨 0.5g，磷酸氢二钾 0.1g，溶于 100mL 蒸馏水）中，摇匀后滴在含有薄层 PDA 培养基的载玻片上，将载玻片放入垫有湿滤纸培养皿中的 U 形管上，盖好皿盖，置于不同温度下培养，对照组和实验组（紫外照射）每个温度下各做 3 组，每组统计 100 个孢子，24h 后镜检。

用紫外灯照射菌株后，在 20℃、25℃、30℃下培养，24h 后检测紫外照组和对照组的孢子萌发率，观察其抗紫外能力。可以看出（表 8.8），在不同的温度下，所有对照组的孢子萌发率都略高于紫外照射组，且在 25℃下孢子萌发率都是最高的，30℃下孢子萌发率要低好多，但是高于 20℃下的孢子萌发率。由此可知，25℃是孢子萌发最适宜的温度范围，30℃和 20℃下孢子萌发率与 25℃相比，相差比较大，孢子萌发受温度影响比较大，紫外照射对该菌株孢子的萌发影响相对较小。

表 8.8　紫外照射后孢子萌发率

Table 8.8　Conidial germination rate of the strain after ultraviolet irradiation / %

温度 Temperature	20℃	25℃	30℃
对照组 Control	27.03 ± 1.14	50.67 ± 0.57	34.13 ± 0.55
处理组 Treated	22.67 ± 0.71	43.57 ± 1.01	31.53 ± 1.96

2. 讨论

真菌杀虫剂具有高效杀虫、适应环境、无副作用、往复循环等优势，已逐渐成为目前生物防治技术中的重要组成部分，而具体的菌株大规模生产应用还不成熟，应该从菌株的筛选、制剂的制备、增强并持久保持菌株的致病力和在野外的宿存等方面进行深入研究。我国研发绿僵菌杀虫剂起步较晚，经过近几十年的研究开发，在菌株的选择、菌株生产中和菌株的致病力上已取得进展。但是国内绝大多数真菌试剂的研究，都还只是停留在实验室研究阶段，距离野外实际应用还有很大差距（金玉荣等，2009）。李宝玉等

（2004）指出菌株在生物防治上有无应用前景的重要指标是其毒力和产孢量。蔡国贵（2003）在进行菌株的筛选时，指出生长速度较快，产孢能力强的菌株毒力较强。Wang 等（2005）证明了菌株的菌落形态与致病力具有相关性。因此，搞清楚菌株的生物学特性，对于菌株的扩大培养是必要前提。徐艳聆等（2010）发现，在不同的外界条件下，如温度和紫外线照射下，菌株的生长速率、产孢量、孢子萌发率等都会影响菌株的杀虫效果。生物学特性实验研究结果表明，该菌株具有很好的抗紫外能力，逆境适应能力较强。

第九章 TST05 和 TSL06 菌株的野外应用研究

桃小食心虫是蛀果害虫，整个幼虫生长期都在果实内部，难以用传统的农药喷施方法进行防治。在其生活史中，老熟幼虫于 9~10 月从果实中钻出，在树干周围 1 m 以内的表土层中结冬茧越冬，到第二年 4~5 月，幼虫破茧出土。一些学者（李爱华等，2012；区中美，1981）已探索在地面土层施药对桃小食心虫越冬幼虫进行防治。所以，可通过在土中喷施菌液或拌施菌粉剂的方法，使桃小食心虫越冬幼虫在出入土时体表沾染病菌，发生感染，达到防治的目的。

球孢白僵菌作为重要的虫生真菌，被普遍用于农林害虫的防治。然而，球孢白僵菌在生产应用中也显示出了杀虫速度较慢的缺点。因此，人们在筛选高致病力菌株的同时，也研究菌剂和化学杀虫剂的混合施用，既可以提高对靶标害虫的防治效率（Meyling et al.，2006；谷祖敏等，2006；Anderson et al.，1983），同时也可防止菌剂在林间与不相容的杀虫剂接触，从而充分发挥其杀虫作用（Majchrowicz et al.，1993）。在以往研究报道中，发现杀虫剂对虫生真菌的影响随菌株的不同而不同，而且不同的杀虫剂及不同的浓度对同一菌株也有不同的影响（谷祖敏等，2006）。所以在正式用于林间之前，有必要测定杀虫剂与该菌株的相容性，这有利于延长该菌在林间的宿存时间及提高防治效果。本章通过研究 TST05 菌株的野外致病力，野外宿存以及 7 种林间常见杀虫剂对其孢子萌发、生长和产孢量的影响，为该菌株的实际应用提供科学依据。

一、TST05 菌株的野外应用研究

1. TST05 菌株与 7 种化学杀虫剂的相容性研究

（1）杀虫剂的种类及来源。

40% 辛硫磷（乳油），产自山东胜邦鲁南农药有限公司；20% 虫酰肼（悬浮剂），产自山东荣邦化工有限公司；2% 阿维菌素（微乳剂）、4.5% 高效氯氰菊酯（微乳剂）、2.5% 高效氯氟氰菊酯（微乳剂）、阿维杀虫单（微乳剂）（0.2% 阿维、19.8% 杀虫单）、高氯甲维盐（微乳剂）（3.7% 高氯、0.3% 甲维盐 - 甲氨基阿维菌素苯甲酸盐），产自山西科锋农业科技有限公司。

杀虫剂的配制：使用无菌水按照各种杀虫剂的常规使用浓度进行配制，标为 1 ×，在此基础上再稀释 1 倍，标为 0.5 ×；稀释 5 倍，标为 0.2 ×。

含毒平板的制备：配制 PDA 培养基，灭菌后倒入培养皿中制成 PDA 平板，每皿移入 100 μL 的稀释后药液，用三角玻棒轻轻涂抹使药液均匀布满培养基表面，即为含毒平板。

（2）杀虫剂对 TST05 菌株菌丝生长的影响。

用直径 8 mm 的打孔器移接菌龄 7 d 的菌丝块到含毒平板中央，于 25℃下避光培养 7 d 后，测量菌落直径。同时以菌丝块接种到普通 PDA 平板为对照，各处理重复 3 次。计算各杀虫剂对 TST05 菌株菌丝生长的抑制率。

抑制率（%）=（对照皿菌落直径 - 含药皿菌落直径）/ 对照皿菌落直径 × 100

如表 9.1 所示，试验用的 7 种杀虫剂在林间常用浓度下对球孢白僵菌 TST05 菌株菌丝的生长均有一定的抑制作用。其中阿维菌素和虫酰肼的抑制率最高，在 35% 以上，显著高于高效氯氰菊酯（27.93%）和高氯甲维盐（29.73%）。其余 3 种杀虫剂的抑制率都在 30% 以上。

（3）杀虫剂对 TST05 菌株孢子萌发、生长及产孢量的影响。

将在 PDA 培养基上培养了 10 d 后的 TST05 菌株孢子刮下，加入含 4.0% 蔗糖、1.0% 蛋白胨和 0.1% 吐温 -80 无菌的培养液中，用血球计数板计数后，制备成浓度为 1×10^6 孢子 /mL 的孢子悬浮液。

将供试杀虫剂稀释液分别与孢子悬浮液充分混合后，取 10 μL 滴加在载玻片上，风干，25℃避光保湿培养。24 h 后镜检孢子萌发情况，计算萌发

表 9.1　不同杀虫剂对 TST05 菌株菌丝生长的抑制率

Table 9.1　The inhibition percentage of strain TST05 mycelial growth by pesticides

杀虫剂 Pesticides	常用浓度 Dilution	对菌丝生长的抑制率 /% Inhibition percentage of mycelial growth
高效氯氰菊酯	1∶2000	27.93 ± 3.12 a
高氯甲维盐	1∶3000	29.73 ± 5.41 a
高效氯氟氰菊酯	1∶1500	31.11 ± 3.85 ab
辛硫磷	1∶1000	32.43 ± 2.70 ab
阿维杀虫单	1∶1000	33.33 ± 3.12 ab
阿维菌素	1∶1000	36.04 ± 4.13 b
虫酰肼	1∶1000	38.74 ± 3.12 b

率。以无菌水与孢子悬浮液混合的处理作为对照，每处理重复 3 次。

将 5 μL 制备好的孢子悬液分别点接在不同的含毒平板上，同时以点接到普通 PDA 平板上为对照，各处理重复 3 次。25℃下避光培养 10 d 后，测量菌落直径。并用直径 8 mm 的打孔器打取菌块，放入 10 mL 含 0.1% 吐温 -80 的无菌水中，在磁力搅拌器上搅拌 15 min，使孢子充分分散，制成孢子悬浮液，用血球计数板测定产孢量。

林间常用浓度下 7 种杀虫剂对球孢白僵菌 TST05 菌株的孢子萌发都有显著抑制作用（$P < 0.05$）（表 9.2）。其中虫酰肼的抑制作用最大，孢子萌发率仅为 33.19%，极显著低于其余杀虫剂组（$P < 0.01$）。而高效氯氰菊酯的抑制作用最小，混合 24 h 后孢子萌发率在 70% 以上，除与高氯甲维盐组（66.63%）相比无显著性差异（$P > 0.05$）以外，与其余杀虫剂组相比均有显著性差异（$P < 0.05$）。

TST05 菌株从孢子萌发成菌丝并生长产孢，都受到杀虫剂的影响。其中虫酰肼的影响最大，TST05 菌株在此含毒平板上培养 10 d 后，仅有稀疏的菌丝长出，与其余各处理组致密的菌落形成鲜明的对比。辛硫磷组的菌落直径也较小，为 10.20 mm，只有对照组的 30.91%，但是菌落很致密，与对照组相仿。其余 5 种杀虫剂对该菌株菌落直径的影响相差不多，菌落直径为对照组的 50%~62.12%。

虫酰肼组的产孢量极少，与其余各处理组都有极显著差别（$P < 0.01$）。而辛硫磷组的菌落直径不大，但是产孢量较高，为 2.51×10^6 孢子 /mL，是对照组的 19.46%。阿维菌素组菌落直径较大，但产孢量不高，为 1.89×10^6 孢子 /mL，仅达到对照组的 14.65%。其余杀虫剂组的产孢量在对照组的

18.14%~27.75%。

表 9.2　不同杀虫剂对 TST05 菌株孢子萌发、菌落生长及产孢量的影响

Table 9.2　The effect of the biological character of strain TST05 by pesticides

杀虫剂 Pesticides	孢子萌发率 /% Percentage of germinated conidia	菌落直径 /mm Diameter of colone	产孢量 / 10^6 孢子 /mL Conidia yeild
对照	100 a	33.00 ± 5.68 a	12.90 ± 0.97a
高效氯氰菊酯	70.62 ± 3.39 b	16.50 ± 2.50 b	2.34 ± 0.40 c
高氯甲维盐	66.63 ± 11.28 bc	19.50 ± 2.18 b	2.60 ± 0.41 c
高效氯氟氰菊酯	59.48 ± 8.98 c	17.33 ± 0.76 b	3.58 ± 0.38 b
阿维菌素	54.46 ± 8.18 c	20.50 ± 3.46 b	1.89 ± 0.15 c
阿维杀虫单	52.76 ± 1.93 c	17.33 ± 0.76 b	3.10 ± 0.58 b
辛硫磷	50.34 ± 7.77 c	10.20 ± 0.60 c	2.51 ± 0.31 c
虫酰肼	33.19 ± 8.84 d	3.33 ± 0.58 c	0.05 ± 0.01 d

注：数据后字母不同表示数据间差异有显著性（$P < 0.05$）。下表同

Note：The different letter followed by the data indict significant difference ($P < 0.05$). The same as in the following tables

（4）杀虫剂浓度对 TST05 菌株孢子萌发、菌落生长及产孢量的影响。

随着浓度的降低，试验用 7 种杀虫剂对 TST05 菌株生物学特性的影响都有显著下降的趋势（图 9.1）。其中 3 种高氯类杀虫剂的影响相对较小，即使是在高浓度处理下孢子萌发率也较高，为 59.48%~70.62%。常用浓度再稀释 5 倍后，萌发率都达到了 83% 以上，产孢量也显著增高。高效氯氟氰菊酯组的产孢量为 9.61×10^6 孢子 /mL，达到了对照的 74.51%，高效氯氰菊酯组和高氯甲维盐组的产孢量分别是 7.06×10^6 孢子 /mL、5.70×10^6 孢子 /mL，也达到了对照的 54.75% 和 44.19%。

阿维菌素、阿唯杀虫单和辛硫磷的影响次之。从常用浓度到再稀释 5 倍，阿维菌素组和阿维杀虫单组的孢子萌发率分别为 54.46%~80.55%、52.76%~84.92%。对 TST05 菌落直径影响随浓度变化不大，但产孢量随浓度的降低有显著的升高。0.2 × 阿维菌素组的产孢量为 5.50×10^6 孢子 /mL，0.2 × 阿维杀虫单组的产孢量为 5.40×10^6 孢子 /mL，分别为对照的 42.64% 和 41.86%。

辛硫磷高浓度时对孢子萌发、形成的菌落直径以及产孢量的抑制较大，但随稀释度加大其抑制能力都有显著降低（$P < 0.05$）。辛硫磷对菌落直径

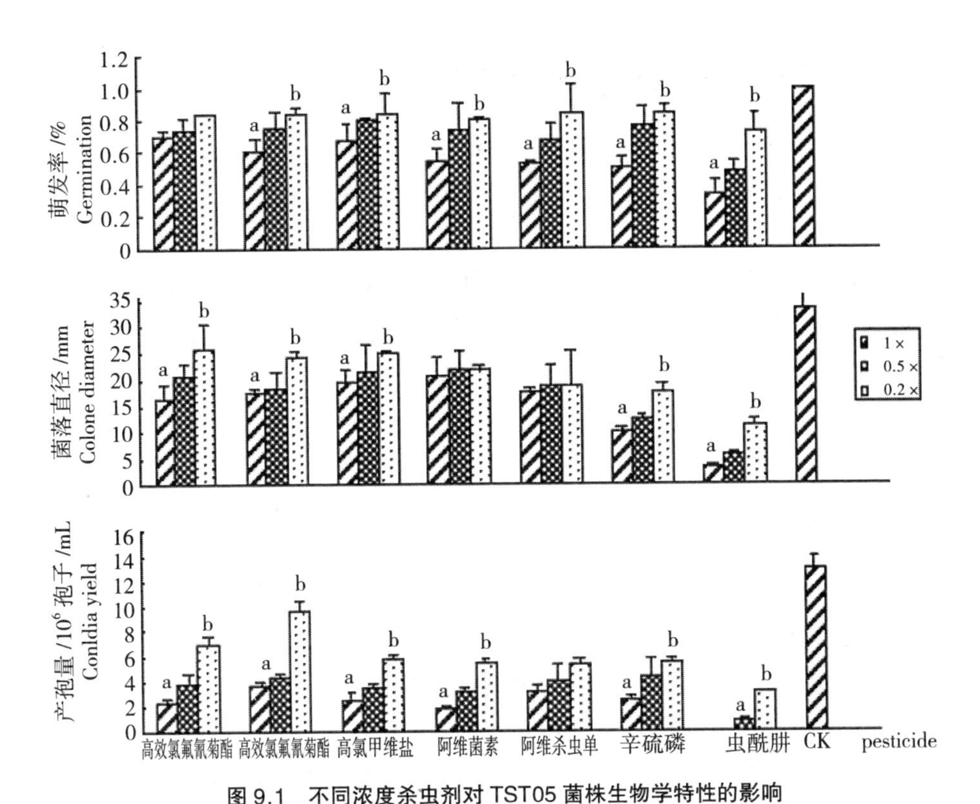

图 9.1　不同浓度杀虫剂对 TST05 菌株生物学特性的影响

Fig. 9.1　The effect of the biological character of strain TST05 by different concerntration of pesticides

注：每种杀虫剂不同稀释度上标有不同字母显示差异有显著性（$P < 0.05$）

Note: The different letters on the different dilution of the pesticide indict significantly different ($P < 0.05$)

影响较大，但是孢子萌发率及产孢量与其余各处理组相差不多。林间浓度稀释 2 倍后，孢子萌发率可以达到 75.94%，产孢量为 4.26×10^6 孢子 /mL；而稀释 5 倍后，孢子萌发率达到了 83.58%，产孢量为 5.43×10^6 孢子 /mL，达到了对照组的 42.05%。

虫酰肼的抑制作用最大，与其他杀虫剂相比有显著性差异。在林间浓度处理下只有 33.19% 的孢子萌发，并且萌发后只长出稀稀落落的菌丝，几乎形不成菌落，产孢量也极低。0.2 × 处理组的孢子萌发率达到了 72.08%，但形成的菌落仍较松散，与其余各处理组仍有差异。产孢量虽有显著升高，为 3.01×10^6 孢子 /mL，达到了对照组的 23.35%，但仍然显著低于其他杀虫剂 0.2 × 处理组。

2. TST05 菌株在野外的宿存能力研究

（1）TST05 菌株在土壤中的数量动态测定。

采用前一章中塑料袋方法制备的 TST05 菌株的菌粉制剂，孢子含量为 1.2×10^{10} 孢子 /g。

9 月在枣林土壤中，用细纱网隔出 30 cm × 30 cm × 20 cm 的方格。取其中 5 cm 的表层土，与 25 g 菌粉充分混合后平铺于各方格内。重复 3 次。每 2 个月取样一次，每次用直径 3 cm 的圆柱形取样器分别在每一个方格内的 5 个点取样，取样厚度为 8 cm。

将每个点取回的土样混匀，分别称取 4.0 g，加入 396 mL 的无菌水，置于磁力搅拌器上搅拌均匀后，依次稀释成 10^{-3}、10^{-4}、10^{-5}、10^{-6} 和 10^{-7} 浓度。吸取 0.3 mL 不同稀释度的土壤悬液，滴加在制好的选择性培养基平板（王滨等，2000）上，涂布均匀后将平板置于 25℃培养箱中培养。观察培养皿中长出的菌落形态、菌丝及孢子特征。将鉴定为球孢白僵菌的菌落标记，记录其成菌落数（CFU）。每个稀释度设 3 个重复。

（2）宿存对产孢量的影响测定。

选择稀释度高的土壤悬液涂布平板，确保平板上长出的菌落在 10 个以内。每份土样重复 5 次，在每个平板上随机选择 1 个球孢白僵菌菌落。将此 5 个菌落上的孢子刮下，溶于 0.1% 吐温 -80 无菌水溶液中，配置成 2.35×10^{7} 孢子 /mL 的菌悬液。在 PDA 培养基上测定其产孢量。

如表 9.3 所示，9 月菌粉制剂施入土壤中，2 个月后采样测得成菌落数为 66.33×10^{4} 个 /g，与 9 月初始的 108.67×10^{4} 个 /g 相比下降了 38.96%，有显著性差异（$P < 0.05$）。4 个月后成菌落数下降更为明显，降到了 1.09×10^{4} 个 /g，与 11 月相比也有显著降低。但在随后的几个月中，成菌落数一直较为稳定，略有回升，但没有显著性差异。3 月、5 月从土壤中直接分离的菌株的产孢量也较稳定，达到 10^{6} 孢子 /mL。

3. TST05 菌粉在野外条件下对桃小食心虫的防治效果

采用前一章中塑料袋方法制备的 TST05 菌株的菌粉制剂，孢子含量为 1.2×10^{10} 孢子 /g 。

表 9.3 TST05 菌株在土壤中宿存的数量动态和产孢量

Table 9.3 Dynamic of strain TST05 population survived in soil and conidia yield

取样时间 Time	成菌落数 CFU/10^4	产孢量 Conidia yield/10^6conidial/mL
9 月	108.67 ± 15.11 a	—
11 月	66.33 ± 12.50 b	—
1 月	1.09 ± 0.35 c	—
3 月	1.23 ± 0.29 c	9.12 ± 0.68 a
5 月	1.11 ± 0.46 c	7.86 ± 0.49 a

注：同一列中字母不同表示不同处理组间差异有显著性（$P < 0.05$）。下表同

Note : The different letters in the same column indict significantly different ($P < 0.05$). The same below

图 9.2 TST05 菌粉制备及果园杀虫实验

Fig. 9.2 Preparation of spore powder and the insecticidal experiment in the orchard

9 月在枣林枣树下土壤中，用细纱网隔出 60 cm × 40 cm × 30 cm 的长方格。将菌粉与方格内 2~3 cm 厚的表层土按 1 : 200 的比例拌匀后均匀撒施。然后将收集的从枣中自然脱果的桃小食心虫老熟幼虫 300 头撒在土上由其自

然入土。以不添加菌粉的作为对照组。试验重复 3 次。在次年 4 月中旬将表层 10~12 cm 土中的越冬茧挑出，计数越冬茧中健康活虫和感染白僵菌死亡虫尸，再根据对照组计算出校正死亡率。

在野外条件下，将菌粉拌在土壤中，幼虫入土越冬时自然沾染孢子，带着孢子结茧越冬。孢子在适宜条件下萌发入侵昆虫，使其致病致死。经初步试验，菌粉制剂对桃小食心虫幼虫的野外校正致死率达到 75.29%（表 9.4）。

表 9.4　TST05 菌株在野外对桃小食心虫幼虫的感染致死率 / %

Table 9.4　The mortality rate of strain TST05 on *C. sasakii* larvae in the field condition

	处理组 Treated		对照组 Control	
	死茧数 Cadaver/n	活茧数 Living larvae/n	死茧数 Cadaver/n	活茧数 Living larvae/n
1	105	36	12	102
2	86	14	6	42
3	113	42	9	114
死亡率 Mortality/%	77.79 ± 7.15		10.11 ± 2.62	
校正死亡率 Adjusted mortality/%	75.29			

4. 讨论

相对于化学杀虫剂，虫生真菌具有显著的环境安全性。有研究表明大部分虫生真菌对哺乳动物（Siegel，1997）、鱼类和水生无脊椎动物等安全（Nestrud et al.，1997）。并且虫生真菌具有一个显著优势，即防治效果具有延续性。当虫生真菌侵入虫体后，将以虫体作为培养基，会重新从虫体上长出菌丝并产生分生孢子，再感染其他或者下一代害虫（Quesada-Moraga et al.，2004），即可在害虫群落中造成真菌病的流行，从而控制害虫的种群密度，这对害虫的持续防治具有重要意义。

桃小食心虫具有在土壤中越冬的生活习性，因此，可利用 TST05 菌株适应北方干旱低温环境的特性，通过人工撒施菌粉制剂，对越冬幼虫进行防治。从而节省了传统防治方法因监测桃小食心虫出土和羽化所耗费的人力物力。本试验研究了实验室制备的 TST05 菌粉制剂在野外条件下对桃小食心虫老熟幼虫的致病力，校正致死率达到 75.29%。此外，研究了在桃小食心虫的越冬期内，即 9 月到次年 5 月，TST05 菌粉制剂在野外的宿存情况。发现该菌株具有较强的宿存能力和较稳定的产孢水平。在起始浓度为 10^6CFU/土样的土壤中，8 个月后仍能达到 10^4 CFU。另外，未经多次复壮，直接测定土壤中分离菌株传代一次的产孢量，也达到了 10^6 孢子 /mL。这与王滨等（2003）报道的白僵菌在土壤中有较强的宿存能力及较稳定的毒力和产孢水平相一致。

但是虫生真菌作为生防制剂具有防效较慢的特点，这是因为真菌感染需要孢子的萌发和穿透，害虫从感染到发病死亡，往往需要一段时间。刘又高等（2007）研究蝉拟青霉感染 2~3 龄小菜蛾幼虫时发现有 50% 左右的小菜蛾是在蛹期才开始发病死亡的。因此，虫生真菌感染具有延迟性，不像化学杀虫剂作用那么速效。在现实应用中，为达到更快更好地防治效果，常常需要真菌制剂和化学杀虫剂协同作用。此外，由于林间害虫种类较多，不可避免地会用到某些化学杀虫剂，施用到林间的真菌难免会接触到化学杀虫剂。因此，为尽量避免不相容的化学杀虫剂对虫生真菌的抑制作用，研究常用化学杀虫剂对该真菌生物学特性的影响就成了必要的基础工作。

本试验研究了 7 种化学杀虫剂对球孢白僵菌 TST05 菌株菌丝生长的影响，结果表明试验用杀虫剂对菌丝的生长抑制作用不大，抑制率在 27.93%~38.74%。以往研究表明，白僵菌菌丝生长受到抑制并不代表孢子活力和产孢量一定下降（廖文程等，2004；谭云峰等，2008）。且球孢白僵菌对害虫的致病作用主要是通过孢子附着在昆虫体表，萌发后侵入昆虫体内从而致病致死（翟锦彬等，1995）。因此，孢子的萌发对虫生真菌的致病性有至关重要的作用。在实际应用时，因添加了真菌制剂，杀虫剂的剂量会有所降低。本试验接着研究了 7 种杀虫剂在不同浓度下对 TST05 菌株孢子萌发、生长及产孢的影响。

试验结果表明，虫酰肼与该菌株最不相容，不能在常规浓度下共同施用。虫酰肼至少在常规浓度的基础上再稀释 5 倍以上才不会对该菌株的生物学特性造成很大影响。辛硫磷尽管对孢子萌发及生长抑制作用较大，但对于孢子产量的影响较小，对菌丝的生长抑制不大。高氯类、阿维菌素及阿唯杀虫单与该菌株的相容性较好，可以考虑协同施用。

实际应用中，辛硫磷、高效氯氰菊酯都可拌入土中，对桃小食心虫越冬幼虫有较好的触杀作用。而球孢白僵菌 TST05 菌株也可以施入土中，使桃小食心虫越冬幼虫入土和出土时体表沾染孢子，进而孢子在幼虫体表萌发侵入体内，最终造成幼虫感染死亡。根据本试验结果，辛硫磷常规使用浓度对此菌株孢子萌发有较大的抑制作用，不利于其发挥感染作用。但当辛硫磷的浓度降低时，对孢子萌发的抑制作用也大大降低，2 倍稀释后，孢子萌发率为 75.94%；稀释 5 倍后，孢子萌发率达到了 83.58%。高效氯氰菊酯对该菌的影响则显著小于辛硫磷。所以可以考虑将辛硫磷或高效氯氰菊酯和该菌株孢子制剂一起或分批施入土壤中对桃小食心虫进行防治。混用对桃小食心虫幼虫的防治效果以及最佳浓度配比、林间施用剂量及方法还需要进一步的试验研究。

二、TSL06 菌株的野外宿存能力和野外防治实验

本研究将 TSL06 菌株制备成固体菌粉，埋于果园，定期检测了菌株在土壤中的宿存能力，经过近 4 个月的宿存，仍可维持在 10^5 孢子 /g 相对较高的水平上，孢子荧光染色也反映了孢子在土壤中的密度前 2 个月下降的很快，随后逐渐放缓，因此说明，该菌株有一定的宿存能力。在果园里，用 6.0×10^7 孢子 /g 的固体菌粉去侵染结冬茧的桃小食心虫，校正死亡率为（52.69 ± 12.28）%。

1. 平板法检测菌株在土壤中的宿存能力

用平板法培养，将待测菌株制成孢子粉，埋于野外，每隔 1 个月定期取回土样，称取 3g 土壤，将其加入 297mL 水溶解，滴定至 300mL，再依次取 10mL 加入至 90mL 无菌水样中，从而得到浓度为 1∶1 000、1∶10 000、1∶100 000 浓度的土壤悬浮液，每个梯度浓度吸取 300 μL 溶液涂布于 PDA 培养基上，将接种完成的平板放在人工气候箱中 25℃培养，培养至第 3 天开始菌落计数，统计出每个菌种每个月每个浓度的菌落总数，计算出土样中菌株的密度。

定期取回在野外存放的绿僵菌，用平板法计算出菌落数量。结果显示图 9.3，随时间的延长，菌落数量在不断的减少，第 1 个月菌落密度为 1.3×10^6 孢子 /g，到了第 2 个月减少的幅度最大，菌落密度只有 4.4×10^5 孢子 /g，到第 3 个月菌落密度为 2.9×10^5 孢子 /g，减少幅度放缓，第 4 个月菌落数量和第 3 个月相对维持在一个水平上，菌落密度为 2.5×10^5 孢子 /g。说明该菌株在刚放入土壤中的前两个月中，对野外的环境有一个适应过程，

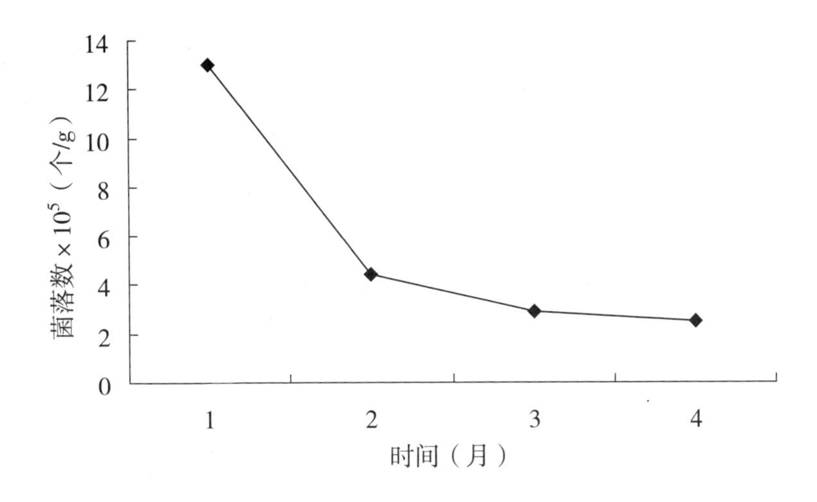

图 9.3　不同月份土壤中菌株的密度

Fig. 9.3　The density of the strain in the soil in different months

菌落密度降幅较大，当适应环境后，到第 3 个月和第 4 个月菌落数量能够相对维持在一个水平，证明该菌株在野外有一定的宿存能力。

2. 原位杂交法检测土壤中绿僵菌的菌株孢子数

试验用平板法检测野外绿僵菌菌落数量的同时，探索用原位杂交技术检测野外绿僵菌菌落数量。

取回土样（定量），称取土样 3g，用液氮浸泡后，放入盛 297mL 无菌水并带有玻璃珠的锥形瓶中，震荡约 20 分钟，使土样与水充分混合，将细胞分散。用一支移液枪从中吸取 10mL 土壤悬液加入盛有 90mL 无菌水的锥形瓶中充分混匀，然后用无菌移液枪从此试管中吸取 10mL 加入另一盛有 90mL 无菌水的锥形瓶中，混合均匀，制成 1 : 10 000 稀释度的土壤溶液。涂抹 50 μL 溶液在明胶包被好的载玻片上，干燥，加多聚甲醛（PFA），4℃固定 2h，洗涤缓冲液 PBS 冲洗 1~2 次。用蛋白酶 K 在 37℃下消化 30min（烘箱），再用洗涤缓冲液冲洗 2~3 次，室温晾干。载玻片用梯度乙醇脱水，梯度体积浓度为 50%、80%、100%，由低浓度到高浓度各 3min。在脱水后的载玻片上，滴 2 μL 的荧光探针和 18 μL 杂交缓冲液（0.9mol/L NaCl，20mmol/L Tris-HCl（pH7.2），5mmol/L EDTA,0.01%SDS，20% 甲酰胺），与载玻片上固定的样品涂匀后反应，条件是 55℃黑暗的空间中反应 2h，且放置载玻片容器中应加水保湿。待 2h 的反应结束后，用事先在 48℃下水浴后的洗涤缓冲液（54mmol/L NaCl，20mmol/L Tris-HCl（pH7.2），10mmol/L EDTA, 0.01%SDS）冲洗反映结束的混合物，冲洗结束后，继续在该温度下的洗涤缓冲液中放置一刻钟。到时间后，用事先冰浴好的 DEPC 水洗涤反应混合物，在常温中晾干后，将反荧光褪色剂均匀涂在反应混合物上层防止褪色，最后在最上层盖好盖玻片，于 BX51 荧光显微镜下检测染色情况。

荧光探针 5’-3’序列：CTACGGCAAGGCGACGCTGACG，由上海生工生物工程有限公司合成，应用液浓度为 20 μg/mL。

由荧光显微镜图片（图 9.4）可以看出菌株每个月在野外宿存的情况，第 1 个月（图 9.4A）染色的孢子最多，密度最大，随后逐月递减，第 2 个

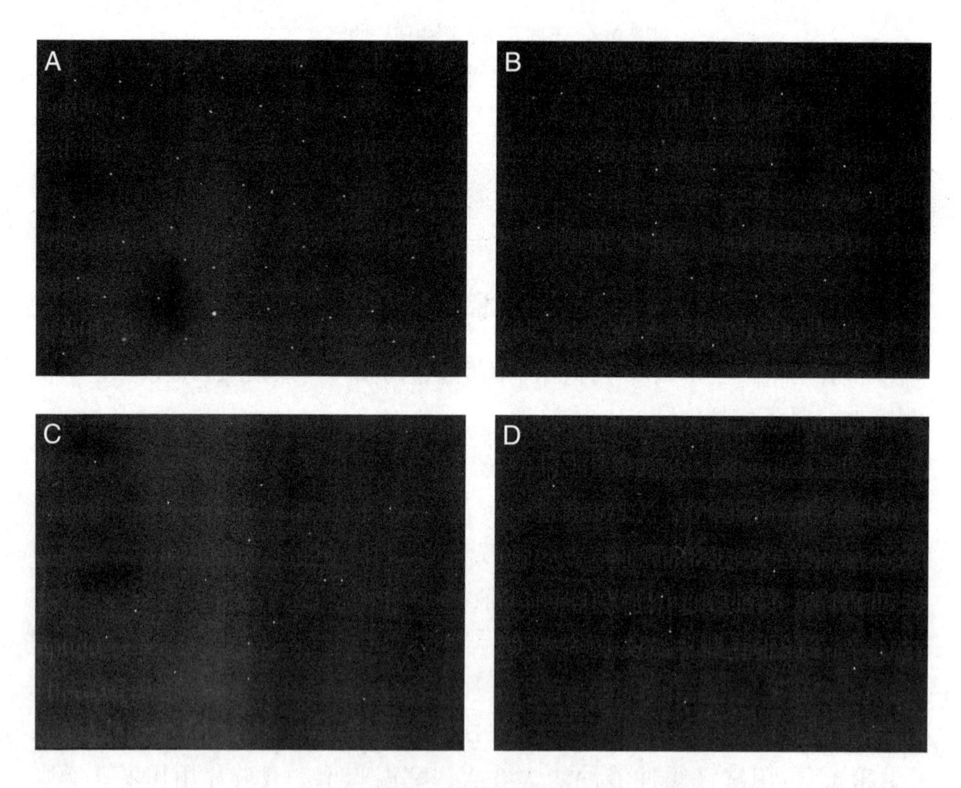

图 9.4　孢子荧光染色情况

A: 1 个月后孢子染色情况　B: 2 个月后孢子染色情况

C: 3 个月后孢子染色情况　D: 4 个月后孢子染色情况

Fig. 9.4　The effect of fluorescent stain

A: The effect of fluorescent stain a month later　B: The effect of fluorescent stain two months later

C: The effect of fluorescent stain three months later　D: The effect of fluorescent stain four months later

月（图 9.4B）的染色孢子明显比第 1 个月的数量减少很多，第 3 个月（图 9.4C）和第 4 个月（图 9.4D）的染色的孢子数量在平稳减少。这与平板法得出的结果相一致，但因为此方法还不是很成熟，无法准确计算出该菌株在野外单位质量土壤中孢子的宿存数量。

3. 野外致病性实验

（1）一级斜面培养。

将 TSL06 菌株接入到 PDA 培养基的斜面上，放于（25 ± 1）℃，（50 ± 10）% 湿度下培养一个星期。

（2）二级液体培养。

将 TSL06 菌株接入到灭好菌的 SDAY 培养液中，摇匀，在（25 ± 1）℃、120r/min 下恒温摇床中培养一个星期。

（3）三级固体扩大培养。

将三级固体培养基装于大的三角瓶和楔形瓶中，在灭菌过中灭菌半个小时，冷却至室温后，将培养好的二级培养液接到固体培养基上，接种量 20%。将瓶口用纱布和报纸裹好，放于（25 ± 1）℃，（50 ± 10）% 湿度下培养一个月。

（4）对结冬茧桃小食心虫的野外致死实验。

绿僵菌通过一级斜面培养、种子液培养和三级扩大培养，制成固体的菌粉，菌粉的浓度为 1.2×10^9 个 /g。在花盆的底部放 5cm 野外的土，将 60g 菌粉与 3 000g 的灭菌土混合均匀，放于底层土壤的上面，在菌粉和灭菌土的中上层放置采集健康的准备结东茧越冬的桃小食心虫 100 头，再放 5cm 的野外土壤于菌粉和灭菌土上面，花盆顶部盖上尼龙布，重复 3 次，不添加菌粉的实验组作为对照组，也重复 3 次，第 2 年 4 月统计虫子的死亡情况。该实验在山西太谷果树所的枣园中进行。

表 9.5　TSL06 菌株果园对桃小食心虫的致死影响

Table 9.5　The effect of *C. sasakii* infected by the spore suspension in the orchard

	虫数 Insect number/n	平均死亡率 Average mortality /%	校正死亡率 Corrected mortality /%
对照组 Control	100	89.67 ± 2.08	52.69 ± 12.28
处理组 Treated	100	95.11 ± 1.27	

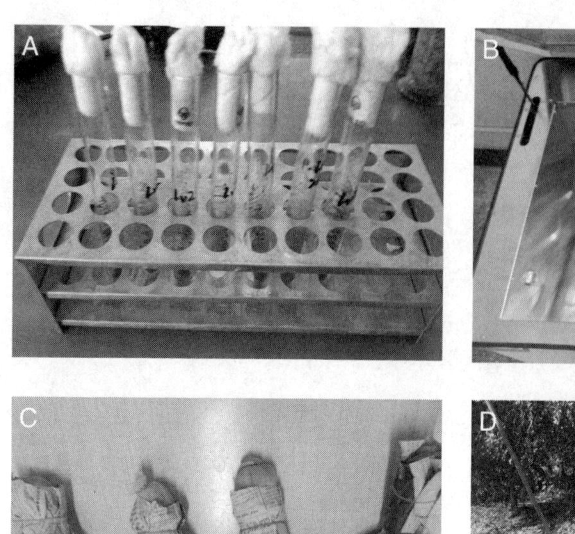

图 9.5　TSL06 菌粉制备及果园杀虫实验

A: 菌株一级斜面培养　B: 菌株二级液体培养

C: 菌株三级扩大培养　D: 果园致病力实验

Fig. 9.5　Preparation of spore powder and the insecticidal experiment in the orchard

A: The initial slope cultivation of the strains　B: Cultivation of strains in liquid

C: Cultivation of strains to expand　D: The experiment of virulence in the orchard

9 月将菌粉撒于太谷果树所果园做野外杀虫实验，翌年 4 月取回土样，检测土壤里越冬茧的出虫情况，计算菌株对桃小食心虫的致死情况。在野外生存条件比较艰苦，尤其湿度很低，对照组的平均死亡率很高，达到了（89.67 ± 2.08）%，染菌实验组的平均死亡率也很高，可以达到（95.11 ± 1.27）%，大部分的桃小食心虫是自然环境导致其死亡，菌株对桃小食心虫的校正死亡率为（52.69 ± 12.28）%，起到了很好的杀虫效果。

4. 讨论

绿僵菌的孢子粉在接入到野外的土壤中，其一般存在方式是分生孢子形态，在温度、湿度等条件适宜的情况下，可以萌发成菌丝，菌丝进而再形成产孢器和孢子，周而复始。但是野外的条件因干旱，温度变化大等因素的制约，萌发的菌丝会自动消失，只有在生长条件适合的时候才会继续萌发生长。绿僵菌在野外，土壤在低湿度下产孢的持久度很好，相反在高湿度下很差。据 Mizono 等（1982）报道，将绿僵菌接种于野外的土壤中，2 年后该土壤中绿僵菌的宿存情况是，该菌株依然可以维持在 10^2~10^4 孢子 /g 土壤中，含量稳定。研究结果也证明了绿僵菌在野外的土壤中宿存能力很强，本实验将 TSL06 菌株菌粉撒入果园树冠下面 10cm 的土壤中，且起始浓度为 1.3×10^6 孢子 /g，经过近 4 个月的宿存，仍可维持在 2.5×10^5 孢子 /g 水平上。绿僵菌在干燥低温的环境中，可以长时期宿存于土壤中，而且不会失去侵染能力，比起在实验室的宿存情况，在野外的宿存能力能够维持在较高的水平（樊美珍等，1991）。因此，绿僵菌在野外，尤其高温干旱地区有较强的适应生存能力，为我国的北方发生虫害地区提供了新的虫生真菌种源。

绿僵菌在土壤中不仅具有很强的宿存能力，还具有较强的对靶标害虫的致病力（程子路等，2008）。研究结果也证明了这一点。在我国北方冬天的自然环境中，由于气候干燥和温度较低，桃小食心虫在果园土壤中自然死亡率很高，可达 89.67%，但染菌死亡率更高，可达 95.11%，校正死亡率是 52.69%，虫口密度降低了一半。这说明在桃小食心虫老熟幼虫入土前，在树冠地下土壤中撒施菌粉效果是非常明显的，因为虫子进入土壤在结冬茧前就有可能感染上菌，在漫长的冬茧滞育期，7~8 个月时间就已染病，所以在来年就不能破茧出土。这为大面积用绿僵菌防治桃小食心虫提供了科学依据。

三、TST05 菌粉的工厂生产和果园应用实验

菌粉的工厂生产：2013 年 6 月在山西科谷生物农药有限公司（工厂在太谷）进行了球孢白僵菌 TST05 菌株的规模化生产，生产了固体菌粉。

一级斜面菌种培养：在实验室进行，用 PDA 培养基培养。

二级菌种液体种子培养：在工厂进行。按体积分数为 5% 的接种量将实验室培养好的孢子悬液接入到培养好的无菌的二级液体 PDA 培养基中（装量：150mL/250mL 锥形瓶 ×26 瓶），在 25℃下，150r/min，工厂用摇床培养 38h。因为工厂培养为大批量培养生产，所以在用摇床培养了 38h 后，再接入到已含有同样的经过灭菌的二级液体培养基的 150L 大型液体发酵罐中，

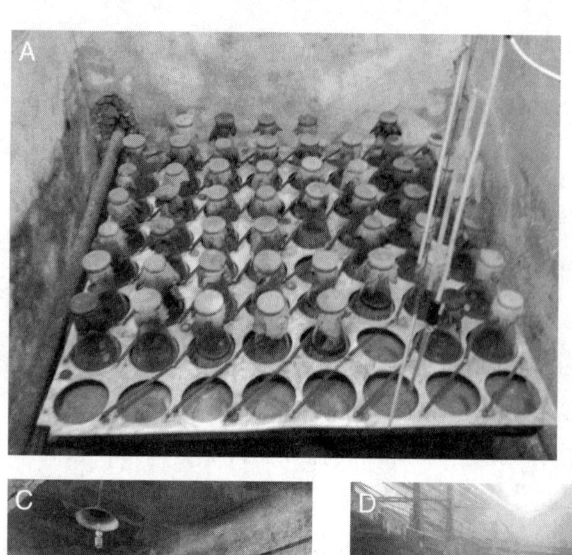

图 9.6　工厂制备菌粉的过程

A: 摇床　B: 液体发酵罐　C: 固体发酵培养的搅拌器

D: 培养房　E,F: 固体发酵物

Fig. 9.6　The production process of powder in factory

A: Shaking flask　B: Fermentation tank　C: Solid medium agitator

D: Training room　E,F: Fermentation Solid

发酵培养 18h。

三级菌种的固体发酵：在工厂进行。配置固体培养基：稻谷壳 20%；麦麸 35%；玉米粉 15%；蛭石 30%。将配置好的固体培养基加入到大型固体培养基搅拌器中，灭菌消毒，冷却后再将发酵培养好的二级种子液接入其中，搅拌均匀，分别装入 40 个提前消过毒的通气培养筐中，培养筐底层有细密的纱网（尺寸：长 39.5 cm、宽 28 cm、高 15 cm），将培养基平散的铺在筐内（厚度约 3 cm）。在具有通风换气功能的培养室内连续培养 15d。

制备好菌粉后，2013 年 10 月 5~7 日在山西省运城市临猗县北景乡北里村薛仁绪家果园苹果园对桃小食心虫进行了生防实验（图 9.7）。

实验面积：40m × 70m，120 株苹果树

果树品种：金冠

有效株数：107 株

施用药量：干粉 1kg/ 株（相当于鲜粉 1.4kg/ 株）。

施用方法：把菌粉揉碎，用定量容器取药，均匀散洒在树冠下地面，用铁锹翻入扣在地表下 3.33~6.66cm 土中。

2014 年 3 月 21 日考察桃小食心虫防治效果（图 9.8）。实验分为 5 个组，每组又分为实验组和对照组，分别在去年落果多的地方挖取长 1m 宽 50cm 深 20cm 的土壤，在实验组随机找 3 棵树分别挖取土壤，在对照组随机找 2 棵树分别挖取土壤。并将这些土壤用筛网筛，取其上面的小颗粒，装袋，带回实验室。在实验室内对土壤进行筛选挑出桃小食心虫，并计算其成活率。结果发现桃小食心虫的成活率仅为对照组的 34.54%（表 9.6），表明用 TST05 球孢白僵菌菌粉防治桃小食心虫有很好的效果。

表 9.6　各组桃小食心虫幼虫成活率

Table 9.6　The survival rate of *Carposina sasakii* larvae in each group

行数 Line	1	2	4	7	8
成活率 Survival rate/%	40.0	14.2	30.0	60.0	28.5
平均成活率 Average survival rate/%			34.54		

在苹果园试验了工厂制备的 TST05 菌粉对桃小食心虫老熟幼虫的致病力，幼虫的成活率仅为对照组的 34.54%。本次试验只在夏末秋初幼虫入土前施用了菌粉，主要是使幼虫入土时感染病菌致病。实验结果检测了对入土

图 9.7　2013 年在临猗县果园试验

Fig. 9.7　The field test in the orchard of Linyi Country in 2013

图 9.8 2014 年春季在临猗县果园对应用效果检查
Fig. 9.8 The field test in the orchard of Linyi Country in 2014

幼虫的致病力，没有接着考察出土时的感染。桃小食心虫出土时需要高湿的环境，并且越冬后幼虫由于营养消耗较多，对感染也更加敏感（张月亮等，2007），此时真菌的致病力会相对增强。在实际应用时，在春季幼虫出土前加强施用一次菌粉，对桃小食心虫的防治作用会进一步增强。

参考文献

[1] 蔡国贵. 刚竹毒蛾白僵菌优良菌株筛选及生产应用研究. 林业科学，2003，39(2)：102–108.

[2] 曹广春. 小菜蛾 plutella xylostella L. 对虫酰肼的抗性及其机理研究 D. 南京农业大学，2007.

[3] 程子路，郭立佳，黄俊生. 绿僵菌在土壤中宿存的数量及产孢量变化研究. 中国农学通报，2008，7（24）：365–368.

[4] 戴芳澜. 真菌的形态和分类. 北京：科学出版社. 1987，27–53.

[5] 樊美珍，李建乾，郭超，等. 绿僵菌在土壤中宿存形式和存活时间的测定. 西北林学院学报，1991，1（6）：48–54.

[6] 樊美珍，李增智. 绿僵菌在土壤中的延续及控制桃小食心虫的潜力. 应用生物态学报，1996，7（1）：49–55.

[7] 范艳华. 球孢白僵菌降解寄主体壁的几丁质酶和蛋白酶的分子改良. 重庆：西南大学，2006:4–6.

[8] 方祺霞，杨淑芳，胡亚梅，等. 玫烟色拟青霉北京变种防治温室白粉虱的研究 [J]. 生物防治通报，1986，2（3）：129–131.

[9] 方卫国. 昆虫病原真菌降解寄主体壁酶基因的克隆及球孢白僵菌高毒力重组菌株的获得（D）. 重庆：西南农业大学 .2003.

[10] 冯静. 几丁酶 – 蛋白酶融合基因的构建与球孢白僵菌毒力的提高（D）. 西南大学，2006:34–38.

[11] 冯明光. 胞外蛋白酶和脂酶活性作为球孢白僵菌毒力指标的可靠性分析. 微生物学报，1998，38（6）:461–467.

[12] 贺运春，张仙红. 山西虫生真菌. 北京：中国农业科学技术出版社，2006.

[13] 洪健，叶恭银，林永丽，等. 咪唑类化合物——金鹿三眠素对天蚕幼虫丝腺超微结构的影响. 电子显微学报，1999，18(5)：486–495.

[14] 湖北省白僵菌纯孢粉防治马尾松毛虫课题组．飞机喷洒白僵菌高孢粉防治马尾松毛虫试验．林业实用技术，1989，2: 10–14.

[15] 花蕾．桃蛀果蛾在不同寄主上有关生物特性差异的研究．西北农业大学学报，1993，21（2）: 99–103.

[16] 花蕾，马谷芳．不同寄主桃小食心虫越冬幼虫的出土规律．昆虫知识，1993，30（1）:22–25.

[17] 焦瑞莲．桃小食心虫的发生与防治．植物医生，2006，19（2）:19.

[18] 高兴祥，罗万春，谢桂英，等．甜菜夜蛾多酚氧化酶的特性及其对曲酸等抑制剂的反应．中国农业科学，2004，37（5）: 687–691.

[19] 谷祖敏，李璐，纪明山，等．六种常用农药与球孢白僵菌和蜡蚧轮枝菌的相容性．农药，2006，45（5）: 325–356.

[20] 季香云，杨长举．白僵菌的致病性与应用．中国生物防治，2003，19（2）: 82–85.

[21] 金洁，张作法，时连根，等．昆虫病原白僵菌的分子生物学研究进展．科技通报，2007，23（6）:842–846.

[22] 金玉荣，殷宏，罗建勋．生防绿僵菌研究进展．安徽农业科学，2009，37（5）:2 060– 2 062，2 077.

[23] 景云飞，张仙红．昆虫病原真菌玫烟色拟青霉的研究进展．山西农业科学，2007，35(9):19–22.

[24] 雷芳，张桂芬，万方浩，等．寄主转换对B形烟粉虱和温室粉虱海藻糖含量和海藻糖酶活性的影响．中国农业科学，2006，39（7）: 1387–1394.

[25] 黎彦，刘峥，张桂兰，等．芫菁夜蛾线虫在防治桃小食心虫上的应用．植物保护学报，1993，20（4）: 337–342.

[26] 李爱华，张勇，张辉，等．枣园桃小食心虫的发生动态及生防技术研究．中国果树，2012(2): 53–56.

[27] 李宝玉，张泽华，农向群，等．真菌杀虫剂产品标准化研究进展．中国生物防治，2004，20（S）:32–38.

[28] 李定旭．桃小食心虫地面防治技术的研究．植物保护，2002，28(3): 18–20.

[29] 李定旭，雷喜红，李政等．不同寄主植物对桃小食心虫生长发育和繁殖的影响．昆虫学报，2012，55（5）: 554–560.

[30] 李会平，黄大庄，苏筱雨，等．桑天牛幼虫感染白僵菌后体内主要保护酶活性的变化．蚕业科学，2007, 33(4): 634-636.

[31] 李季生，夏爱华，高绘菊，等．蝇蛆寄生对家蚕血细胞和酚氧化酶活性的影响．蚕业科学，2006, 32(2): 268-271.

[32] 李农昌，樊美珍，胡景江，等．绿僵菌干菌丝粉的制备及应用．安徽农业大学学报，1996, 23(3): 418-426.

[33] 李素春，刘加博，贺德菊．泰山1号线虫防治桃小食心虫的研究．植物保护学报，1990, 17(3): 237-240.

[34] 李仁芳，徐建爱，张本武，等．"辛拌磷"拌土防治桃小食心虫．落叶果树，1993(2): 52.

[35] 李文华，张永军，王中康．虫生真菌穿透昆虫表皮相关理化因子的研究．昆虫与环境－中国昆虫学会2001年．学术年会论文集．2001, 473-479.

[36] 李朝荣，王红愫，张茂云，等．桃小食心虫防治技术研究．西南农业大学学报，1989, 4(1): 43-46.

[37] 李增智．中国虫生真菌应用50年简史．安徽农业大学学报，2007, 34(2): 203-207.

[38] 李增智，樊美珍．真菌生物技术与真菌杀虫剂的发展．北京：科学出版社，2000.

[39] 李增智，李春如，黄勃，等．重要虫生真菌球孢白僵菌有性型的发现和证实．科学通报，2001, 46(6): 470-473.

[40] 李周直，沈惠娟，蒋巧根，等．几种昆虫体内保护酶系统活力的研究．昆虫学报，1994, 37(4): 399-403.

[41] 廖文程，叶兰钦，邓建华，等．烟田常用化学农药对白僵菌孢子和菌丝的影响．云南农业大学学报，2004, 19(1): 10-13.

[42] 林清洪，黄志宏．镰刀菌研究概述．亚热带植物通讯，1996, 25(1):51-56.

[43] 林海萍，魏锦瑜，毛胜凤，等．球孢白僵菌蛋白酶、几丁质酶、脂肪酶活性与其毒力相关性．中国生物防治，2008, 24(3):290-292.

[44] 刘长海，屈志成，阎锡海，等．陕北枣树桃小食心虫防治技术．植物保护，2002, 28(4): 32-33.

[45] 刘杰，刘南欣，谢汝创，等．大面积应用斯氏线虫防治桃小食心虫的

研究 . 植物保护学报，1994，21（3）: 221–224.
[46] 刘又高，王根锷，厉晓腊，等 . 蝉拟青霉孢子粉对小菜蛾的致病性试验 . 昆虫知识，2007，44（2）: 256–258.
[47] 刘玉军，张龙娃，何亚琼，等 . 栎旋木柄天牛高毒力球孢白僵菌菌株的筛选 . 昆虫学报，2008，51(2): 143–149.
[48] 刘玉升，程家安，牟吉元 . 桃小食心虫的研究概况 . 山东农业大学学报，1997，28（2）: 207–214.
[49] 刘万达，赵伟 . 桃小食心虫的发生与防治 . 北方园艺，2011（7）: 135–136.
[50] 牛宇，薛皎亮，谢映平，等 . 油松毛虫感染白僵菌后超氧化物歧化和过氧化氢酶的变化 . 应用与环境生物学报，2005，11（2）: 182–186.
[51] 区中美 . 土壤撒施辛硫磷防治苹果桃小食心虫 . 植物保护，1981，7（6）: 19.
[52] 彭国良，薛皎亮，刘卫敏，等 . 蜡蚧轮枝茵入侵蚧虫表皮过程中蛋白酶和几丁质酶的作用 . 应用与环境生物学报 .2009，15（2）:220– 225.
[53] 蒲蛰龙，李增智 . 昆虫真菌学 . 合肥，安徽科学技术出版社，1996: 23–29，76–111.
[54] 沈萍，范秀荣，李广武. 微生物学实验 . 北京：高等教育出版社，1996:44–45.
[55] 石晓珍，王敏，黄华平 . 绿僵菌几丁质酶活性及其对椰心叶甲毒力的相关性分析 . 广西农业科学，2008，39（3）:313–316.
[56] 石志琦，范永坚，王裕中 . 天然化合物在农药中的应用研究 . 江苏农业学报，2002，18（4）: 241–245.
[57] 孙继美，汤坚，丁贵银 . 球孢白僵菌不同菌株生物学特性的研究 . 安徽农业大学学报 .1996，23（3）:297–302.
[58] 陶训，冯建国，庄乾营，等 . 白僵菌防治桃小食心虫的研究 . 山东农业科学，1994（5）: 39–42.
[59] 陶训，张勇，冯建国，等 . 白僵菌与对硫磷微胶囊剂混用防治桃小食心虫的研究 . 山东农业科学，1990（1）:20–22.
[60] 陶训，蒋士蓉，张勇，等 . 白僵菌防治桃小食心虫的初步研究 . 中国虫生真菌研究与应用（第 1 卷）. 北京 : 学术期刊出版社，1988: 90–93.

[61] 谭云峰，杨敏芝，田志来，等．常用化学杀虫剂对白僵菌孢子生活力的影响．吉林农业科学，2008，33（6）：65–66.
[62] 唐美君．拟青霉属虫生真菌的研究应用概况与展望．中国茶叶，2001（3）:32–33.
[63] 田志来，阮长春，李启云，等．球孢白僵菌对昆虫致病机理的研究进展．安徽农业科学，2008，36（36）：16 000–16 002.
[64] 童树森，宫建，苟英杰．利用绿僵菌防治青杨天牛试验研究．中国虫生真菌研究与应用Ⅲ．北京，中国农业出版社，1991: 155–157.
[65] 王宝辉，郑建伟，黄大庄，等．绿僵菌 MS01 菌株的生物学特性及在不同温湿度下对光肩星天牛幼虫的致病力．林业科学，2009，45（9）：158–162.
[66] 王滨，樊美珍，李增智．球孢白僵菌选择性培养基的筛选．安徽农业大学学报，2000，27（1）：23–28.
[67] 王滨，聂英奇，李增智，等．白僵菌在土壤中宿存的数量、毒力及产孢量变化研究．安徽农业大学学报，2003，30（1）：40–43.
[68] 王成树，黄勃，樊美珍，等．球孢白僵菌数量性状的典型相关分析．菌物系统，1999，48（4）：385– 391.
[69] 王成树，王四宝，李增智．球孢白僵菌高毒菌株筛选模型的研究．农业生物技术学报，1998，6（3）：245–249.
[70] 王东昌，孙树兴，顾颂东，等．小卷蛾斯氏线虫对桃小食心虫的田间防效．莱阳农学院学报，1995，12（2）：144–147.
[71] 王拱辰，叶琪铭．镰刀菌在生物防治中的作用．生物防治通报，1990，6（2）:80–84.
[72] 王洪平．知识介绍，果树重要害虫——桃小食心虫．农药，2001，41（1）：43–44.
[73] 王宏民，张奂，郝赤，等．玫烟色拟青霉对小菜蛾幼虫的侵染过程及接菌方法对其致病力的影响．中国生态农业学报，2009，17（4）：704–708.
[74] 王鹏，于毅，张思聪，等．桃小食心虫的研究现状．山东农业科学，2012（12）：58–63.
[75] 王记祥，马良进．虫生真菌在农林害虫生物防治中的应用．浙江林学院学报，2009，26（2）：286 –291.

［76］ 王龙江，吕利华，谢梅琼，等．红火蚁感染白僵菌后体内保护酶和酯酶活性的变化．华中农业大学学报，2010，29（3）: 282–286.
［77］ 王少梅，刘占元．国外对我国出口苹果的植物检疫要求．植物检疫，2006，1: 53–54.
［78］ 王晓红，黄大庄，杨忠岐，等．白僵菌感染桑天牛幼虫致病过程的显微观察．蚕业科学，2009，35（2）: 374–378.
［79］ 王音，雷仲仁，张青文，等．绿僵菌侵染小菜蛾体表过程的显微观察．昆虫学报，2005，48（2）: 188–193.
［80］ 魏景超．真菌鉴定手册．上海：上海科学技术出版社，1997.
［81］ 吴青，曾玲，徐大高，等．感染椰心叶甲绿僵菌菌株的筛选．华南农业大学学报，2006，27（2）: 32–34.
［82］ 武觐文．应用粉拟青霉等真菌防治油松毛虫．林业科学，1988，24（1）:34–40.
［83］ 武觐文，杨莉，万勇．脂类物质对绿僵菌侵染虫体的影响．中国虫生真菌研究与应用（二卷）．北京：中国农业科技出版社，1991: 165–170.
［84］ 武新柱，赵芹，纪成杰，等．果园桃小食心虫的发生及防治．山东农业科学，2007（5）:93–95.
［85］ 武艺，黄秀梨，邓继先．球孢白僵菌毒素对昆虫体外培养细胞的超微结构和细胞内总蛋白的影响．北京师范大学学报（自然科学版），1999，35（1）: 114–118.
［86］ 武艺，黄秀梨，邓继先，等．球抱白僵菌毒素的分离、毒力检测及结构鉴定．微生物学报，1998，38（6）: 468–474.
［87］ 徐邵．桃小食心虫防治研究．河北农业大学学报，1989，12（1）: 88–93.
［88］ 徐艳聆，吕文彦，杜开书，等．亚洲玉米螟优良球孢白僵菌菌株的筛选．中国农学通报，2010，26（21）: 278–281.
［89］ 薛皎亮，牛宇，谢映平．油松毛虫感染白僵菌后体内蛋白质、酯酶和多酚氧化酶的变化．应用与环境生物学报，2006，12（6）: 814– 818.
［90］ 严智燕，薛召东，曾粮斌，等．一株绿僵菌的分离、鉴定及其生物学特性的初步研究．中国麻业科学，2011，33（2）: 84–88.
［91］ 叶琪铭．昆虫天敌——虫生镰刀菌．昆虫天敌，1989，11（1）:5–9.
［92］ 阴琨．5– 氨基乙酰丙酸对中华稻蝗的毒性作用及相关酶活性的影响

研究 . 山西大学硕士学位论文 . 2008: 33–35.

[93] 于彩虹，卢丹，林荣华，等 . 海藻糖——昆虫的血糖 . 昆虫知识，2008, 45（5）: 832–837.

[94] 赵培静，任文彬，缪承杜，等 . 淡紫拟青霉研究进展与展望 . 安徽农业科学，2007, 35（30）: 9 672–9 674，9 793.

[95] 赵兴敏 . 温湿度的变化对桃小食心虫的影响 . 河北林业科技，2002（6）: 21–22.

[96] 翟锦彬，黄秀梨，许萍 . 杀虫真菌——球孢白僵菌的昆虫致病机理研究近况 . 微生物学通报，1995, 22（1）: 45–48.

[97] 张爱文，刘维真，邓春生，等 . 白僵菌的致病力与菌株生长特性及几丁质酶活性的关系 . 生物防治通报 .1990，6（4）:161–164.

[98] 张慈仁，窦连登，韩基福，等 . 桃小食心虫防治方法的改进 . 昆虫知识，1992, 29（2）: 91–92.

[99] 张仙红，嵇能焕 . 玫烟色拟青霉菌株的毒力测定 . 山西农业大学学报，2006: 24–26.

[100] 张永军，彭国雄，方卫国，等 . 球孢白僵菌胞外蛋白酶及类枯草杆菌蛋白酶的诱导 . 应用与环境生物学报 . 2000，6（2）:182–186.

[101] 张月亮，慕卫，陈召亮，等 . 桃小食心虫幼虫越冬前后对几种杀虫剂敏感性的差异 . 应用生态学报，2007, 18（8）: 1 913–1 916.

[102] 郑文德，靳月笑，王曼丽，等 . 桃小食心虫的发生与防治 . 现代农业科技，2009（14）: 159，162.

[103] 朱艳婷，时景燕，王涛涛，等 . 桃小食心虫高致病力白僵菌菌株筛选 . 植物保护，2011, 37（5）: 155–159.

[104] Altre J A, Uandenberg J D. Factors influencing the infectivity of isolates of *Paecilomyces fumosoroseus* against diamondback moth, *Plutella xylostella. Journal of Invertebrate Pathology*, 2001(78): 31–36.

[105] Anderson T E, Roberts D W. Compatibility of *Beauveria bassiana* isolates with insecticide formulations used in colorado potato beetle (Coleoptera: Chrysomelidae) control. Journal of Economic Entomology, 1983, 76(6): 1437–1441.

[106] Ashida M, Yamazaki H I. Biochemistry of the phenoloxidase system in insects: with special reference to its activation. In: Onishi E, Ishizaki H

(Eds.). Moulting and metamorphosis. Scientific Societies Press, Tokyo, 1990, 239-265.

[107] Askary H, Benhamou N, Brodeur J. Ultrastructural and cytochemical characterization of aphid invasion by the hyphomycete Verticillium lecanii. *J Invertebr Pathlo*, 1999, 74: 1-13.

[108] Becker A, Schlöder P, Steel J E, Wegener G. The regulation of trehalose metabolism in insects. Experientia, 1996, 52: 433-439.

[109] Becnel J J. Complementary techniques: preparations of entomopathogens and diseased specimens for more detailed study using microscopy. In: Lacey L A. (Ed.), Manual of techniques in insect pathology. Academic Press, San Diego, 1997: 337-353.

[110] Bidochka M J, Khachatourians G G. Protein hydrolysis in grasshopper cuticles by entomopathogenic fungal extracellular proteases. Journal Invertebr Pathol.1994, 63:7-13.

[111] Candyd J, Kilbyb A. The biosynthesis of trehalose in the locust fat body. Biochemical Journal, 1961, 78: 531-536.

[112] Chamley A K. Mechanisms of fungal pathogenesis in insects. In: The Biotechnology of fungi for improving plant growth (Aderson JM and Walton DWA, eds) .Cambridge University Press.London.1989: 229-270.

[113] Charnley A K, St. Leger R J. The role of cuticle-degrading enzymes in fungal pathogensis in insects. In: Cole ET, Hoch HC (ends) fungal spore disease initiation in plants and animals. New York, Londen: Plenum Press.1991: 267-287.

[114] Crouch J A, Clarke B B, White J F, et al. Systematic analysis of the falcate-spored graminicolous *Colletotrichum* and a description of six new species of the fungus from warm season grasses . Mycologia, 2009, (101): 717-732.

[115] Chasseaud L F. The nature and distribution of enzymes catalyzing the conjugation of glutathione with foreign compounds. Drug Metabolism Reviews, 1973, 2(1): 185-220.

[116] Chouvenc T, Su N, Robert A. Cellular encapsulation in the eastern subterranean termite, *Reticulitermes flavipes* (Isoptera), against infection by the entomopathogenic fungus *Metarhizium anisopliae*. Journal of

Invertebrate Pathology, 2009, 101: 234-241.

[117] Clarkson J M, Charnley A K. New insights into mechanisms of fungal pathogensis in insects. Trends in microbiology, 1996,4(5): 197-203.

[118] Clarkson J M, Charnley K A. New insight into the mechanisms of fungal pathogenesis in insects. Trends in Microbiology, 1996, 4: 197-203.

[119] Driver F, Milner R J, Truman W H. A taxonomic revision of Metarhizium based on a phylogenetic analysis of rDNA sequence data. Mycology Research, 2000, 104(2): 134-150.

[120] Donald WR, Raymond JSL. *Metarhizium* spp., cosmopolitan insect-pathogenic fungi: mycological aspects. *Advances in applied Microbiology*, 2004, 54: 1-70.

[121] Dwayne D, Hegedus, George G. Khachatourious. Production of an extracellular lipase by *Beauveria bassiana.* Biotechnology letters. 1988, 10(9): 637-642.

[122] EL-Sayed G N, Coudron T A, Iqnoff C M. Chtinolytic activity and virulence associated with native and mutant isolates of an entomopathoqenic funqus Nomuraea rilei. Invertebr Pathol, 1989, 54: 394-403.

[123] EL-Sayed GN, Ignoff CM, Leather T. Insect cuticle and yeast extract effects on germination, growth and production of hydrolytic enzyme by *Nomuraearileyi.* Mycopathologia, 1993, 122: 143-147.

[124] Fang W G, Leng B, Xiao Y H, et al. Cloning of *Beauveria bassiana* chitinase gene Bbchitl and its application to improve fungal strains virulence. Appl. Environ. Microbiol. 2005, 71(1):363-370.

[125] Feldhaar H, Gross R. Immune reactions of insects on bacterial pathogens and mutualists. Microbes and Infection. 2008, 10: 1 082-1 088.

[126] Feng M G, Poprawski T J, Khachatourians G G. Production formulation and application of the entomopathogenic fungus Beauveria bassiana for insect control: current status. Biocontrol Science and Technology, 1994, 4(1): 3-34.

[127] Fermaud M, Gaunt R E. Thrips obscuratus as a potential vector of Botrytis cinerea in kiwifruit. Mycological Research, 1995, 99 (3): 267-273.

[128] Fuguet R, Th é raud M, Vey A. Production in vitro of toxic macromolecules

by strains of Beauveria bassiana, and purification of a chitosanase-like protein secreted by a melanizing isolate. Comparative Biochemistry and Physiology. 2004, 138: 149-161.

[129] Fuxa J R. Ecological considerations for the use of entomopathogens in IPM. Annual Review of Entomology, 1987, 32: 225-251.

[130] Glare T R, Milner R J. Ecology of entomopathogenic fungi . In: Arora D K, Ajello L, Mukerji K G eds. Handbook of Applied Mycology. Vol. 2: Humans, Animals, and Insects. New York: Marcel Dekker. 1991: 547-612.

[131] Goettel M S, St Leger R J, Rizzo N W, et al. Ultrastructural localization of a cuticle-degrading protease produced by the entomopathogenic fungus *Metarhizium anisopliae* during penetration of host (*Manduca sexta*) cuticle. Journal of General Microbiology, 1989, 135(8): 2 233-2 239.

[132] Graham G C, Mayers P., Henry R J. A simplified method for the preparation of fungal genomic DNA for PCR and RAPD analysis. Biotechniques, 1994, 16(1): 48-50.

[133] Gupta S C, Leathers T D, EL-Sayed G N, et al. Relationship among enzyme activities and virulence parameters in Beauveria bassiana infections of Galleria mellonella and Trichoplusiani. Journal of invertebrate pathology, 1994, 64:13-17.

[134] Hajek A E, St.Leger R J. Interactions between fungal pathogenesis and insect hosts. Annual review of entomology, 1994,39: 293-322.

[135] Haishi T, Koizumi H, Arai T, et al. Rapid Detection of Infestation of Apple Fruits by the Peach Fruit Moth, *Carposina sasakii* Matsumura, Larvae Using a 0.2-T Dedicated Magnetic Resonance Imaging Apparatus. Applied Magnetic Resonance, 2011, 41(1): 1-18.

[136] Hajeka A E, McManusb M L, Júnior I D. A review of introductions of pathogens and nematodes for classical biological control of insects and mites. Biological Control, 2007, 41: 1-13.

[137] Hajek A E, Eastburn C C. Attachment and germination of *Entomophaga maimaiga* conidia on host and non-host larval cuticle. Journal of Invertebrate Pathology, 2003, 82: 12-22.

[138] Hamill R L, Higgens C E, Boaz HE., et al. The structure of beauvericin, a

new depsipeptide antibiotic toxic to Artemia salina. Tetrahedron Letters, 1969, 10(49): 4 255–4 258.

[139] Hokkanen H. Biological Control: Benefits and Risks. Cambridge University Press, Cambridge, UK. 1995.

[140] Hua B Z, Zeng X H, Zhang H. Diapause of Carposina sasakii Matsumura (Lepidoptera: Carposinidae) on various host plants. Acta Univ. Agric. Boreali–occidentalis, 1998, 26(5): 25–29.

[141] Hua L. The biological character differences of Carposina niponensis Walsingham living on different hosts. Acta Univ. Agric. Boreali–occidentalis, 1993, 21: 99–103.

[142] Hung S Y, Boucias D G. Phenoloxidase activity in hemolymph of native and Beauveria bassiana infected Spodoptera exigua larvae. Journal of invertebrate pathology, 1996, 67: 35–40.

[143] Hiruma K, Riddiford L M. The molecular mechanisms of cuticular melanization: The ecdysone cascade leading to dopa decarboxylase expression in Manduca sexta. Insect Biochemistry and MolecularBiology, 2009, 39: 245–253.

[144] Inglis D G, Johnson D L, Goettel M S. Effects of temperature and sunlight on mycosis (Beauveria bassiana) of grasshoppers under field condition. Environmental Entomology, 1997, 26: 89–97.

[145] Ishiguri Y, Toyoshima S. Larval survival and development of the peach fruit moth, Carposina sasakii (Lepidoptera: Carposinidae), in picked and unpicked apple fruits. Applied Entomology and Zoology, 2006, 41(4): 685–690.

[146] Jackson C W, Heale J B, Hall R A. Traits associated with virulence to the aphid *Macrosiphoniella sanbomi* in eighteen isolates of *Verticillium lecanii*. Annals of Applied Biology, 1985, 106: 39–48.

[147] Jackson T, Alves S B, Pereira R M. Success in biological control of soil–dwelling insects by pathogens and nematodes. In: Gurr G, Wratten S (eds.), Biological Control: Measures of Success. Kluwer Academic Publishers, Boston, MA, USA, 2000: 271–296.

[148] Ji L, Wang Z, Wang X, et al. Forest insect pest management and forest

management in China: An overview. Environmental Management, 2011, 48: 1 107–1 121.

[149] Khachatorians G G. Biochemistry and molecular biology of entomopathogenic fungi. In: Howard D H, Miller J D. (Eds.), The Mycota VI. Springer, Berlin, Heidelberg, 1996: 331–363.

[150] Khetan S K. Microbial Pest Control. Marcel Dekker, New York, NY, USA. 2001.

[151] Kim D, Lee J, Yiem M. Spring emergence pattern of *Carposina sasakii* (Lepidoptera: Carposinidae) in apple orchards in Korea and its forecasting models based on degree-days. Environmental Entomology, 2000, 29(6): 1 188–1 198.

[152] Kirk P M, Cannon P F, Minter D W, et al. Dictionary of the fungi. Tenth Edition. CABI Europe-UK, 2008, 83.

[153] Kim D S, Lee J H. Egg and larval survivorship of *Carposina sasakii* (Lepidoptera: Carposinidae) in apple and peach and their effects on adult population dynamics in orchards. Environ. Entomol. 2002, 31(4), 686–692.

[154] Kim D S, Lee J H, Yiem M S. Spring emergence pattern of *Carposina sasakill* (Lepidoptera: Carposinidae) in apple orchards in Korea and its forecasting models based on degree-days. Environmental Entomology, 2000, 29(6): 1 188–1 198.

[155] Lacey L A, Kirk A A, Millar L, et al. Ovicidal and larvicidal activity of conidia and blastospores of *Paecilomyces fumosoroseus* (Deuteromycotina : Hyphomycetes) against *Bemisia argentifolii* (Homoptera : Aleyrodidae) with a description of a bioassay system allowing prolonged survival of control insects. Biocontrol Science and Technology, 1999, 9(1): 9–18.

[156] Lacey L A, Goettel M S. Current developments in microbial control of insect pests and prospects for the early 21st century. Entomophaga, 1995, 40(1): 3–27.

[157] Lee M H, Yoon C S, Yun TY, et al. Selection of a highly virulent *Verticillium lecanii* strain against trialeurodes vaporariorum at various

temperatures. Journal Microbiology Biotechnol, 2002, 12: 145–148.

[158] Liu W, Xie Y, Xue J, et al. Histopathological changes of *Ceroplastes japonicus* infected by Lecanicillium lecanii. Journal of Invertebrate Pathology, 2009, 101: 96–105.

[159] Majchrowicz I, Poprawski T J. Effects in vitro of nine fungicides on growth of entomopathogenic fungi. Biocontrol Science and Technology, 1993, 3(3): 321–336.

[160] Meyling N V, Pell J K, Eilenberg J. Dispersal of *Beauveria bassiana* by the activity of nettle insects. Journal of Invertebrate Pathology, 2006, 93: 121–126.

[161] Miehael J, Bidochka, Geogre G, et al. Regulation of extraeellular protease in the entomopathogen fungus *B. bassiana.* Experi Myeol, 1988, 12:161–168.

[162] Mizono T, Kawakami K. Dynamics of Main mulberry soil. J. Jap. Ser. 1982, 51(4): 325–331.

[163] Nestrud L B, Anderson R L. Aquatic safety of Lagenidium giganteum: Effects on freshwater fish and invertebrates. Journal of Invertebrate Pathology, 1994, 64(3): 228–233.

[164] O' Donnell K, Kistler H C, Cigelnik E, et al. Multiple evolutionary origins of the fungus causing Panama disease of banana: Concordant evidence from nuclear and mitochondrial gene genealogies. Applied Biological Sciences, 1998, 95: 2 044–2 049.

[165] Pathan, A A K, Devi, K U, Vogel, H, et al. Analysis of differential gene expression in the generalist entomopathogenic fungus *Beauveria bassiana* (Bals.) Vuillemin grown on different insect cuticular extracts and synthetic medium through cDNA–AFLPs. Fungal Genetics and Biology, 2007, 44(12): 1 231–1 241.

[166] Pavlyushin V A. Virulence mechanism of the entomopathogenic fungus *Beauveria bassiana* (Bals.)·Vuill [A]. In: Ignoffo CM, ed. Proceeding of the First Joint US/ USSR Conference on the Production, Selection and Standardization of Entomopathogenic Fungi of the US/ USSR Joint Working Group on the Production of Substances by Microbiological Means [C], 1978.

[167] Pekrul S, Grula E A. Mode of infection of the corn earworm (*Heliothis zea*) by *Beauveria bassiana* as revealed by scanning electron microscopy. Journal of Invertebrate Pathology, 1979, 34 (3): 238-247.

[168] Quesada-Moraga E, Santos-Quirós R, Valverde-García P, et al. Virulence, horizontal transmission, and sublethal reproductive effects of *Metarhizium anisopliae* (Anamorphic fungi) on the *German cockroach* (Blattodea: Blattellidae). Journal of Invertebrate Pathology, 2004, 87(1): 51-58.

[169] Quintela E D, Mccoy C W. Synergistic effect of imidacloprid and two entomopathogenic fungi on the behavior and survival of larvae of *Diaprepes abbreviatus* (Coleoptera: Curculionidae) in soil. Journal of Economic Entomology, 1998, 91: 110-122.

[170] Riba G. Combination apr è s heteroceryose chezle champignon entomopathogene *Paecilomyces fumosoroseus. Entomophaga*. 1978, 23:417- 421.

[171] Samsinakova A, Misikova S. Emzyme activities in certain entomopathogous representatives of Deuteromycetes (Moniliales) in relationship to their virulence. Ceska Mykologie, 1973, 27: 55-60.

[172] Samson R A, Evants H C, Latge J P. Atlas of entomopathogenic fungi. Springer-Verlag, 1988: 15-84.

[173] Santoro P H, Neves P M, O J, Alexandre T M, et al. Selection of *Beauveria bassiana* isolates to control *Alphitobius diaperinus*. Journal of Invertebrate Pathology, 2008, 97: 83-90.

[174] Shah F A, Wang CS, Butt T M. Nutrition in   uences growth and virulence of the insect-pathogenic fungus Metarhizium anisop-liae. FEMS Microbiol Lett. 2005, 251:259-266.

[175] Shah P A, Pell JK. Entomopathogenic fungi as biological control agents. Appl Microbilo Biotechnol, 2003, 61:413-423.

[176] Shapiro-Ilan D I, Cottrell T E, Gardner W A, et al. Efficacy of Entomopathogenic Fungi in Suppressing Pecan Weevil, *Curculio caryae* (Coleoptera: Curculionidae), in Commercial Pecan Orchards. Southwestern Entomologist. 2009, 34(2): 111-120.

[177] Siegel J P. Testing the pathogenicity and infectivity of entomopathogens to

mammals. New York: Academic, 1997: 325–336.

[178] Shimazu M. Microbial control of *Monochamus alternatus* Hope by application of nonwoven fabric strips with *Beauveria bassiana* on infested tree trunks. Applied Entomology and Zoology, 1995, 30(1): 207–213.

[179] Smissaert H R. Cholinesterase inhibition of spider mites susceptible and resistant to organophosphate. Science, 1964, 143: 129–131.

[180] Smith R J, Pekrul S, Grula EA. Requirement for sequential enzymes activities for penetration of the integument of the corn earworm (*Heliothis zea*). J. Invertebr. Pathol, 1981, 38: 335–344.

[181] Soderlund D M, Bloomquist J R, Wong F, et al. Molecular neurobiology: Implications for insecticide action and resistance. Pest Management Science, 1989, 26(4): 359– 374.

[182] Söderhäll K, Aspán A, Duvic B. The proPO–system and associated proteins: Role in cellular communication in arthropods. Research in Immunology, 1990, 141(8): 896–907.

[183] Steenberg T, Humber R A. Entomopathogenicpotential of *Verticillium* and *Acremonium* species (Deuteromycotina: Hyphomycetes). Journal of Invertebrate Pathology, 1999, 73 : 309–314 .

[184] St. Leger R J, Allee L L, May B, et al. Worldwide distribution of genetic variation among isolates of *Beauveria* spp. Mycological Research, 1992, 96: 1 007–1 015.

[185] St. Leger R J, Bidochka M J, Roberts D W. Isoforms of the cuticle–degrading Pr1 proteinase and production of a metalloproteinase by *Metarhi ziumanisopliae*. Arch. Biochem. Biophys. 1994,313 (1):1 – 7.

[186] St. Leger R J, Charnley A K, Cooper R M. Characterization of cuticle degrading proteases produced by the entomopathogen *Metarhizium anisopliae*. Arch Biochem Biophys. 1987a, 253:221–232.

[187] St. Leger R J, Cooper R M, Charnley A K. Cuticle–degrading enzymes of entomopathgenic fungi: Regulation of production of chitinolytic enzymes. J Gen Microbiol, 1986, 132: 1 509–1 517.

[188] St. Leger R J, Cooper R M, Charnley A K. Production of cuticle–degrading enzyme by the entomopathogen *Metarhizium anisopliae* during infection

of cuticles from *Calliphora vomitoria* and *Manduca* Sexta. Journal of General Microbiology, 1987b, 133:1 371–1 382.

[189] St. Leger R J, Joshi M J, Bidochka Rizzo N W, et al. Construction of an improved mycoinsecticide over expressing a toxic protease. Proceedings of National Academy of Sciences of the United States of America, 1996a, 93:6 349–6 354.

[190] St. Leger R J, Joshi M J, Bidochka Rizzo N W, et al. Biochemical characterization and ultrastructural localization of two extracellular trypsins produced by *Metarhizium anisopliae* in infected insect cuticles. Appl Environ Microbiol. 1996b, 62:1 257–1 264.

[191] St. Leger R J, Robert D W. Engineering improved mycoinsecticides. Trend in Biotechnology, 1997, 15: 83–85.

[192] St. Leger R J, Roberts D W, Steples R C. A model to explain differentiation of appressoria by germiling of *Meterhizium anisopliae*. J. Invertebr. Pathol, 1991, 57: 299–310.

[193] St. Leger R J, Screen S. Prospects for strain improvement of fungal pathogens of insects and weeds. In: Butt T M, Jackson C W, Magan N. (Eds.), Fungi as Biocontrol Agents Progress, Problems and Potential. CABI Publishing, Wallingford, UK, 2001: 219–238.

[194] Sugumaran M. Unified mechanism for sclerotization of insect cuticle. Advances in Insect Physiology, 1998, 27: 229–334.

[195] Suman Sundar Mohanty, Kamaraju Raghavendra, Usha Rai, et al. Efficacy of female Culex quinquefasciatus with entomopathogenic fungus Fusarium pallidoroseum. Parasitol Res, 2008, 103:171–174.

[196] Suzuki A, Kanaoka M, Isogai A, et al. A new insecticidal cyclodepsipeptide from Beauveria bassiana and Verticillium lecanii. Tetrahedron Letters, 1977, 18(25): 2 167–2 170.

[197] Talaei–hassanloui R, Kharazi–pakdel A, Goettel M S, et al. Germination polarity of Beauveria bassiana conidia and its possible correlation with virulence. Journal of Invertebrate Pathology, 2007, 94: 102–107.

[198] Thompson N S. Trehalose—the insect blood sugar. Advance Insect Physiology, 2003, 31: 203–285.

[199] Walter Orlando Beys Silva, Sydnei Mitidieri, Augusto Schrank, Marilene Henning Vainstein. Production and extraction of an extracellular lipase from the entomopathogenic fungus *Metarhizium anisopliae*. Process Biochemistry, 2005, 40:321–326.

[200] Wang C, Typas M A, Butt T M. Detection and characterization of Pr1 virulent gene deficiencies in the insect pathogenic fungus Metarhizium anisopliae. FEMS Microbiol Lett.2002, 213:251–25.

[201] Wang C S, Tariq M B, Raymond J S L. Colonysectorization of *Metarhizium anisopliae* is a sign of ageing. Microbiology, 2005, 151(10): 3 223–3 236.

[202] White T J, Bruns T, Lee S, et al. Amplification and direct sequencing of fungal ribosomal RNA genes for phylogenetics. In: Innis M A, Gelfand D H, Sninsky J J, White T J (Eds.), PCR Protocols: A Guide to Methods and Applications. New York: Academic Press, 1990: 315–322.

[203] Wraight S P, Butt T M, Galaini–Wraight S, et al. Germination and infection processes of the entomophthoralean fungus *Erynia radicans* on the potato leafhopper, Empoasca fabae. Journal of Invertebrate Pathology, 1990, 56(2): 157–174.

[204] Wraight S P, Carruthers R I, Bradley C A, et al. Patheogenicity of the entomopathogenic fungi *Paecilomyces* spp. and *Beauveria bassiana* against the silver leaf whitefly, *Bemisia argentifolii*. Journal of Invertebrate Pathology, 1998, 71: 217–226.

[205] Wojda I, Kowalski P, Jakubowicz T. Humoral immune response of *Galleria mellonella* larvae after infection by Beauveria bassiana under optimal and heat–shock conditions. Journal of Insect Physiology, 2009, 55(6): 525–553.

[206] Wyatt G R.The biochemistry of sugars and polysaccharides in insects. Advances in Insect Physioloy. 1967, 4: 287–360.

[207] Xia Y, Clarkson, J M, Chamley, A X. Acid phosphatases of *Meatrhizium anisophae* during infection of the tobacco hornworm *Manduca* sexta. Archives of microbiology. 2001, 176: 427–434.

[208] Xia Y, Clarkson J M, Charnley, A K. Trehalose hydrolysing enzymes of *Metarhizium anisopliae* and their role in pathogenesis of the tobacco

hornworm, *Manduca* sexta. Journal of Invertebrate Pathology, 2002, 80:139–147.

[209] Xia Y, Dean P, Ju dge, A. L et al. Acid phosphatases in the haemolymph of the desert locust, *Schistocerca gregaria*, infected with the Entomopathogenic fungus *Meatrhizium anisopliae*. Journal of Insect Physiology.2000, 46: 1 249–1 257.

[210] Yaginuma K. Paecilomyces cicadae samson isolated from soil and cicada, and its virulence to the peach fruit moth, *Carposina sasakii* Matsumura. Japanese Journal of Applied Entomology and Zoology, 2002, 46: 225–231.

[211] Yaginuma K, Takagi K. Use of entomogenous fungi for the control of the peach fruit moth, *Carposina niponensis*. Extension Bulletin, ASPAC Food and Fertilizer Technology Center for the Asian and Pacific Region, Taiwan, 1987, 257: 25.

[212] Yanagawa A, Yokohari F, Shimizu S. Defense mechanism of the termite, *Coptotermes formosanus* Shiraki, to entomopathogenic fungi. Journal of Invertebrate Pathology, 2008, 97(2): 165–170.

[213] Yang Y L, Liu Z Y, et al. *Colleotrichum* anthracnose of *Amaryllidaceae*. Fungal Diversity, 2009, 39: 123–146.

[214] Zacharuk R Y. Fungal diseases of terrestrial insects. In : Davidson E W, ed. Pathogensis of Invertebrate Microbiol Diseases. Allanheld , Osmum: 1981: 1 367–4 021.

[215] Zhao H, Chamley, A K, Wang Z, et al. Identification of an extracellular acid trehalase and its gene involved in fungal pathogenesis of Metarizium *amsopliae. Biochem*. (Tokyo). 2006, 140: 319–327.